应用型本科规划教材

土木工程项目管理

主　编　李金云　李瑾杨
主　审　刘胜富

ZHEJIANG UNIVERSITY PRESS
浙江大学出版社

图书在版编目（CIP）数据

土木工程项目管理 / 李金云，李瑾杨主编. —杭州：
浙江大学出版社，2018.6
ISBN 978-7-308-18315-4

Ⅰ.①土… Ⅱ.①李… ②李… Ⅲ.①土木工程－项
目管理 Ⅳ.①TU71

中国版本图书馆 CIP 数据核字（2018）第 122755 号

土木工程项目管理

主编　李金云　李瑾杨

责任编辑	王　波	
文字编辑	陈静毅	
责任校对	汪淑芬　丁佳雯	
封面设计	周　灵	
出版发行	浙江大学出版社	
	（杭州市天目山路 148 号　邮政编码 310007）	
	（网址：http://www.zjupress.com）	
排　版	杭州好友排版工作室	
印　刷	绍兴市越生彩印有限公司	
开　本	787mm×1092mm　1/16	
印　张	16.25	
字　数	406 千	
版印次	2018 年 6 月第 1 版　2018 年 6 月第 1 次印刷	
书　号	ISBN 978-7-308-18315-4	
定　价	39.00 元	

版权所有　翻印必究　印装差错　负责调换

浙江大学出版社市场运营中心联系方式：（0571）88925591，http://zjdxcbs.tmall.com

前　言

　　土木工程项目管理是研究工程项目建设全过程客观规律、管理理论和管理方法的一门学科；是一个系统工程，涉及工程技术、管理、法律法规和经济等多个学科。其研究目的是使工程项目在生产使用功能、费用、进度、质量及其他方面均取得最佳效果，发挥投资效益，实现项目综合效益最大化。课程的内容非常庞杂，如何在有限的学时内传授恰当的知识仍需教师在教学实践中不断地探索，课程的教材需要根据我国的高等教育形势和工程项目管理体制、与工程项目管理相关的法律法规和就业越来越基层化的现状等变化不断地进行更新。

　　本书依据《土木工程指导性专业规范》《工程管理指导性专业规范》《卓越工程师教育培养计划通用标准》编写，突出体现以培养应用型和复合型土木工程及相关专业学生的就业岗位实践能力为基点，以未来工程师为培养对象，并尽可能全面地反映近年来国内外工程项目管理的最新理论和先进经验，兼顾建造师、监理工程师、造价工程师等执业资格知识体系要求，及最新的教学改革研究成果，构建管理工程项目所需的知识、技术和方法体系，培养从事土木工程及相关专业职业岗位应该具有的良好的职业技能和素养。

　　本书包括工程项目组织管理、土木工程项目合同管理、土木工程项目进度管理、土木工程项目质量管理、土木工程项目费用管理、工程项目健康安全与环境管理、工程项目沟通管理、工程项目风险管理、工程项目信息管理、交通工程项目管理、国际工程项目管理等内容。本书采用了立体式的知识结构框架，以工程项目管理基本原理和工程项目管理组织为基础，分别从纵向——工程项目生命周期和横向——工程项目造价管理、进度管理等职能化管理的视角，全面介绍了工程项目管理的思想、知识、技术和工具。

　　本书每章都增加了学习要点和学习指导，明确提出了各章研究内容和能力要求，引导学生系统地开展学习；通过案例分析提出问题，汇总各章的主要内容;最后,通过习题让学生运用所学知识进行理论分析和解决实际问题。

　　本书由李金云、李瑾杨担任主编,共12章。第1章至第3章由李瑾杨负责编写,第4章至第6章由李金云负责编写,第7章至第9章由王璐负责编写,第10章至第12章由马艳梅负责编写。编写大纲由李金云拟定,全书由李金云统稿。本书由北京科技大学刘胜富教授主审,刘教授提出了许多宝贵意见,我们在此表示衷心的感谢。

　　本书在出版过程中,得到了浙江大学出版社的大力支持,特别是负责本书的出版社工作人员为本书的策划、编写和修改做了大量艰苦而细致的工作,对本书的最终定稿起到了很大的帮助,在此对浙江大学出版社的领导和所有相关人员表示衷心的感谢。我们在编写过程中参阅了许多学者的论著,并尽可能在本书的参考文献中一一列出,但由于内容涉及广泛,资料较多,难免疏漏,在此衷心感谢相关参考文献的作者。

　　本书可作为高等院校土木工程、工程管理等专业工程项目管理课程的教材或参考书,也可作为相关专业及从事工程项目管理工作的有关人员学习、应用和研究的参考资料。

　　由于时间和水平有限,书中难免有错误或不足之处,望各位专家、学者及广大读者批评指正!

编　者

2018年5月

目　　录

第1章 绪 论

学习要点和学习指导

本章的主要内容有工程项目的含义与特点、工程项目的分类与分解、工程项目的生命周期与基本建设程序、工程项目管理模式以及工程项目范围管理等。重点是工程项目的特征、工程项目的生命周期、工程项目管理模式。难点是不同工程项目管理模式的优缺点及适用范围、工程项目工作分解结构。

通过本章的学习,学生应掌握工程项目的含义、特点、分类与分解,基本建设程序,工程项目管理的定义、特征;熟悉工程项目的生命周期、工程项目关联系统、工程项目范围管理和工作分解结构;了解项目参与各方的工程项目管理、工程项目管理的发展、我国工程项目管理的发展趋势。

1.1 项目和工程项目

1.1.1 项目

1. 项目的含义

项目一词通常被人们用来表示一类事物,越来越广泛地应用于当前社会中政治、经济和文化的各个方面。项目的定义有很多,不同的管理学家从不同的角度对项目进行了描述和概括。一般来说,人们把项目理解为:在一定的时间、费用、质量标准等约束条件限定下,具有完整的组织机构,为实现其特定的目的而进行的一次性活动。

项目的种类有很多,比较常见的有:各种建设工程项目,如厂房及工业设施、民用建筑、路桥及隧道工程;各种开发项目,如新产品、新技术、新工艺的研究开发;各种科研项目,如科技攻关项目、基础科学研究项目、人文科学研究项目等。

2. 项目的特点

根据项目的含义,项目具有以下主要特点:

(1)一次性

任何项目都具有明确的开始时间和结束时间,是具有特定目标的一次性任务,一旦目标实现,项目即告结束。项目的一次性体现为:当一个项目的目标已经实现,或者该项目的目标不再需要,或不可能实行时,该项目即到达终点;项目是一次性的成本中心,项目经理是一次性得到授权的管理者,项目管理组织是一次性的组织,项目作业层由一次性的劳务构成等。

（2）独特性

每个项目都有自己的特点，都不同于其他项目，具有独特性。因此，任意两个项目都不可能是完全相同的，都是有区别的。项目的独特性主要表现在项目的功能、目标、环境、条件、过程、组织等诸多方面的差异。例如，近年来，我国公路基础设施建设飞速发展，但每条公路由于其独特的地理位置、自然环境及社会和经济条件，在建设投资、图纸设计、工期、质量、施工方案等方面都体现出独特性。

（3）目标明确性

项目的实施是一项社会经济活动，任何经济活动都有其预先设定的目的。所以，每个项目都有自己明确的目标，它是完成项目的最终目的，是项目的最高目标，由此而展开的各项工作都是为了项目预定的目标而进行的。

（4）约束性

项目是一种任务，任务的完成有其限定条件，项目执行过程中必须遵循的限定条件为约束性目标，这些限定条件就构成了项目的约束条件，比如时间、质量、成本等可量化、可检查的具体目标。没有约束性就不能构成项目。

（5）生命周期性

项目的唯一性和一次性决定项目有明确的结束时间，即任何项目都有其开始时间、结束时间，也就是项目生命周期。每个项目都有其特定的程序，管理者按照时间维度，把项目的生命周期分成若干阶段，就可以有效地对项目实施科学的管理。

（6）整体性和相互依赖性

项目依赖于特定的主体、组织而存在，项目常与组织中的其他项目、其他职能部门相互关联、相互依赖组成一个有机整体，它们之间相互作用，既有联系又有冲突。

1.1.2 工程项目

1. 工程项目的含义

工程通常与项目合称为工程项目（construction project）。工程项目是指需要投入一定量的资本、实物资产，有预期社会目标、经济目标和质量要求等，并在一定约束条件下经过规划、决策和实施，从而形成固定资产的一次性任务。工程项目又称建设项目或建设工程项目。

2. 工程项目的分类与分解

（1）工程项目的分类

按不同的划分标准，工程项目有不同的分类。

①按投资再生产性质划分。工程项目按投资再生产性质可分为基本建设项目和更新改造项目。基本建设项目又分为新建、扩建、改建、迁建和重建项目，更新改造项目分为技术改造项目、技术引进项目和设备更新项目。

②按建设的总规模或总投资的大小划分。工程项目按建设的总规模或总投资的大小可分为大型、中型和小型项目三类。

③按投资建设用途划分。工程项目按投资建设用途可划分为生产性工程项目和非生产性工程项目。生产性工程项目是指直接用于物质生产或为了满足物质生产需要，能够形成

新的生产能力的工程项目,如工业建设项目、运输项目、农田水利项目、能源项目。非生产性工程项目是指满足人们物质文化生活需要的项目,如住宅、文教、卫生和公用事业建设项目。

④按工程项目的投入产出属性划分。工程项目按投入产出属性可分为经营性工程项目和非经营性(公益性)工程项目。经营性工程项目是指建成后可用于生产经营,创造经济效益并取得利润的建设项目,如厂房、高速公路、房地产开发项目等。非经营性(公益性)工程项目是指建成后难用于生产经营但能产生社会效益的建设项目,如市民休闲中心、环境保护工程等。

(2)工程项目的分解

工程项目的分解(project decomposition)是工程项目管理的一项重要内容,一个工程项目一般可分解为单项工程、单位工程、分部工程和分项工程。

①单项工程,是指具有独立的设计文件,可以独立施工,建成后能够独立发挥生产能力或效益的工程。一个建设项目可由一个单项工程组成,也可以由多个单项工程组成。生产性工程项目的单项工程一般指独立的生产车间、设计规定的主要生产线等;非生产性工程项目的单项工程一般指能够发挥设计规定的主要效益的各个单位工程,如办公楼、旅馆、幼儿园等。单项工程由若干个单位工程组成。

②单位工程,是指具有独立的设计文件,可以独立施工,但建成后不能独立发挥生产能力或工程效益的工程。如某生产车间是一个单项工程,则该车间的建筑工程、设备安装、电器照明、工业管道工程都分别是一个单位工程;民用建筑中如学校的教学楼、食堂、图书馆等,都可以称为一个单位工程。

由于单位工程的施工条件具有相对的独立性,因此,单位工程一般要单独组织施工和竣工验收。单位工程体现了工程项目的主要建设内容,是新增生产能力或工程效益的基础。

③分部工程,是按单位工程的工程部位、设备安装工程的种类或施工使用的材料和工程项目管理种类的不同来划分的,是单位工程的进一步分解。一般工业与民用建筑可划分为地基与基础工程、主体结构工程、装饰装修工程、屋面工程,其相应的建筑设备安装工程由给水、排水及采暖、建筑电气、通风与空调、电梯安装工程等组成。

分部工程较大或较复杂时,可按材料种类、施工特点、施工程序、专业系统及类别等划分为若干子分部工程,如主体结构又可分为混凝土结构、砌体结构、钢结构、木结构等子分部工程。

④分项工程,也称施工工程,是分部工程的组成部分,一般是按主要工种、材料、施工工艺、设备类别等进行划分,例如模板工程、钢筋工程、混凝土工程、砖砌体工程等。分项工程是建筑施工生产活动的基础,也是计量工程用工用料和机械台班消耗的基本单元。分项工程既有其作业活动的独立性,又有相互联系、相互制约的整体性。

3. 工程项目的生命周期

工程项目都是从酝酿、构思和策划开始,通过可行性研究、论证决策、计划立项后,进入项目设计和建设实施,直至竣工验收、交付使用或生产运营。

工程项目的生命周期可以阶段划分的方式进行描述。通常,工程项目的生命周期可划分为五个阶段:工程项目策划阶段、工程项目准备阶段、工程项目施工阶段、工程项目竣工验收阶段及工程项目运行阶段,如图 1-1 所示。

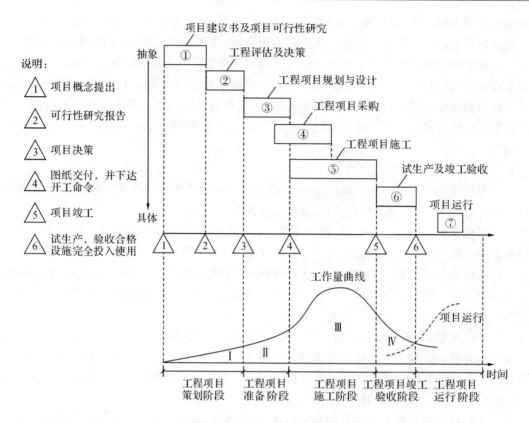

图 1-1   工程项目的生命周期

（1）工程项目策划阶段

该阶段的主要工作包括工程项目预可行性研究、可行性研究、工程项目评估及决策。此阶段的主要目标是通过投资机会的选择、可行性研究、项目评估和业主决策，对工程项目投资的必要性、可行性，以及为什么要投资、何时投资、如何实施等重大问题，进行科学论证和多方案比较。

本阶段工作量不大，但十分重要。投资决策是投资者最为重视的，因为它对工程项目的长远经济效益和战略方向起决定性的作用。为保证工程项目决策的科学性、客观性，可行性研究和项目评估工作应委托高水平的咨询公司独立进行，而且可行性研究和项目评估应由不同的咨询公司来完成。

（2）工程项目准备阶段

该阶段的主要工作包括工程项目的初步设计和施工图设计、工程项目计划的制订、工程项目征地及建设条件的准备、设备选择、工程招标及承包商的选定、签订承包合同等。本阶段是战略决策的具体化，它在很大程度上决定了工程项目实施的成败及能否高效率地达到预期目标。

（3）工程项目施工阶段

该阶段的主要任务是将"蓝图"变成工程项目实体，实现投资决策意图。在这一阶段，通过施工，在规定的范围、工期、费用及质量内，按设计要求高效率地实现工程项目目标。本阶段在工程项目建设周期中工作量最大，投入的人力、物力和财力最多，工程项目管理的难度也最大。

(4)工程项目竣工验收阶段

该阶段应完成工程项目的试运行、试生产、竣工验收和总结评价。工程项目试生产正常并经业主验收后,工程项目即宣告结束。但从工程项目管理的角度看,在保修期间仍要进行工程项目管理。

(5)工程项目运行阶段

该阶段的工作不同于上述四个阶段,其主要工作由业主单位自行完成或者成立专门的项目公司承担。对于经营性工程项目,如高速公路、垃圾处理厂等,其运营阶段的工作较为复杂,包括经营和维护两大任务。对于非经营性工程项目,如住宅地产等,运营阶段主要通过鉴定、修缮、加固、拆除等活动,保证工程项目的功能、性能能够满足正常运营的要求。

项目后评价是运营阶段的重要工作。项目后评价是指对已经完成的项目的目的、执行过程、效益、作用和影响所进行的系统的、客观的分析,一般在项目竣工验收后若干年内进行。它通过对项目实施过程、结果及其影响进行调查研究和全面系统回顾,与项目决策时确定的目标以及技术、经济、环境、社会等指标进行对比,找出差别和变化,分析原因、总结经验、汲取教训、得到启示,并提出对策和建议,通过信息反馈,改善投资管理决策,最终达到提高投资效益的目的。

4. 工程项目关联系统

按建设工程生产组织的特点,一个项目往往由许多参与单位承担不同的建设任务,而各参与单位的工作性质、工作任务、利益以及介入项目并完成其工作内容的有机结合。项目关联系统是指项目的各参与方,即项目当事人;项目实施过程中,各参与方通过合同和协议联系在一起,形成合同当事人。

工程项目关联系统各参与方一般包括业主、设计单位、施工单位、供货商、监理(咨询)公司、经营单位、政府主管与质量监督机构等。

(1)业主

业主主要参与项目决策阶段、开发阶段和实施阶段,对建设项目进行策划、可行性研究和对建设过程进行专业化的管理。业主往往又被称为建设方、甲方或开发方。业主是工程项目的出资人和项目权益的所有者,承担项目投资的风险和责任,有权决定项目的功能策划和定位、建设与投资规模、各项总体管理目标、运作模式,以及项目的其他参与方;同时,在项目实施过程中业主必须履行应尽的责任和义务,为项目运行创造必要的条件。

(2)设计单位

在项目被批准立项后,经过设计招标或委托,设计单位进入项目。设计单位的任务是,按照项目的设计任务书完成项目的设计工作,并参与主要材料和设备的选型,在施工过程中提供技术服务。

由于项目成果设计往往比项目中的其他工作带有更多的创新成分和不确定性,因此在管理方法和技术上也有其不可忽视的特点:项目成果在设计出来之前,人们并不确切知道其会是什么样子。因此,开发方的需求和设计任务的目标都不容易表述得十分具体,特别是对设计品质要求的规定往往有相当程度灵活的余地。设计任务的工作量、完成所需的时间和费用较难以准确估计。设计工作往往是一种反复比较、反复修改的过程,常规网络计划技术(CPM/PERT)的循序渐进规则往往不完全适用,需要有专门的计划技术。

设计工作是一种创造性劳动,在对人力资源的管理中应更加重视设计人员的自我实现和自我成就。对设计成果的评价难以有统一的尺度,往往采用专家打分的方法进行。

(3)施工单位

一般在项目设计完成后,施工单位(承包商)通过投标取得工程承包资格,按照施工承包合同要求完成工程施工任务,交付使用,并完成工程保修义务。施工单位在项目的生命周期中主要是在实施阶段。

施工单位对项目的管理职责主要是根据项目目标对实施过程的进度、成本和质量进行全面的计划与控制,以及其他相应的管理工作。

施工单位可以是开发方组织内部的,也可以是外部的。无论哪种情况,施工单位都要接受开发方的监督和管理,与开发方保持紧密的沟通和配合。如果施工单位在开发方组织外部,为取得项目实施任务,他还要参与开发方的采购过程(如投标、谈判等)。项目完成后,要接受顾主的验收,做好项目的收尾和移交工作。

(4)供货商

一般在开发阶段的后期,根据业主和设计要求的主要材料和设备的选型,通过投标或商务谈判取得主要材料或设备供应权,按照供货合同要求在实施阶段提供项目所需的质量可靠的材料和设备。供货商在项目的生命周期中主要是在开发阶段的后期和实施阶段。

(5)监理(咨询)公司

监理(咨询)公司在不同的项目面对不同的业主,在生命周期内承担不同的任务。监理(咨询)公司根据与业主通过投标或委托签订的合同,可能承担项目的策划任务、可行性研究、设计阶段的项目管理,或施工阶段的项目管理;也可能承担上述阶段中的两个以上任务,甚至其生命周期与开发方相同。

(6)经营单位

一般由投资方组建或其委托的经营单位进行项目运营阶段的管理,通过运营管理为投资方收回投资和获得预期的效益。经营单位在项目的生命周期主要是从项目建设竣工验收、交付使用开始,到投资合同结束或项目结束为止。

(7)政府主管与质量监督机构

土木建筑工程产品具有强烈的社会性,项目实施过程中必须遵守建设工程国家法律法规、标准及规范,政府应对建设行为依法监督与管理。例如:政府主管部门对工程项目立项、规划、设计方案进行审查批准;应派出工程质量监督站,对工程实施质量监督。

5. 工程项目的基本建设程序

基本建设程序是指一个工程项目从决策、设计、施工和竣工验收直到投产交付使用的全过程中,各个阶段、各个步骤、各个环节的先后顺序。我国的基本建设程序是经过长期的基本建设工作所形成的行政管理程序,也是在我国基本建设过程中各项工作必须遵循的先后顺序,主要包括以下七个阶段。

(1)项目建议书阶段

项目建议书是由投资者对拟建项目提出的大体轮廓性设想和建议。这个阶段的主要内容是提出建设项目的必要性和依据,对产品的方案、拟建规模和建设地点进行初步设想,对资源情况、建设条件和协作关系等进行初步分析,编制投资估算并进行资金筹措设想,对经济效益和社会效益做出粗略估计。项目建议书根据建设总规模和限额划分的审核权限按级别报批,一经批准,即进入可行性研究阶段。

(2)可行性研究阶段

项目的可行性研究可细分为机会研究、初步可行性研究、可行性研究和评估与决策四个阶段。可行性研究主要是对项目在技术上和经济上包括微观效益和宏观效益是否可行进行科学的分析和论证,重点内容包括预测确定建设规模和产品方案,明确厂址方案和项目技术方案,估计主要单项工程的土建工程量和设备购置费。制订环境保护方案,确定企业组织、劳动定员和人员培训计划,确定建设工期和施工进度,明确项目投资和资金筹措计划,分析与评估工程项目的经济效益和社会效益。

承担项目可行性研究工作的单位一般应是经过资格审定的规划、设计和工程咨询单位。这个阶段主要是通过对建设项目在技术上是否先进、适用、可靠,在经济上是否合理,在财务上是否盈利,进行多方案比较,提出评价意见,推荐最佳方案,撰写可行性研究报告。可行性研究报告经相关部门审批后,即可下达设计任务书进入设计阶段。

(3)设计阶段

设计阶段是对建设工程实施的计划与安排,决定着工程项目的轮廓与功能,是项目建设的关键阶段。这个阶段的主要工作是编制设计文件,设计文件是制订计划、组织工程施工和控制建设投资的依据,对于重大工程项目要进行三阶段设计(中小型按两阶段设计),即初步设计、技术设计和施工图设计。施工图设计阶段要完成的主要内容有:①工程和非标准设备的制造要求;②工厂与设备构成部分的尺寸;③工程与设备的布置;④建筑与结构的细部设计;⑤主要施工方法;⑥主要工程材料。施工图设计完成后,即进入建设准备阶段。

(4)建设准备阶段

这个阶段主要是在正式施工前,工程建设各参与方完成相关准备工作的关键阶段。建设单位的工作内容包括:申请贷款、签订贷款协议、征地拆迁、通过招投标选定施工单位并签订施工合同;完成施工用水、电、路和场地平整的三通一平工作,组织设备材料的订货和开工所需材料的进场安排,并准备必要的施工图,办理工程的开工手续。监理单位主要是协助建设单位进行招标工作的组织。施工单位主要是完成施工组织设计,进行临时设施的建设,做好进场准备。

(5)施工阶段

这是周期最长、占用和耗费资源最多的一个阶段,是项目具体付诸实施形成项目实体的关键环节,也是基本建设程序中的决定性阶段,在这个阶段,各项工作要依靠参建各方通力协作、共同完成。施工单位的主要工作是编制年度的材料和成本计划,按设计要求和合理的施工顺序组织施工,在计划工期和计划投资额内,保证工程的质量;设计单位的主要工作是根据设计文件向施工单位进行技术交底,在施工过程中接受合理建议,并根据实际情况按规定程序进行设计变更;而建设单位则主要是通过委托监理单位对工程的进度、质量和费用进行有效控制,保障工程的顺利实施和项目目标的实现。

(6)竣工验收阶段

竣工验收是工程建设过程的最后一个环节,这个阶段的主要工作是通过验收,检验工程项目是否已按设计要求建成并满足生产要求;主要的工艺设备是否经过联动负荷试车合格,形成设计要求的生产能力,职工宿舍等生活福利设施能否适应投产初期的需要,以及生产准备工作是否能够适应生产初期的需要。总之,这个阶段是全面考核基本建设成果、检验设计工程质量的重要环节,是建设项目由建设阶段转入生产或使用阶段的一个重要标志。工程项目在验收合格进行了固定资产交付使用和转账手续后,即进入投产运营阶段。

(7)项目后评估阶段

工程项目的后评估是指工程项目竣工投产并生产经营一段时间后,对项目的决策、设计、施工、投产及生产运营等全过程进行系统评价的一种技术经济活动。这一阶段主要是为了总结项目建设成功或失败的经验教训,供今后同类项目的决策借鉴;同时,也可为已决策项目在建设中的各种失误找出原因,明确责任,制定预防及纠正措施;还可对项目投入生产或使用后仍存在的问题提出解决方案,以弥补项目决策和建设中的缺陷。通过工程项目的后评价,可以达到总结经验、研究问题并不断提高项目决策水平和投资效果的目的。

1.2　项目管理与工程项目管理

1.2.1　项目管理的定义

项目管理的发展历史悠久,如今的项目管理是一种新的管理方式和管理学科的代名词,已渗透到社会生活的各个方面。一方面,项目管理是指管理活动,即有意识地按照项目的特点和规律,对项目进行组织管理的活动;另一方面,项目管理也可以指管理学科,即以项目管理活动为研究对象的一门学科,目的是探索科学组织管理项目活动的理论与方法。

项目管理是以项目为对象的系统管理方法,是指在一定的约束条件下,为了实现项目的预定目标,通过一个专门性的临时组织,对项目实施所需资源进行的全过程、全方位的策划、组织、控制、协调与监督。项目管理的目的就是保证项目目标的实现,因此项目管理的正常活动通常是围绕项目计划与组织、项目的质量管理、费用控制和进度控制等内容展开的。

1.2.2　工程项目管理概述

1. 工程项目管理的定义

工程项目管理的对象是建设工程项目,是项目管理的重要组成部分,是一门实践性很强的综合学科。其含义是指在既定的约束条件下,项目管理者运用系统工程的观点、理论和方法,通过对工程项目生命周期的全过程实施决策与计划、组织与指挥、控制与协调的管理活动,使得工程项目达到预期目标的一系列工作的总称。工程项目管理的预期目标是指费用、质量、进度和安全四大目标。

2. 工程项目管理的特征

(1)普遍性。项目作为一次性的任务和创新活动普遍存在于社会生产活动之中,现有的各种文化物质成果最初都是通过项目的方式实现的,现有的各种持续重复活动都是项目活动的延伸和延续,人们各种有价值的想法或建议迟早都会通过项目的方式得以实现。项目的这种普遍性使得项目管理也具有了普遍性。

(2)目的性。一切项目管理活动都是为了实现"满足或超越项目有关各方对项目的要求与期望"。项目管理的目的性不但表现在要通过项目管理活动去保证满足或超越项目有关各方已经明确提出的项目目标,还表现在要满足和超越那些尚未识别和明确的潜在需要。例如,建筑设计项目中对建筑美学很难定量和明确地提出一些要求,项目设计者要努力运用自己的专业知识和技能去找出这些期望的内容,并设法满足甚至超越这些期望。

(3)独特性。项目管理既不同于一般的生产运营管理,也不同于常规的行政管理,它有自己独特的管理对象和活动,有自己独特的管理方法和工具,具有独特性。虽然项目管理也会应用一般管理的原理和方法,但是项目管理活动有其特殊的规律性,这正是项目管理存在的前提。

(4)集成性。项目管理的集成性是指把项目系统的各要素,如管理信息、技术、方法、目标等,有机地集合起来,形成综合优势,使项目系统总体上达到相当完备的程度。相对于一般管理而言,项目管理的集成性更为突出。一般管理的管理对象是一个组织持续稳定的日常性管理工作,由于工作任务的重复性和确定性,一般管理的专业化分工较为明显。但项目管理的对象是一次性工作,项目相关利益者对于项目的要求和期望又不同,如何将项目的各个方面集合起来,在多个相互冲突的目标和方案中权衡,保证项目整体最优化是项目管理集成性的本质所在。

(5)创新性。项目管理没有一成不变的模式和方法,必须通过管理创新去实现对于具体项目的有效管理。现实生活中,即使以前有过类似的项目,但由于新项目在内容、时间、环境等方面的改变,仍然需要各种各样的管理创新。尽管项目管理有许多特性,但项目管理毕竟是管理科学的一个分支,项目管理与一般管理在原则上是一致的,它与一般管理也有一些共性,只是在内容和方法上有所差异。

1.3　工程项目管理发展

1.3.1　工程项目管理的历史与发展

1. 传统项目管理的发展

早在 20 世纪初,人们就开始探索管理项目的科学方法。第二次世界大战前夕,横道图已成为计划和控制军事工程与建设项目的重要工具。横道图是由亨利·甘特于 20 世纪初发明的,故又称为甘特(Gantt)图,由于甘特图直观而有效,便于监督和控制项目的进展状况,时至今日其仍是管理项目的常用方法。但由于甘特图难以展示各项工作间的逻辑关系,不适应大型项目的需要,因此在此基础上,卡洛尔·阿丹密基于 1931 年研制出协调图以克服上述缺陷,但没有得到足够的重视和承认。与此同时,规模较大的工程项目和军事项目广泛采用了里程碑系统。里程碑系统的应用虽未从根本上解决复杂项目的计划和控制问题,但却为网络图概念的产生充当了重要的媒介。项目管理通常被认为是第二次世界大战的产物,始于 1942 年 6 月—1945 年 7 月美国研制原子弹的曼哈顿计划,这一阶段明确提出了项目管理的概念。

2. 近代项目管理的发展

从 20 世纪 50 年代初期到 20 世纪 70 年代末期,本阶段的重要特征是开发和推广应用网络计划技术。20 世纪 50 年代,美国军事界和各大企业的管理人员纷纷为管理各类项目寻求更为有效的计划和控制技术。在各种方法中,最为有效和方便的技术莫过于网络计划技术。网络计划技术克服了甘特图的种种缺陷,能够反映各项工作间的逻辑关系,能够描述各项工作的进展情况,并可以事先进行科学安排。网络图的出现,促进了 1957 年出现的系统工程的发展。项目管理也有了科学的系统方法并逐渐发展和完善起来。

3. 现代项目管理的发展

从 20 世纪 80 年代到现在，此阶段的特点表现为项目管理范围的扩大，以及与其他学科的交叉渗透和相互促进。进入 20 世纪 80 年代以后，项目管理的应用范围由最初的航空、航天、国防、化工、建筑等领域，广泛普及到了医药、矿山、石油等领域。计算机技术、价值工程和行为科学在项目管理中的应用，极大地丰富和推动了项目管理的发展。在这一阶段，项目管理在理论和方法上得到了更加全面深入的研究，逐步把最初的计划和控制技术与系统论、组织理论、经济学、管理学、行为科学、心理学、价值工程、计算机技术等同项目管理的实践结合起来，并吸收了控制论、信息论及其他学科的研究成果，发展成为一门具有完整理论和方法基础的学科体系。

1.3.2　工程项目管理在我国的发展

1. 我国工程项目管理的发展

虽然在我国历史上出现过许多举世瞩目的工程项目，但是系统化的工程项目管理方式在我国直到 20 世纪 80 年代初期才开始推行。1982 年我国获世界银行贷款的鲁布革水电站建设项目，按国际惯例对引水隧洞工程的施工及主要机电设备实行了国际招标。日本大成公司低价中标后，该工程的全新管理方式和管理效果对国内工程界产生了巨大的冲击。我国的建设行业内部开始积极总结经验，学习先进理论，推行了一系列制度，并形成了一定的方法体系。

1988—1993 年，建设部对工程项目管理的系统方法进行了 5 年试点，在部分发达省市试点成功后于 1994 年在全国全面推行，取得了巨大的经济和社会效益。2001 年和 2002 年分别实施的《建设工程监理规范》(GBT 50319—2000) 和《建设工程项目管理规范》(GB/T 50326—2001)，使工程项目管理实现了规范化，对我国项目管理工作具有广泛而系统的指导性。在进行了多年的推广应用后，建设部又于 2006 年 6 月 26 日发布了新的《建设工程项目管理规范》(GB/T 50326—2006)，2006 年 12 月 1 日实行，于 2013 年 5 月 13 日发布了新的《建设工程监理规范》(GB/T 50319—2013)，2014 年 3 月 1 日实行，自新规范实行以来，收到了很好的效果，进一步促进了工程项目管理的科学化、规范化和法制化，使得工程项目的管理水平不断提高。

2. 我国工程项目管理的发展趋势

为了适应现代工程项目的规模大型化、技术复杂化、管理系统化等需求，我国工程项目管理的发展主要呈现国际化、科学化、信息化三种趋势。

（1）国际化趋势

随着经济实力的日益雄厚，我国企业在海外投资和经营的项目数量与日俱增，而在我国投资运营的跨国公司和融资建设的跨国项目也越来越多，我国的经济已深刻地融入全球市场中。自我国加入 WTO 后，国内市场国际化，国内外市场全面融合，项目管理的国际化正形成趋势和潮流。

（2）科学化趋势

现代工程项目往往建设规模大、建造技术复杂、管理内容多，因此科学化管理成为工程项目管理发展的主要趋势。工程项目管理的科学化主要体现在管理的规范化、思想的创新性和管理新方法应用的普及化等方面。规范化的目的是统一方向,如在项目的实施和管理过程中,应充分贯彻以客户满意为关注焦点的质量标准,以求增加项目合作的可能性,规范化的工程项目管理程序可以使建设各方形成合力,强化管理绩效;思想的创新性是指敢于创造、勇于改革、不断探索钻研新技术新方法;新方法的普及化则对于提高工程项目管理的整体实力至关重要,因为项目管理的应用层面已不再是局限于传统的工程建设某一方,而是实现集成化管理,通过工程项目的全生命周期各方努力达成最终目标。

(3)信息化趋势

随着知识经济时代的到来,计算机技术和网络信息技术飞速发展,工程项目管理的信息化趋势已成必然。在信息高速膨胀的当今社会,为了提高项目管理的效率、降低管理成本、加快项目进度,工程项目管理越来越依赖于计算机手段,其竞争从某种意义上讲已成为信息战。通过资源共享来提高工程项目管理的创新能力,借助于有效的信息技术,建立基于局域网、城域网、互联网的工程项目信息处理平台,将成为提高工程项目管理水平的有效手段。

1.4 工程项目管理模式

工程项目管理模式对建设工程的规划、控制和协调起着重要的作用,不同的组织管理模式有不同的合同体系和管理特点。根据项目管理公司进行的服务属于管理性质、承包性质还是其他性质,工程项目管理模式可分为项目管理服务模式、项目承包服务模式和其他项目管理模式。

1. 项目管理服务模式

项目管理服务是指项目咨询公司或工程项目管理企业接受业主委托,采用科学的管理思想、方法和手段,向业主提供咨询服务。例如:在工程项目决策阶段,为业主编制可行性研究报告,进行可行性分析和项目策划;在工程项目实施阶段,为业主提供招标代理、设计管理、采购管理、施工管理和试运行(竣工验收)等服务,代表业主对工程项目进行质量、安全、进度、费用、合同、信息的管理和控制。项目管理公司是业主的顾问,代表业主的利益,本身并不参与项目的设计和施工活动。项目管理公司的责任是负责协调设计和施工之间及不同承包商之间的关系,按照委托合同对项目的进度、成本、质量进行管理。项目管理公司只与业主签订合同,不与承包商签订合同,与承包商无直接合同关系,它对项目进行的管理属于服务性质,一般按照合同约定承担相应的管理责任。这种模式主要包括:传统模式、项目管理模式等。

(1)传统模式

设计-招标-建造(design-bid-build,DBB)模式是一种传统的模式,如图 1-2 所示。这种模式在国际上比较通用,被世界银行、亚洲开发银行贷款项目和采用国际咨询工程师联合会(FIDIC)的合同条件的项目所采用。这种模式最突出的特点是强调工程项目的实施必须按设计、招标、建造的顺序方式进行,只有一个阶段结束后另一个阶段才能开始。DBB 模式是专业化分工的产物。业主与设计单位(建筑师及工程师)签订专业服务合同,建筑师及工程师负责提供项目的设计和施工文件。在设计单位的协助下,工程施工任务通过竞争性招标交给报价和质量都满足要求并且具有最佳资质的投标人(总承包商)来完成。

DBB 模式的优点是,参与工程项目的三方即业主、设计单位、承包商在各自合同的约定

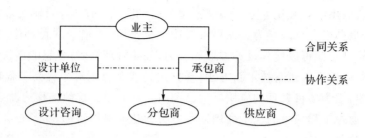

图 1-2　设计-招标-建造模式

下，各自行使自己的权利，履行自己的义务。因而，三方的权、责、利分配明确，避免了行政部门的过多干预。由于项目效益及市场竞争等方面的原因，项目业主可自由选择咨询设计人员，对设计要求进行控制；也可自由选择监理人员监理工程，从而保证施工质量。同时，由于这种模式在世界各地普遍采用，因而管理方法较成熟，项目参与各方都熟悉有关程序。

此外，该传统模式为业主提供了自由市场竞争的所有好处。在公开招标的过程中，最低价的投标人成为"赢家"，为业主提供了市场上最低廉的价格，可以说经济上是最划算的。

最后，业主无须过多地参与建设过程。业主必须参与设计阶段的工作，做出是否接受设计的关键决策；一旦施工开始，则由经业主授权的专业人员，以业主的名义代表业主提出建议。

DBB 模式的缺点是：这种模式在项目管理方面的技术基础是按照线性顺序进行设计、招标、施工的管理，建设周期长，投资成本容易失控，业主单位管理的成本相对较高，建筑师、工程师与承包商之间协调比较困难。由于建造商无法参与设计工作，设计的"可施工性"差，设计变更频繁，导致设计与施工的协调困难，可能发生争端，使业主利益受损。另外，项目周期长，业主管理费较高，前期投入较高，变更时容易引起较多的索赔。

总之，这种传统模式具有明显的优点和缺点，选择这一模式时，业主必须做好权衡。主要的优点是，业主在施工前清楚成本。但是，业主必须放弃通过快速施工可能节约的成本。业主还放弃了设计与施工协同工作的机会，通过协同工作可以提升质量并降低总的工程造价。成本的确定性取决于合同文件的质量。如果发布大量的变更令来完成合同中没有规定的工作，或者增加工作范围，实际成本将与预期成本有很大的差别。

（2）项目管理（program management，PM）模式

工程项目管理是指从事工程项目管理的企业受业主委托，按照合同约定，代表业主对工程项目的组织实施进行全过程或若干阶段的管理和服务。工程项目管理企业不直接与该工程项目的总承包企业或勘察、设计、供货和施工等企业签订合同，但可以按合同约定，协助业主与工程项目的总承包企业或勘察、设计、供货和施工等企业签订合同，并接受业主委托监督合同的履行。

在项目前期阶段，从事工程项目管理的企业在项目中被称为"项目管理承包商"（program management contractor，PMC），其主要工作是：代表业主进行项目策划；建设方案的优化；代表业主或协助业主进行项目融资；对项目风险进行优化管理，分散或减少项目风险；负责组织完成基础设计；确定所有技术方案、专业设计方案；确定设备、材料的规格与数量；做出相当准确的费用估算（±10%），并编制出工程设计、采购和建设的招标书；最终确定工程各个项目的总承包商（EP 或 EPC）。

在项目执行阶段，PMC 代表业主负责全部项目的管理协调和监控工作，直到项目完成。这个阶段由中标的总承包商负责执行详细设计、采购和建设工作，但 PMC 单位会及时监控并及时向业主报告进而协调，业主则派出少量人员对 PMC 的工作进行监督和检查。

项目管理模式的主要特征是：通过 PMC 单位对建设各环节系统科学的管理，可以实现项目投资效益最大化。例如：通过项目设计优化，可以实现项目寿命期费用最低；通过 PM 模式的多项目采购协议及统一的项目采购策略，降低投资费用；通过 PMC 的管理协调，精简业主方建设期的组织管理机构，减少业主方事务性管理工作，从而集中主要精力进行决策；另外，PMC 单位还可通过其丰富的项目融资和项目财务管理经验，并结合工程实际对整个项目的现金流进行优化。

PM 模式主要应用于国际性大型项目。适宜选用 PM 模式进行管理的项目具有如下特点：

①项目投资额大（一般超过 10 亿元）且包括相当复杂的工艺技术；

②业主是由多个大公司组成的联合体，并且在有些情况下有政府的参与；

③项目投资通常需要从商业银行和出口信贷机构取得国际贷款；

④业主自身的资产负债能力无法为项目提供融资担保；

⑤由于某种原因，业主感到凭借自身的资源和能力难以完成项目，需要寻找有管理经验的 PMC 来代业主完成项目管理；

⑥建设方在同一时间内有多个工程在进行建设施工。

2. 项目承包服务模式

项目管理承包是指工程项目管理企业按照合同约定，将工程承包下来，但项目管理企业往往只负责项目的全过程管理，而将施工、设计等分包出去。工程项目管理企业不仅与业主签订合同，还要与承包商签订合同。相对于项目管理服务模式而言，项目管理企业对承包商约束力较大，但它承包了工程项目的目标参数并要保证其实现，它对项目进行的管理属于承包性质的，风险较大。项目管理承包公司一般应当按照合同约定承担相应的管理风险和经济责任。这种模式主要包括建造-运营-移交模式和风险型建设管理模式等。

（1）建造-运营-移交模式

建造-运营-移交（build-operate-transfer，BOT）模式是 20 世纪 80 年代国际上兴起的一种项目融资和建设模式，这种方式是指一国财团或投资人为项目的发起人，从一个国家的政府获得某项目基础设施的建设特许权，然后由其独立地联合他方组建项目公司，负责项目的融资、设计、建造和经营。在整个特许期内，项目公司通过项目的经营获得利润，并用此偿还债务。在特许期满之时，整个项目由项目公司无偿或以极少的名义价格移交给东道国政府。这是一种不改变项目所有权性质的投资方式及融资方式，其实质是一种债务和股权相混合的产权。

当项目公司与政府签订特许权协议后，即由一家总承包商负责项目的设计、施工、设备采购、安装调试和投产。它的基本运作程序是：项目确定招标—项目发起人组织投标—成立项目公司并签署各种合同和协议—项目建设—项目经营—项目移交。

BOT 模式的最大优点是由于获得政府许可和支持，有时可得到优惠政策，拓宽了融资渠道。此外，BOT 项目通常都由外国的公司来承包，这会给项目所在国带来先进的技术和管理经验，既给本国的承包商带来较多的发展机会，又促进了国际经济的融合。同时，BOT

模式也有以下缺点:参与方多,结构复杂;项目前期过长且融资成本高;在特许期内,政府对项目失去控制权。

(2)风险型建设管理模式

建设管理(construction management,CM)模式是指采用快速路径法进行施工,从项目开始阶段就雇用具有施工经验的 CM 单位参与到建设工程实施过程中来,以便为设计人员提供施工方面的建议且随后负责管理施工过程。风险型 CM 单位可以直接参与施工活动,但同时也是一种管理型承包。CM 经理的地位实际上相当于一个总承包商,他与各专业承包商之间有着直接的合同关系,并负责使工程以不高于最高成本限额(GMP)的成本竣工。如最后结算超过 GMP,则由 CM 公司赔偿,如低于 GMP,则节约的资金归业主所有,但 CM 公司由于额外承担了施工成本风险,因而能够得到额外的收入。

风险型 CM 模式的优点是可提前开工、提前竣工,业主任务较轻,风险较小;其缺点是总成本中包含设计和投标的不确定因素,选择风险型 CM 公司比较困难。

3. 其他项目管理模式

(1)设计-采购-建设模式

设计-采购-建设(engineering-procurement-construction,EPC)模式又称交钥匙总承包。EPC 模式于 20 世纪 80 年代首先在美国出现,得到了那些希望尽早确定投资总额和建设周期(尽管合同价格可能较高)的业主的青睐,在国际工程承包市场中的应用逐渐扩大,FIDIC 于 1999 年编制了标准的 EPC 合同条件,这有利于 EPC 模式的推广应用。EPC 模式不仅包括具体的设计工作,而且可能包括整个建设工程内容的总体策划以及整个建设工程实施组织管理的策划和具体工作。EPC 模式将承包(或服务)范围进一步向建设工程的前期延伸,业主只要大致说明一下投资意图和要求,其余工作均由 EPC 承包单位来完成。

EPC 模式特别强调适用于工厂、发电厂、石油开发和基础设施等建筑工程。EPC 模式在名称上突出了采购,表明在这种模式中,材料和工程设备的采购完全由 EPC 承包单位负责。当项目较复杂时,设计、建造承包商要有相当的组织协调能力。当业主技术、管理能力较弱,要回避较多的合同签订量和烦琐的合同管理时,可以考虑这种模式。

(2)政府投资项目代建制

项目代建制最早起源于美国的建设经理制。代建制是指项目业主通过招标的方式,选择社会专业化的项目管理单位(即代建单位),负责项目的投资管理和建设组织实施工作,项目建成后交付使用单位的制度。它包括可行性研究、设计、采购、施工、竣工试运行等工作,但不承包工程费用。

在对工程项目管理模式进行选择时,既要考虑各种模式的特征,还要依据工程项目自身和各参与方的特点综合考虑。一般来说,影响工程项目管理模式选取的主要因素有工程项目的范围、工程进度、项目复杂性以及合同计价方式等,不同工程项目的特点各不相同,因此应该根据具体情况选择最适宜的模式。

房地产开发商开发商业建筑时,通常选择此类承发包模式。在有些情况下,项目以 CM 模式开始,然后随着设计接近完成,建设经理与业主协商,达成一个固定价格,项目又变成了传统模式。在一些大型项目中,如阿拉斯加管理工程中,业主雇用一个项目经理来检查整个项目。这个经理需要做的是:将巨大的工程分成若干个小的工作包,分别由单独的设计师和建筑公司完成。

　　CM 模式要想获得成功,参与各方必须从一开始就做出全面的承诺。有些总承包商把自己作为建设经理推销给业主,在项目估算和进度计划完成后,再以总价合同的方式实际接手项目。有些建筑师在施工阶段控制方面处理不当,对承包商晋级并以与自己平等的身份参与项目感到不满。业主需要预留出时间,随时参与项目的日常事务。

1.5　工程项目范围管理

1.5.1　工程项目范围管理案例

1. 失败案例

　　有个软件开发的项目已经进行了两年多,项目何时结束还是处于不明确的状态。因为用户不断提出新的需求,项目组也就要根据用户的新需求,不断去开发新的功能。这个项目实际是一个无底洞,没完没了地往下做。项目成员“肥的拖瘦,瘦的拖死”,实在做不下去只能跑了。大家对这样的项目已经完全丧失了信心。

　　这个项目其实就是一开始没有很明确地界定整个项目的范围,在范围没有明确界定的情况下,又没有一套完善的变更控制管理流程,任由用户怎么说,就怎么做,也就是说一开始游戏规则没有定好,导致整个项目成了一个烂摊子。

2. 成功案例

　　同样是一个软件开发的项目,在一开始就明确用户需求,而且需求基本上都是量化的、可检验的。项目组在公司能力成熟度模型(capability maturity model,CMM)的变更管理过程的框架指导下,制定了项目的范围变更控制管理过程,在项目的实施过程中,用户的需求变更都是按照事先制定好的过程执行的。因此,这个项目完成得比较成功,项目的时间和成本基本上是在一开始项目计划的完成时间及成本的情况下略有增加。

3. 项目范围界定不清的原因

　　既然项目范围界定不清是一种很常见的现象,而这种现象又是大家所不想见到的,那么,我们必须分析出现这种现象的原因。这种现象的出现有以下三方面的原因:

　　(1)企业这一级的责任——没有完善的项目管理体系来指导项目的管理。这种情况是最糟糕的,如果是这种原因,那么项目的成败往往需要靠项目经理个人的管理、领导能力。这种情况项目成功的可能性非常小,大部分项目都是以失败而告终。

　　(2)企业及项目组共同的责任——对项目没能制定出清晰规范的范围变更控制过程。企业有管理体系,但不够完善和规范,对项目组的变更过程的制定没能起到有效的指导作用。变更是不可避免的,只要有效地加以管理、控制,同样可以达到各方满意的结果。

　　(3)对范围的定义不够明确,做不到可量化、可验证程度。很多时候都是一些定性的要求,而不是定量的,例如“界面友好,可操作性强,提高用户满意度”等。类似这些模糊的需求就是后续项目扯皮的根源。项目范围的明确定义、有经验的项目经理及系统分析员将起到至关重要的作用。

4. 项目范围管理的主要目的

　　由上述的失败与成功的案例可以看出:完善的项目范围管理是整个项目最终成败的关键。项目范围的制定及项目范围管理对于一个项目是否成功是非常重要的。

项目范围直接决定了项目的工作量和工作目标,所以项目经理必须管理项目的范围。项目范围管理的主要目的是:

(1)确定应完成的工程活动内容,以便做出详细定义和计划;

(2)确保在预定的项目范围内有计划地完整地进行项目的实施和管理工作(便于项目实施控制);

(3)确保项目各项活动满足项目范围定义的要求;

(4)为进一步确定项目费用、时间和资源计划做准备;

(5)划定项目责任,方便对各项目的任务承担者进行监督、考核和评价。

1.5.2　工程项目范围管理概述

1. 工程项目范围管理的概念

工程项目范围管理是指对合同中约定的项目范围进行定义、计划、控制和变更等活动。

(1)工程项目范围的含义

工程项目范围是指为了成功达到项目的目标,所完成最终可交付工程的所有工作总和。确定工程项目范围就是要为工程项目界定一个界限,明确哪些工作是属于工程项目应该做的,哪些工作不应该包括在项目之内,从而定义管理的边界。最终可交付工程是实现工程项目目标的物质条件,是确定工程项目范围的核心。

这里的范围有两层含义:一是产品范围,二是项目范围。产品范围是指项目可交付成果的特征和功能。这里所说的产品是一个广义的概念,对任何一个项目,其最终成果是产品、服务,或是两者的结合。例如,对工程项目而言,设计阶段的产品就是一项工程的施工图设计,即业主(买方)购买的产品是设计者完成的一项技术咨询服务;而在施工阶段,其产品是指一项工程。

(2)工程项目范围管理的含义

对项目范围实施的管理也有两种:一是产品范围管理,属于目标管理;二是项目范围管理,属于过程管理。工程项目范围管理是确保成功完成项目所需的全部工作,而且仅仅是完成规定要做的工作。工程项目范围管理应作为工程项目管理的基础工作,并贯穿于项目的全过程,项目组织应确定项目范围管理的工作职责和程序,并对范围的变更进行检查、分析和处置。

2. 工程项目范围管理的内容

在实际工程项目管理实践中,如果我们稍做留意或观察,会发现有大量合同、工作、任务范围界定不清,小则造成工作思路混乱、扯皮不断,大则造成额外承担不必要的经济损失。究其原因,就是管理当事者对项目(工作或任务)范围意识淡薄,概念不清,当然,对项目范围的管理更是无从谈起。因此,对项目范围的概念清醒认识和特别精细管理是做好项目、做好工作、完成好任务的第一要务。

项目范围管理要求完成项目的哪些活动(工作),并通过控制与协调来确保成功地完成项目,项目要包括并且仅包括所要求完成工作的过程。这个过程用于确保项目组和项目参与者对作为项目结果的项目产品以及生产这些产品所用到的过程有一个共同的理解。项目范围管理的主要内容如表1-1所示。

表 1-1 项目范围管理的内容

阶段	内容		
	输入	工具和技术	输出
启动阶段	项目章程、干系人登记册	访谈、焦点小组会议、引导式研讨会、问卷调查、观察、原型法	需求文件、需求管理计划、需求跟踪矩阵
范围计划阶段	项目章程、需求文件、组织过程资产	产品分析、专家判断、备选方案识别	项目范围说明书、项目文件
范围界定阶段	项目范围说明书、需求文件、组织过程资产	分解	工作分解结构、范围基准、项目文件
范围核实阶段	项目管理计划、需求文件、需求跟踪矩阵、确认可交付成果	检查	验收可交付成果、变更请求、项目文件
范围变更控制阶段	项目管理计划、工作绩效信息、需求文件、需求跟踪矩阵、组织过程资产	偏差分析	工作绩效测量结果、组织过程资产、变更请求、项目管理计划、项目文件

3. 工程项目范围管理过程

《项目管理知识体系指南》(PMBOK 指南)(第 4 版)将工程项目范围管理的过程描述如下:

(1)范围计划。制订项目范围管理计划,记载如何确定、核实与控制项目范围,以及如何定义工作分解结构。

(2)范围定义。制订详细的项目范围说明书,作为将来项目决策的根据。

(3)制作工作分解结构。将项目大的可交付成果与项目工作划分为较小和更易管理的组成部分。

(4)范围确认。正式验收已经完成的项目可交付成果。

(5)范围控制。控制项目范围的变更。

上述过程不仅彼此之间相互作用,而且还与其他知识领域过程交互作用。根据项目需要,每个过程可能涉及一个或多个个人或集体所付出的努力。每个过程在每个项目或在多阶段项目中的每一阶段至少出现一次。

在范围管理过程中,范围定义、范围确认和范围控制是最核心的三项活动,缺一不可。范围定义是基础的活动,不进行范围定义就不能进行范围确认和范围控制。范围确认则是基线化已定义的范围,是范围控制的依据。范围控制的作用在于减少变更,保持项目范围的稳定性。

4. 工程项目范围管理的阶段

本书把工程项目范围管理分为五个阶段。

(1)启动阶段

启动是指组织正式开始一个项目或继续到项目的下一个阶段。启动阶段的一个输出就是项目章程,它粗略地规定项目的范围,这也是项目范围管理后续工作的重要依据。项目章程中还将规定项目经理的权力以及项目组中各成员的职责,还有项目其他干系人的职责,这也使得在以后的项目范围管理工作中各个角色如何做好本职工作有一个明确的规定,以致后续工作可以更加有序地进行。

(2)范围计划阶段:定义范围

范围计划是指进一步形成各种文档,为将来项目决策提供基础,这些文档中包括用以衡量一个项目或项目阶段是否已经顺利完成的标准等。项目组要制订范围说明书和范围管理计划,作为范围计划过程的输出。

范围管理计划是描述项目范围如何进行管理,项目范围怎样变更才能与项目要求相一致等问题的。它应该包括对项目范围预期的稳定进行的评估,也应该包括对变更范围怎样确定、变更应归为哪一类等问题的清楚描述。

(3)范围界定阶段:创建工作分解结构

项目范围界定是以实现某特定项目的目标为出发点,对该项目应完成的全过程、全部子项目(工作、任务、活动)的定义和描述。它将作为组织活动的任务分解、工作分配、计划安排、实施活动、费用预算、资源投入、检查控制、完成时间、风险防范、过程跟踪、控制和调整、成果交付、职责界定、权力划分、管理程序、项目评价等的重要依据。

任何一件事情里都存在且需要明确与该事情相关的范围问题,或应理解为项目(任务、工作)的范围是项目的基本属性,不谈范围项目、任务、工作、职责等就无从谈起。项目范围的描述和界定,是项目实施和管理的最基础性的工作和基本条件,一个项目没有清晰明确的范围界定,其管理必然有不同程度的混乱无序、分歧百出、过程失控,引发偏离项目或工作的目标,最终导致项目不尽如人意或失败。

项目范围从不同的角度和侧面(特征、需求)进行描述,可以是空间或部位范围,可以是完成的专业范围,可以是管理范围,可以是工作范围,可以是任务范围,可以是职责范围,也可以是时间或标准范围等。

项目范围清晰确切描述,要求项目范围描述当事人具备项目一般管理知识,既包括哲学、逻辑、数理、思维、条理、程序等基本素质,也需要法律、经济、合同、造价等管理知识,还需要具备该项目相关的技术和专业知识。由此可见,真正做好一个项目的范围界定和描述并非易事。只有范围清楚了,才能思路清晰、条理清楚、有序进行,才易于顺利完成,达到预期目标,得到认可。

在这个过程中,项目组要建立一个工作分解结构(work breakdown structure,WBS)。工作分解结构的建立对项目来说意义非常重大,它使得原来看起来非常笼统、非常模糊的项目目标清晰下来,使得项目管理有依据,项目团队的工作目标清楚明了。如果没有一个完善的工作分解结构或者范围定义不明确,变更就不可避免地出现,很可能造成返工、延长工期、降低团队士气等一系列不利的后果。

(4)范围核实阶段

范围核实是指对项目范围的正式认定,项目主要干系人,如项目客户和项目发起人等要在这个过程中正式接受项目可交付成果的定义。这个阶段是范围确定之后,执行实施之前各方相关人员的承诺问题。一旦承诺则表明你已经接受该事实,那么你就必须根据你的承诺去实现它。这也是确保项目范围能得到很好的管理和控制的有效措施。

(5)范围变更控制阶段

范围变更控制是指对有关项目范围的变更实施控制,其主要的输出是范围变更、纠正行动与教训总结。

再好的计划也不可能做到一成不变,因此变更是不可避免的,关键问题是如何对变更进行有效控制。控制好变更必须有一套规范的变更管理过程,在发生变更时遵循规范的变更程序来管理变更。通常对发生的变更,需要识别是否在既定的项目范围之内。如果是在项目范围之内,那么就需要评估变更所造成的影响,以及应对的措施,受影响的各方都应该清楚明了自己所受的影响;如果变更是在项目范围之外,那么就需要商务人员与用户方进行谈判,看是否增加费用,还是放弃变更。

因此,项目所在的组织(企业)必须在其项目管理体系中制定一套严格、高效、实用的变更程序。

1.5.3 工作分解结构

1. 工作分解结构的含义

工作分解结构是一种层次化的树状结构,是将项目按一定的原则分解为更易管理的单元,通过控制这些单元的进度、质量和费用目标,使它们之间的关系协调一致,从而达到控制整个项目目标的目的。

2. 工作分解结构的目的和作用

(1)工作分解结构的目的

工作分解结构最主要的目的是将整个项目划分成相对独立的、易于管理的、较小的项目单元,以定义项目工作范围。

(2)工作分解结构的作用

工作分解结构的作用如下:

①项目的结构分解将划分的单元或活动与组织机构相联系,将完成每一工作单元的责任赋予具体的组织或个人,便于确定组织或个人的目标;

②针对各独立单元,进行时间、费用和资源需要量的估算,提高费用、时间和资源估算的准确性,为计划、预算、进度安排和费用控制奠定基础,确定进度目标和费用目标;

③可以将项目的每一工作单元或活动与公司的财务账目相联系,及时进行财务分析;

④确定项目需要完成的工作内容、质量标准和项目各项工作单元或活动的顺序;

⑤可与网络计划技术共同使用,以规划网络图的形态。

3. 建立工作分解结构

工作分解结构包括项目所要实施的全部过程和全部工作,建立工作分解结构就是将项目实施的过程、项目的成果和项目组织有机地结合在一起,是根据项目的实体内容将项目(或系统,一个项目也可以看作一个系统)分解为一些子项目或组成单元。这些子项目或组成单元是一些既相互关联,又相对独立于项目其他部分的工作。相互关联是指这些工作同属于一个项目,在工作顺序安排上有先后之分;而相对独立则是指这些工作可以单独去管理和实施,在管理和实施期间是相对独立的。工作分解结构划分的详细程度要视具体的项目而定。建立工作分解结构的步骤如下:

（1）确定项目总目标

根据项目技术规范和项目合同的具体要求，确定项目最终需要达到的总目标。

（2）确定项目目标层次

确定项目目标层次就是确定工作分解结构的详细程度，即 WBS 的分层数。

（3）划分项目实施阶段

将项目实施的全过程划分成不同的、相对独立的阶段，如设计阶段、施工阶段等。

（4）建立项目组织结构

建立项目组织结构，该结构中应包括参与项目的所有组织或人员，以及项目环境中的各个关键人物。

（5）确定项目的分解结构

根据项目的总目标和阶段性目标，将项目的最终成果和阶段性成果进行分解，列出达到这些目标所需的硬件（如设备、各种设施或结构）和软件（信息资料或服务），它实际上是对子项目或项目的组成部分进一步分解形成的结构图表，主要是按工程内容进行项目分解。这一过程分为以下几个步骤：

①识别项目的主要组成单元，可以从两个方面考虑：一方面考虑可作为独立的可交付成果。独立的可交付成果是指具有相对独立性，一旦完成即可进行验收和移交的成果，因此在确定各个可交付成果的开始和完成时间时，要注意各个可交付成果之间的先后逻辑关系；在可行的情况下，先完成并向业主移交的可交付成果应能相对独立地投产运营。另一方面考虑便于项目的实施管理。便于项目的实施管理主要是考虑如何便于招投标管理和实施过程中的管理，避免产生相互干扰。

②确定所分解的每一单元是否可以恰当地估算费用和工期，并能够独立控制。

③识别每一可交付成果的组成单元，要求这些单元在完成后可以产生切实的、有形的成果，以便实施进度测量。

④证实分解的正确性，主要通过一些问题来验证项目分解的正确性，如一项可交付成果的分解，是否很必要也很详细；是否清晰和完整地定义了每一个工作；是否能恰当地确定每个单元的起止时间和费用等。

（6）建立编码体系

在确定了项目的分解结构后，对工作分解结构中的每一单元进行编码，建立项目工作分解结构的编码体系。

（7）形成工作分解结构

将上述第 3～6 项结合在一起，即形成了工作分解结构。

（8）编制总体网络计划

根据项目分解结构的第 2 或 3 层，编制项目总体网络计划。总体网络计划可以利用网络计划的一般技术（如关键线路法）进行细化。在项目实施过程中，项目总体网络计划用于向项目的高级管理层报告项目的进展状况，建立项目总的进度目标。

（9）建立职能矩阵

分析项目分解结构中各个子系统或单元与组织机构之间的关系，用以明确组织机构内各部门应负责完成的项目子系统或项目单元，建立职能责任矩阵，如图 1-3 所示。建立职能责任矩阵的方法是将项目分解结构中的单元作为职能矩阵的一边，而项目组织机构作为另

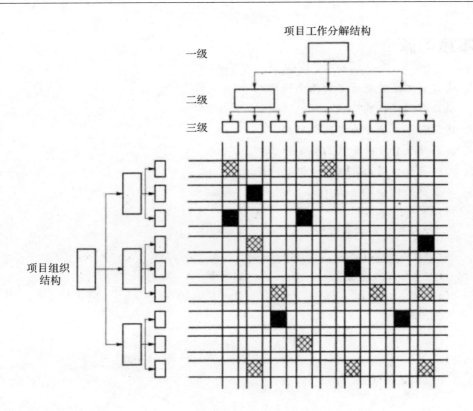

图 1-3 工作分解结构职能责任矩阵

一边,其交叉点即为矩阵的一个元素,将这些元素编上代码,就可以指明项目单元的责任部门或责任人。

(10)建立项目财务图表

将项目分解结构的编码体系与项目的财务编码系统相结合,即可对项目实施财务管理,制作各种财务图表,建立费用目标。

(11)编制详细网络计划

前述的 10 个步骤完成后,就形成了一个完整的项目分解结构,它是制订详细网络计划的基础。详细网络计划一般采用关键线路法编制,它是对工作分解结构中的项目单元做进一步细分后产生的,可用于直接控制生产或施工活动。详细网络计划确定了各项工作的进度目标。

(12)建立工作顺序系统

根据工作分解结构和职能责任矩阵,建立项目的工作顺序系统,以明确各职能部门所负责的项目子系统或项目单元何时开始、何时结束,同时也明确了项目子系统或项目单元间的前后衔接关系。

(13)报告和控制系统

根据项目的整体要求、工作分解结构以及总体和详细网络计划,即可建立项目的报告体系和控制系统,并据此核实项目的执行情况。

本章习题

1. 项目管理发展经历了哪几个阶段？
2. 项目有哪些特点？
3. 建设程序大致分为哪几个阶段？
4. 我国项目管理的发展趋势是什么？
5. 工程项目的周期可划分为哪些阶段？
6. 什么是工作分解结构？

第2章 工程项目组织管理

学习要点和学习指导

本章主要介绍了组织和工程项目组织管理的含义、特点,工程项目组织参与方之间的关系;重点描述了工程项目组织结构及如何在工程应用中确定合适的组织结构,项目经理的角色定位、素质、责、权、利,项目团队的特点及发展阶段。

通过本章的学习,学生应掌握工程项目组织结构及其适用的工程类型,项目经理的职责、权限和利益,及项目团队的发展阶段;熟悉组织和工程项目组织的概念及特点、工程项目组织参与方之间的关系;理解项目经理和项目团队对建设项目目标实现的重要性。

2.1 组 织

2.1.1 组织的含义

所谓组织,是指完成特定使命的人们,为了实现共同的目标而组合成的有机整体,是成员进行各种活动的基本框架。它满足以下几个特点:

(1)组织是人的集合体;

(2)参加组织的人具有共同的目标;

(3)组织有一定结构,参加组织的人必须按一定的方式相互合作,共同努力,形成一个有机的整体。

2.1.2 组织结构

组织结构就是组织内部各个有机组成要素相互作用的联系方式或形式,也可称为组织的各要素相互联系的框架。组织结构具有以下特性:复杂性、规范性、集权与分权性。

2.1.3 组织结构设计

组织结构设计是通过对组织资源(如人力资源)的整合和优化,确立企业某一阶段的最合理的管控模式,实现组织资源价值最大化和组织绩效最大化,狭义、通俗地说,也就是在人员有限的状况下通过组织结构设计提高组织的执行力和战斗力。

企业的组织结构设计就是这样一项工作:在企业的组织中,对构成企业组织的各要素进行排列、组合,明确管理层次,分清各部门、各岗位之间的职责和相互协作关系,并使其在追求实现企业的战略目标过程中,获得最佳的工作业绩。

从最新的观念来看,企业的组织结构设计实质上是一个组织变革的过程,它是把企业的任务、流程、权力和责任重新进行有效组合和协调的一种活动。根据时代和市场的变化,进行组织结构设计或组织结构变革(再设计)的目的是大幅度地提高企业的运行效率和经济效益。

2.2 工程项目组织

2.2.1 概 述

1. 工程项目组织的含义

工程项目组织是指为完成特定的工程项目目标而建立起来的特定群体系统,系统内成员运用工程项目所需的知识技能共同协作实现项目目标,且该系统具有与外部环境保持密切联系并利用环境要素实现项目目标的功能。工程项目组织是由目标产生工作任务,由工作任务决定承担者,由承担者形成组织群体的过程。

2. 工程项目组织的特点

工程项目组织不同于一般的企业组织、社团组织和军队组织,它具有自身的组织特殊性。工程项目的特点决定了工程项目组织具有如下特点:

(1)目的性

工程项目组织的建立是为了完成项目目标和任务,所以具有目的性。项目目标和任务是决定组织结构和组织运行的重要因素。

(2)临时性

每一个具体的项目都是一次性的、暂时的,所以工程项目组织也是一次性的、暂时的,具有临时性的特点。

(3)可变性

企业组织刚性大,结构不易变动,运行稳定,而工程项目组织具有高度的弹性和可变性的特点。工程项目组织的成员会随项目任务的承接和完成,以及工程项目的实施过程而进入或退出项目组织,或承担不同的角色,项目组织策略和项目实施计划不同,项目组织形式也会有所区别。一般工程项目组织在早期比较简单,而在项目实施阶段,组织会更为复杂。

(4)协调性

工程项目组织内应专业分工明确,专业化可使成员提高工作效率,但分工和专业化产生了协调问题,项目组织内人员必须协调一致,整合组织内个体行为,以求最大效率,因此工程项目组织具有协调性的特点。

(5)统一指挥性

工程项目组织具有临时组合性,项目目标的约束性较强,且项目的不确定性较大,工程项目组织领导的权威和统一指挥有助于贯彻命令和形成组织凝聚力,有利于项目目标的实现和项目成功。

(6)多方参与性

工程项目是由多方主体共同参与完成整个项目的建设实施过程,例如,一个房地产开发项目可能涉及的参与方包括投资方、开发方、设计单位、监理单位、施工单位、供货单位、分包单位、政府部门等多方组织。不同项目的组织方式虽各有不同,但工程项目多参与方的特点决定了工程项目组织大多也具有多方参与性的特点。

3. 工程项目组织与项目参与方之间的关系

面对日益激烈的竞争压力和多样化的市场需求,工程项目管理更要从业主需求角度出发,对工程项目的全生命周期各阶段各要素进行集成管理,其中加强工程项目各参与方之间的沟通和目标、利益的协调优化非常重要。

任何项目都需要与其利益相关者合作,合作在项目资源的合理配置及有效利用中发挥着重要的作用。为了成功地实现这种合作,项目管理者必须充分认识和分析不同利益相关者之间的关系及他们希望获取的各种利益和价值,并在决策和管理活动中予以相应的考虑,以使合作目标实现。归纳起来,工程项目各参与方之间主要存在三种关系:合同关系、指令关系和协调关系,如图 2-1 所示。

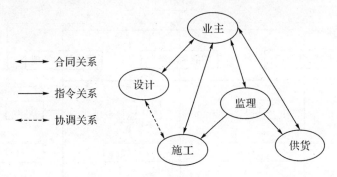

图 2-1　工程项目各参与方之间的关系

（1）合同关系

业主单位或开发单位与设计单位、监理单位、施工单位、供货单位之间的工作关系属于合同关系,即业主分别与这些单位签订合同,合同双方按照合同约定承担各自的义务。

（2）指令关系

监理单位与施工单位、供货单位之间没有合同关系,但也存在密切的工作关系,即指令关系。按照我国《建设工程监理规范》(GB/T 50319—2013)规定,在项目实施过程中,监理单位受业主委托,代表业主的利益,对施工过程实施监理;当项目施工出现质量问题时,监理单位有权对施工单位下达整改令或停工令;当项目实施期间供货出现问题时,监理单位有权对供货单位下达指令。

（3）协调关系

设计单位与施工单位之间既没有合同关系,也没有指令关系,但却存在协调关系。双方虽然没有签订合同,但是设计必须要考虑到施工环境和施工技术等情况,才能具有可施工性;施工必须依据设计文件进行施工,要接受设计的指导和要求。在施工前,设计单位必须向施工单位进行设计交底;在施工过程中,设计单位要答复施工单位提出的技术问题,双方要协商设计变更事宜等。设计和施工双方必须保持充分协调和密切沟通,通常做法是设计单位选派设计代表常驻施工现场,以确保与施工单位的经常联系。

2.2.2 工程项目组织结构

任何项目均需要依托某一种组织形式来进行管理。对项目而言,管理组织是指人们为实现项目目标相互协作结合而成的集体,它通过计划、组织、领导、控制等过程对项目的各种资源进行合理配置,保证项目目标的成功实现。

1. 职能式组织结构形式

职能式组织结构是一种传统的组织结构形式,如图2-2所示。职能部门是指项目上或企业内设置的对人、财、物和产、供、销管理的职能部门。我国多数的企业、事业单位及工程项目中目前还沿用这种传统的组织结构形式。如企业中,虽然生产车间和后勤保障机构并不一定是职能部门的直接下属部门,但是职能管理部门可以在其管理的职能范围内对生产车间和后勤保障机构下达工作指令,这是典型的职能式组织结构。

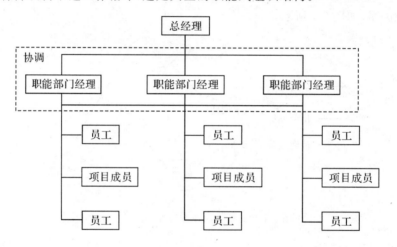

图 2-2　职能式组织结构形式

(1)职能式组织结构的优点

①资源利用上具有较大的灵活性,各职能部门主管可以根据项目需要灵活调配人力等资源的强度,待所分配的工作完成后,可做其他日常工作,降低了资源闲置成本。尤其是技术专家在本部门内可同时为其他项目服务,提高了资源利用率。

②有利于提高企业技术水平。职能式项目组织形式是以职能的相似性划分部门的,同一部门人员可交流经验,共同研究,提高业务水平,还可保证项目不会因人员的更换而中断,从而保证项目技术的连续性。

③有利于协调企业整体活动。由于职能部门主管只向企业领导负责,企业领导可以从全局出发协调各部门的工作。

(2)职能式组织结构的缺点

①责任不明,协调困难,由于各职能部门只负责项目的一部分,没有一个人承担项目的全部责任,各职能部门内部人员责任也比较淡化,而且各部门常从其局部利益出发,对部门之间的冲突很难协调。

②不能以项目和客户为中心职能部门的工作方式常是面向本部门的,不以项目为关注焦点,分配给项目的人员,其积极性也不高,项目和客户的利益往往得不到优先考虑。

③技术复杂的项目,跨部门之间的沟通更为困难,职能式组织结构较难适用。

2. 直线式组织结构形式

直线式组织结构也称作线性组织结构,其典型形式如图 2-3 所示。在直线式组织结构中,每一个工作部门只能对其直接的下属部门下达工作指令,每一个工作部门也只有一个直接的上级部门,因此每一个工作部门只有唯一的指令源,避免了由于矛盾的指令而影响组织系统的运行。

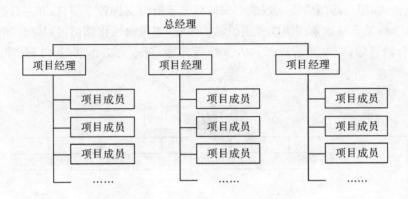

图 2-3　直线式组织结构形式

(1)直线式组织结构的优点

①因为项目经理对项目全权负责,因此他有充分的权限调动项目内外部的资源。

②项目经理避开了直接与公司的高层职能部门进行沟通的情况,使得项目内沟通更顺畅,沟通速度更快,途径更简洁。

③当面对一系列的类似项目时,直线式组织可以保留一部分在某些技术领域具有很好才能的专家作为固定的成员。

④由于项目目标的单一性,项目成员能够集中精力,团队精神得以充分的发挥。

⑤权力集中使决策速度加快。整个项目组织能够对客户的需要和高层管理的意图做出更快的响应。

⑥这种结构有利于使命令协调一致,每个成员只有一个上司,避免多重领导。

⑦直线式组织从结构上来说简单灵活、易于操作,在进度、质量和费用等方面的控制也较为灵活。

(2)直线式组织结构的缺点

①一个公司通常有多个项目,而每个项目都有自己的组织,这就使人员、设施技术和设备重复设置,从而增加了成本。

②为储备项目随时需要的专业技术人员等关键资源而增加了成本。

③将项目从职能部门的控制中分离出来易造成在公司规章制度执行上的不一致性。

④在相对封闭的项目环境中,行政管理上的敷衍时有发生。

⑤项目内部即成员与项目之间、成员之间都有很强的依赖关系,而项目外部即项目成员与公司的其他部门之间存在沟通困难。

⑥项目成员缺乏归属感,没有职业生涯的规划。

3. 矩阵式组织结构形式

职能式组织和直线式组织是两个极端的情况,矩阵式组织则是两者的结合。它在职能式组织的垂直层次结构上叠加了直线式组织的水平结构,克服了职能式组织结构和直线式组织结构各自的不足,在职能部门积累专业技术的长期目标和项目的短期目标之间找到适宜的平衡点,最大限度地发挥直线式组织和职能式组织的优势。

在矩阵式组织中,项目经理对项目内的活动内容和时间安排行使权利,并直接对项目的主管领导负责,而职能部门负责人则决定如何以专业资源支持各个项目,并对自己的主管领导负责。一个施工企业如采用矩阵式组织结构形式,则纵向工作部门可以是计划管理部、技术管理部、合同管理部、财务管理部和人事管理部等,而横向工作部门可以是项目部,如图2-4 所示。

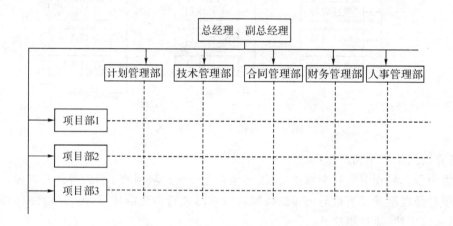

图 2-4　矩阵式组织结构形式

(1)矩阵式组织结构形式的优点

①兼有职能式组织结构形式和直线式组织结构形式的优点,把职能原则与对象原则融为一体。

②各职能部门可根据自己部门的资源与任务情况来调整、安排资源力量,提高资源利用率;能以尽可能少的人力,实现多个项目管理的高效率。

③有利于人才的全面培养。可以使不同知识背景的人在合作中相互取长补短,在实践中拓宽知识面;发挥纵向的专业优势,可以使人才有深厚的专业训练基础。

(2)矩阵式组织结构形式的缺点

①项目管理权力平衡困难。矩阵式组织结构形式中项目管理的权力需要在项目经理与职能部门之间平衡,这种平衡在实际工作中是不易实现的。

②信息回路比较复杂。在这种模式下,信息回路比较多,既要在项目团队中进行,还要在相应的部门中进行,必要时还要在部门之间进行,所以容易出现交流、沟通不够的问题。

③项目成员处于多头领导状态。项目成员正常情况下至少要接受两个方向的领导,即项目经理和所在部门的负责人,这就容易造成指令矛盾、行动无所适从的问题。

4. 工程项目组织结构的确定

在工程项目组织机构的建立过程中,非常重要的一道程序就是确定工程项目的组织结构。在进行工程项目组织结构的确定时,应该根据具体情况决定,不存在固定的原则,与项目的性质、复杂程度及各种组织结构形式的特点息息相关。

工程项目组织结构的确定,与以下因素有关:

(1)工程项目建设单位的管理能力及管理方式。如果建设单位管理能力强,人员构成合理,可以建设单位自身的项目管理为主,将少量的工作由专业项目管理公司完成,或完全由自身完成。此时,建设单位组织结构较为庞大。反之,由于建设单位自身管理能力较弱,将大量的工作由专业项目管理公司去完成,则建设单位组织结构就较简单。

(2)项目规模和项目组织结构内容。如果项目规模较小,项目组织结构也不复杂,那么,项目实施采用较为简单的线性组织结构形式即可达到目的。反之,如果规模较大,项目组织复杂,建设单位组织上也应采取相应的对策加以保证,如采用矩阵式组织结构形式等。

(3)项目实施进度规划。由于工程项目的特点,很多工作既可以同时进行、全面展开,也可以根据投资计划而确定分期建设的进度规划,因此项目建设单位组织结构也应与之相适应。如果项目同时实施,则需要组织结构强有力的保证,因而组织结构扩大;如果分期开发,则相当于将大的建设项目划分为几个小的项目组团,逐个进行,因而组织结构可以减少。

综上所述,由于组织目标、资源和环境的差异,为所有的组织找出一个理想的结构是非常困难的。实际上,组织甚至可能不存在一个理想结构。没有什么好的或者坏的组织结构,而只有适合或者不适合的组织结构。另外,应该认识到组织结构形式也不是一经确定就一成不变的,随着工程项目环境的不断变化,组织结构形式也必须适时动态调整。

例如,在某高校新校区的建设过程中,在工程建设初期,项目采用职能式组织结构,随着工程建设实施的开展,工程建设指挥部面临着大量的项目群建设,如教学楼、宿舍楼、实验楼、体育场馆、家属区住宅、基础设施配套等。这些项目群从规模、复杂度、功能、标准等各方面都有很大的差别,则原来的职能式组织结构在多项目(群)管理实施过程中越来越不适宜。因此,随着项目的开展,指挥部逐渐过渡到用矩阵式组织结构作为多项目管理的组织结构形式。

2.3　项目经理及项目团队

2.3.1　项目经理

项目管理是以个人负责制为基础的管理体制,项目经理即是项目的负责人。同时,项目经理是组织法定代表人在该项目上的全权委托代理人,根据组织法定代表人授权的范围、时间和内容,对工程项目实施全过程、全方位的管理,是项目团队的核心人物,他的能力、素质和工作绩效直接关系项目的成败。项目经理在工程项目的关系网中所处地位和角色如图 2-5 所示,图中实线指合同关系,箭线指行政关系,虚线指协调关系。

1. 项目经理的角色定位

项目经理是项目管理的直接组织实施者,在项目管理中起到决定性的作用。对项目经理的角色定位如下:

(1)合同履约的负责人

项目经理是公司在合同项目上的全权委托代理人,代表公司执行、处理合同中的一些重

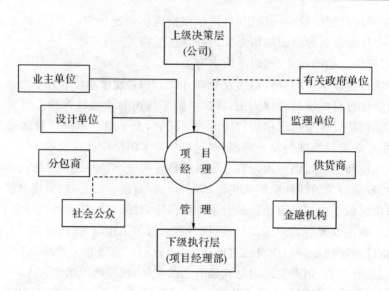

图 2-5　项目经理关系网络

大事宜,包括执行合同条款、变更合同内容、处理合同纠纷且对合同负主要责任。

(2)项目计划制订和执行的监督人

为了做好项目工作、达到预定的目标,项目经理需要事前制订周全而且符合实际情况的计划,包括工作的目标、原则、程序和方法。项目组全体成员围绕共同的目标,执行统一的原则,遵循规范的程序,按照科学的方法协调一致地工作,取得最好的效果。

(3)项目组织的指挥员

总承包的项目管理涉及众多的部门、专业、人员和环节,是一项庞大的系统工程。为了提高项目管理的工作效率并节省项目的管理费用,要进行良好的组织和分工。项目经理要确定项目的组织原则和形式,为项目组人员提出明确的目标和要求,充分发挥每个成员的作用。

(4)项目协调工作的纽带

项目建设的成功不仅依靠工程公司的工作,还需要业主、分包单位的协作配合以及地方政府、社会各方面的指导与支持。项目经理应该充分考虑各方面合理和潜在的利益,建立良好的关系。项目经理是协调各方面关系并使之相互紧密协作配合的桥梁与纽带。

(5)项目控制的中心

对项目工期、工程质量及工程造价的控制是影响项目投资效益的重要因素,也是项目合同考核的主要指标。项目经理要运用先进的项目管理技术对项目的进度、质量、费用进行综合控制。制定执行效果测量基准,进行进展情况分析,采取纠正偏差的措施,保证项目的正常运行,是项目控制的中心。

总之,项目经理是项目实施的最高领导者、组织者和责任者,在项目管理中起到决定性的作用;项目经理应确保项目全部工作在预算范围内按时、优质地完成,并使利益相关者满意;项目经理必须对上级组织负责、对项目客户负责、对项目本身负责及对项目团队成员负责。

2. 项目经理的责、权、利

《建设工程项目管理规范》(GB/T 50326—2006)中对项目经理的职责和权限进行了明确的规定。

项目经理应履行下列职责:项目管理目标责任书规定的职责;主持编制项目管理实施规划,并对项目目标进行系统管理;对资源进行动态管理;建立各种专业管理体系并组织实施;进行利益分配,收集工程资料,准备结算资料,参与工程竣工验收;接受审计,处理项目经理部解体的善后工作;协助组织进行项目的检查、鉴定和评奖申报工作。

项目经理应具有下列权限:参与项目招标、投标和合同签订;参与组建项目经理部;主持项目经理部的工作;决定授权范围内项目资金的投入和使用;制定内部计酬办法;参与选择并使用具有相应资质的分包人;参与选择物资供应单位;在授权的范围内协调与项目有关的内外部关系;法定代表人授予的其他权限。

一般来讲,项目经理应当享有以下利益:获得基本工资、岗位工资和绩效工资;除按《项目管理目标责任书》获得物质奖励外,还可获得表彰、记功、优秀项目经理等荣誉称号;经考核和审计,未完成《项目管理目标责任书》确定的项目管理责任目标或造成亏损的,应按其中有关条款承担责任,并接受经济或行政处罚。

3. 项目经理应具备的素质

在复杂多变的环境中要想成为一名成功的项目经理,应具备如下素质:

(1)知识面广,思路敏捷,善于发现问题

工程项目是个有机整体,必须从总体上来组织、计划、协调和控制。一个项目通常会涉及众多相关领域的知识,比如经济、法律、管理等,所以要求项目经理应具有较宽的知识面。他们除精通本专业的技术外,还应对其他技术也感兴趣,能同其他专业工程师密切交往,善于同各种专业人员合作。

(2)实际经验丰富,判断和决策能力强

由于项目具有一次性的特点,在项目实施过程中会发生许多无法预测的问题,带有一定的风险性。因此,要求项目经理具备一定的实际工作经验和敢于承担风险的勇气,并且在此基础上善于分析和判断问题所在,迅速做出正确的决策。

(3)善于处理人际关系,具有较强的组织领导能力

从项目内部来讲,有许多部门参加项目工作。项目经理要了解项目组织成员的心理,尽量满足他们的需要,使全体参加人员都能为实现总目标而主动工作。

此外,项目经理还应做到诚实、正直、热情,善于沟通,遇事沉着冷静、果断,思维敏捷,反应迅速,自信等。

4. 项目经理的任命方式

在工程建设实践中,一般企业选任项目经理的方式有三种:公司领导层直接任命、内部公开选拔、外部招聘。我国工程公司目前任命项目经理的方式主要为第一种。

(1)公司领导层直接任命的方式比较便捷,一般来说领导层对其下属员工的认知基本上能反映该员工的工作能力,而员工也更了解公司对项目的期望。但这种方式往往导致项目经理在执行项目过程中的权力与责任不清,激励强度不大。

(2)内部公开选拔一般是由公司将项目经理应聘的基本条件在内部公开,由公司正式员工报名竞聘,并提出竞聘目标承诺,这种方式权力、责任明确,激励程度高,但项目经理对公

司的承诺需要有某种形式的担保机制,否则,若项目成功,项目经理得到相应的奖励,一旦项目失败,对项目经理的承诺难以兑现。

（3）外部招聘项目经理适合于公司项目较多,难以选出合格的项目经理的情况。此时公司可以利用外部人才来实现项目目标,但公司应对应聘人员的项目经验、职业道德进行重点考查;同时,就管理授权而言,在财务方面也应当有所限制。由于外聘的项目经理与公司之间相互的熟悉程度不高,所以一定要签订完善的聘任协议书,明确双方的责任、权限和义务。

2.3.2 项目团队

项目团队是由一组个体成员为实现一个具体项目的目标而组建的协同工作队伍。项目团队的根本使命是在项目经理的直接领导下,为实现具体项目的目标和完成具体项目所确定的各项任务而共同努力、协调一致和科学高效地工作。项目团队是一种临时性的组织,当项目完成或者终止时,项目团队的使命就宣告结束,而项目团队也随即解散。

1. 项目团队的特点

（1）目的性

项目团队的使命就是完成某项特定的任务,实现某个项目的既定目标。因此这种组织具有很高的目的性,它只承担与既定项目目标有关的使命或任务,而不承担（也不应该承担）与既定项目目标无关的使命和任务。

（2）临时性

这种组织在完成特定项目的任务以后,其使命即已终结,项目团队即可解散。在出现项目中止的情况时,项目团队的使命也会中止,此时项目团队或是解散或是暂停工作;如果中止的项目获得解冻或重新开始时,项目团队也会重新开展工作。

（3）团队性

项目团队具有共同目标和严格的组织纪律,项目目标需要多方（建设单位、承包单位、监理单位、材料供应单位和质量监督单位等）参与协作完成。项目团队按照协同工作团队作业模式开展项目各项工作,项目目标完成过程中需要团队多方成员之间的协作和配合。

（4）双重领导性

一般而言,项目团队的成员既受项目经理的领导,又受所在企业职能部门的领导。这种双重领导会使项目团队成员的发展受到一定的限制,有时还会出现因企业职能部门和项目经理的指挥命令不统一而导致团队成员无所适从的情况,这是影响项目团队绩效的一个重要特点。

（5）渐进性和灵活性

项目团队的渐进性是指项目团队在初期一般是由较少成员构成的,随着项目的进展和任务的展开,项目团队会不断地扩大;项目团队的灵活性是指项目团队人员的多少和具体人员安排也会随着项目的发展与变化不断调整。这个特点也是与一般运营管理组织完全不同的。

2. 项目团队的职责

（1）项目团队领导者的职责

①实现团队的目标。一个团队的领导者,应当保证团队的目标通过以下过程得以实现:选择足够的、合适的人选参与计划的制订;召开团队会议,就团队目标和价值展开讨论;保证

项目目标得以实现,尤其是集体工作的价值,为大家所共识,迅速并准确地分析和修正失误;无论对内还是对外,都担负起代表整个团队的责任。

②保证团队的效率。确保团队所有成员都了解他们的责任,并接受挑战,鼓励队员为团队的工作倾其所能;监督团队工作以确保队员朝着同一个方向努力;将团队目标设定在一个适当的层次上,以鼓励队员的士气。

(2)项目团队成员的职责

团队成员的首要任务是做好自己的工作,尽其所能地完成分配给自己的任务。为了使团队能成功地共同工作,团队职责一定要放在个人职责之前。团队成员要明确自己的全部职责,要有一种责任感。

3. 项目团队的发展阶段

项目团队从组建到解散,是一个不断成长和变化的过程,一般可分为五个阶段:组建阶段、磨合阶段、规范阶段、成效阶段和终止阶段。在项目团队的各阶段,其团队特征也各不相同。项目团队的发展阶段如图 2-6 所示。

图 2-6　项目团队的发展阶段

(1)组建阶段

在这一阶段,项目组成员刚刚开始在一起工作,总体上有积极的愿望,急于开始工作,但对自己的职责及其他成员的角色都不是很了解,他们会有很多的疑问,并不断摸索以确定何种行为能够被接受。在这一阶段,项目经理需要进行团队的指导和构建工作。应向项目组成员宣传项目目标,并为他们描绘未来的美好前景及项目成功所能带来的效益,公布项目的工作范围、质量标准、预算以及进度计划的标准和限制,使每个成员对项目目标有全面深入的了解,建立起共同的愿景。明确每个项目团队成员的角色、主要任务和要求,帮助他们更好地理解所承担的任务,与项目团队成员共同讨论项目团队的组成、工作方式、管理方式、一些方针政策,以便取得一致意见,保证今后工作的顺利开展。

(2)磨合阶段

这是团队内激烈冲突的阶段。随着工作的开展,各方面问题会逐渐暴露。成员们可能会发现,现实与理想不一致,任务繁重而且困难重重,成本或进度限制太过紧张,工作中可能与某个成员合作不愉快。这些都会导致冲突产生、士气低落。在这一阶段,项目经理需要利用时机,创造一个理解和支持的环境。要允许成员表达不满或他们所关注的问题,接受及容忍成员的任何不满,做好导向工作,努力解决问题、矛盾,依靠团队成员共同解决问题,共同决策。

(3)规范阶段

在这一阶段,团队将逐渐趋于规范。团队成员经过震荡阶段逐渐冷静下来,开始表现出相互之间的理解、关心和友爱,亲密的团队关系开始形成,同时,团队开始表现出凝聚力。另外,团队成员通过一段时间的工作,开始熟悉工作程序和标准操作方法,对新制度也开始逐步熟悉和适应,新的行为规范得到确立并为团队成员所遵守。在这一阶段,项目经理应尽量减少指导性工作,给予团队成员更多的支持和帮助;在确立团队规范的同时,要鼓励成员的个性发挥；培育团队文化，注重培养成员对团队的认同感、归属感，努力营造出相互协作、互相帮助、互相关爱、努力奉献的精神氛围。

（4）成效阶段

在这一阶段，团队的结构完全功能化并得到认可，内部致力于从相互了解和理解到共同完成当前工作。一方面团队成员积极工作，为实现项目目标而努力；另一方面成员之间能够开放、坦诚、及时地进行沟通，互相帮助，共同解决工作中遇到的困难和问题，创造出很高的工作效率和满意度。在这一阶段，项目经理工作的重点应是：授予团队成员更大的权力，尽量发挥成员的潜力；帮助团队执行项目计划，集中精力了解掌握有关成本、进度、工作范围的具体完成情况，以保证项目目标得以实现；做好对团队成员的培训工作，帮助他们获得职业上的成长和发展；对团队成员的工作绩效做出客观的评价，并采取适当的方式给予激励。

（5）终止阶段

对于完成某项任务，实现了项目目标的团队而言，随着工程项目的竣工，团队准备解散，团队成员开始考虑自身今后的发展，并开始做离开的准备，团队开始涣散。在这一阶段项目经理的主要任务是收拢人心，稳住队伍，适度调整工作方式，向团队成员明确还有哪些工作需要完成，否则项目就不能圆满结束，目标就不能成功实现。只有根据项目团队成员在这一阶段的具体情况不断调整领导和工作方式，充分利用项目团队凝聚力和团队成员的集体感和荣誉感，才能完成最后的各项具体任务。

3. 项目团队的考核

在管理咨询实践中，我们经常遇到这样一种现象：企业在进行绩效考核时，对项目团队的考核，往往强调因项目开发的周期较长、参与人员较多、涉及面较广、项目交叉作业、项目结果的不确定、项目效益的不可预测、项目投资回报的周期过长等因素的影响而难以进行，或即便进行考核，因考核指标不好确定而不能达到预期的目标，诸如此类。项目团队的考核一直是企业绩效考核的难点和困惑。随着企业的发展，项目团队的作用越来越重要，甚至项目团队的业绩在企业目标的实现中举足轻重。因而对项目团队的考核便在企业的绩效考核体系中变得越来越重要。如何对项目团队进行考核，是决定企业绩效考核预期目标能否实现的关键。

本章习题

1. 组织和工程项目组织的含义是什么？
2. 组织结构的类型有哪些？是否存在最优的组织结构？
3. 未来的组织将具备怎样的特点？
4. 如何理解项目经理应该是一个通才而不是一个技术专家？
5. 项目经理应该如何针对项目团队生命周期的五个阶段开展项目团队建设？

第3章　土木工程项目合同管理

学习要点和学习指导

本章主要介绍了:合同的含义与特点、土木工程项目合同管理的概念、土木工程项目合同管理的类型;土木工程项目合同的履行与变更原因、范围、程序;土木工程项目合同索赔的概念、起因和程序;工程项目合同反索赔的基本内容和对索赔文件的反击或反驳要点。

通过本章的学习,学生应掌握工程项目合同的概念,根据不同的分类原则土木工程项目合同管理的类型,土木工程合同变更的原因和范围,土木工程项目合同索赔的概念、起因和程序;熟悉合同的含义和特点、土木工程项目合同的履行;理解土木工程项目反索赔的基本内容。

3.1　概　述

3.1.1　合同

1. 合同的含义

合同又称契约,是指双方或者多方当事人,包括自然人和法人,依照法律的规定而达成的关于订立、变更、解除民事权利和义务关系的协议。合同依法成立,即具有法律约束力,在合同双方当事人之间产生权利和义务的法律关系。合同正是通过这种权利和义务的约束,促使签订合同的双方当事人认真全面地履行合同。

2. 工程项目合同的特点

(1)严格的法规性

基本建设是国民经济的重要组成部分,在工程项目合同的签订和履行过程中要符合国家有关法规的要求,严格遵守国家的有关法律法规。

(2)工程项目的特殊性

工程项目不是一般产品或生活消费品,而是实现社会扩大再生产的一种手段,是形成固定资产的主要形式。它反映我国国民经济的生产能力、生产规模和速度,并不断为整个社会物质和文化生活的需要创造新的物质技术基础。建设工程的重要性决定了工程项目合同在我国经济合同中的重要地位。

(3)合同主体的特殊性

工程项目合同的承包方必须是土建安装、勘察设计单位等。除了特殊工程外,都要实行招投标择优选择承包单位,谁的工期短、质量高、造价低、信誉好,谁就能中标,由承包方和发包方签订合同,共同合作完成工程项目的建设任务。

(4)严格的国家监督

双方当事人签订工程项目合同,必须以国家建设计划为前提并经过有关部门批准,在合同执行过程中,要接受国家有关部门的监督,国家行业主管部门直接参加竣工验收检查。

3.1.2 土木工程项目合同管理的概念

土木工程项目合同管理是对工程项目中相关合同的策划、签订、履行、变更、索赔和争议的管理。它是工程项目管理的重要组成部分,是合同管理的主体对土木工程项目合同的管理。根据合同管理的对象,合同管理可分为两个层次:一是单项合同的管理;二是整个项目的合同管理。

1. 单项合同的管理

单项合同的管理主要是指合同当事人从合同开始到合同结束的全过程对某个合同进行的管理,包括合同的提出、合同文本的起草、合同的订立、合同的履行、合同的变更和索赔控制、合同收尾等环节。

2. 整个项目的合同管理

由于合同在工程中的特殊作用,项目的参加者以及与项目有关的组织都有合同管理工作,但不同的单位或人员,如政府行政管理部门、律师、业主、工程师、承包商、供应商等,在工程项目中的角色不同,则有不同角度、不同性质、不同内容和侧重点的合同管理工作。

广义地说,土木工程项目的实施和管理工作都可以纳入合同管理的范畴。合同管理贯穿于工程实施的全过程和工程实施的各个方面。在现代工程中,没有合同意识则项目整体目标不明;没有合同管理,则项目管理难以形成系统,难以有高效率,不可能实现项目的目标。合同管理作为工程项目管理的一个重要的组成部分,它必须贯穿于整个工程项目管理中。要实现工程项目的目标,必须对全部项目、项目实施的全过程和各个环节、项目的所有工程活动实施有效的合同管理。合同管理与其他管理职能密切结合,共同构成工程项目管理系统。

3.1.3 土木工程项目合同管理的类型

土木工程项目在建设过程中涉及的相关合同比较多,比如建设工程总承包合同、建设工程分包合同、工程勘察设计合同等。工程项目合同按不同的分类方法,有不同的类型,下面介绍最常用的三种分类方法。

1. 按照建设合同任务的性质进行分类

工程项目的建设须经过勘察、设计、施工等若干个过程才能最终完成,这三个阶段的建设任务虽然有十分紧密的联系,但仍然有明显的区别,可以单独地存在并订立合同。因而,《中华人民共和国合同法》将工程项目合同分为勘察合同、设计合同和施工合同。

(1)土木工程勘察合同

土木工程勘察合同是承包方进行工程勘察,发包方支付价款的合同。工程勘察单位称为承包方,建设单位或有关单位称为发包方(也称委托方)。

勘察合同必须符合国家规定的基本建设程序,勘察合同由建设单位或有关单位提出委托,经与勘察部门协商,双方取得一致意见,即可签订,任何违反国家规定的建设程序勘察合同均是无效的。

（2）土木工程设计合同

土木工程设计合同是承包方进行工程设计,委托方支付价款的合同。业主单位或有关单位为委托方,工程设计单位为承包方。

（3）土木工程项目施工合同

土木工程项目施工合同即建筑安装工程承包合同,是建设单位与承包商为完成工程项目的建筑安装任务而签订的明确双方权利、义务关系的协议。土木工程项目施工合同的标底是将设计图纸变为满足功能、质量、进度、投资等发包人投资预期目的的建筑产品,是工程建设质量控制、进度控制和投资控制的主要合同与主要依据。

2. 按照承包的形式进行分类

（1）总承包合同

总承包合同是指业主与总承包商之间就建设工程的勘察、设计、施工、设备采购中的一项或者多项签订的合同。总承包合同的当事人是业主和总承包商。工程项目中所涉及的权利和义务关系,只能在业主和总承包商之间发生。总承包商应对其承包的建设工程或者采购设备的质量负责。如工程项目总承包合同即属于此类。

（2）分包合同

分包合同是指总承包商将工程项目的某部分工程或单项工程分包给某一分包商完成所签订的合同,分包合同的当事人是总承包商和分包商。工程项目所涉及的权利和义务关系,只能在总承包商与分包商之间发生。如单位工程施工承包合同即属于此类。

（3）专业承包合同

专业承包合同是指专业承包企业同建设单位或施工总承包单位就专业工程签订的施工合同。专业承包企业可以对所承接的工程全部自行施工,也可以将劳务作业分包给具有相应劳务分包资质的劳务分包企业。

3. 按照工程合同的计价方式进行分类

（1）总价合同

根据总价合同规定的工程施工内容和有关条件,业主应付给承包商的款额是一个规定的金额,即明确的总价。总价合同也称作总价包干合同,即根据施工招标时的要求和条件,当施工内容和有关条件不发生变化时,业主付给承包商的价款总额就不发生变化。总价合同又分固定总价合同和变动总价合同。

①固定总价合同。其计算是以图纸及规定、规范为基础,承包方和发包方就施工项目协商一个固定的总价,由承包方一笔包死,不能变化。在这类合同中,承包商承担了全部的工作量和价格的风险。因此,承包商在报价时应对一切费用的价格变动因素以及不可预见因素都做充分的估计,并将其包含在合同价格之中。在国际上,这种合同被广泛接受和采用。

②变动总价合同。其又称可调总价合同,合同价格是以图纸及规定、规范为基础,按照时价进行计算,得到包括全部工程任务和内容的暂定合同价格。它是一种相对固定的价格,在合同执行过程中,通货膨胀等使所使用的工、料成本增加时,可以按照合同约定对合同总价进行相应的调整。当然,设计变更、工程量变化和其他工程条件变化所引起的费用变化一般也可以进行调整。因此,通货膨胀等不可预见因素的风险由业主承担。对承包商而言,其

风险相对较小；但对业主而言，不利于其进行投资控制。

(2)单价合同

这是水利土木工程中广泛采用的一种合同类型。承包商以合同确定的工程项目的工程单价向业主承包，负责完成施工任务，然后按实际发生的工程量和合同中规定的工程单价结算工程价款。单价合同又可细分为估计工程量单价合同和纯单价合同两类。

①估计工程量单价合同。承包商投标时按工程量表中的估计工程量为基础，填入相应的单价作为报价，累计计算合同价。此时的单价应为各种摊销费用后的综合单价，即成品价，不再包括其他费用。在合同履行过程中，以实际完成工程量乘以单价作为支付和结算的依据。

这种合同较为合理地分担了合同履行过程中的风险。因为承包商所用报价的清单工程量为初步设计估算的工程量，如果实际完成工程量与估计工程量有较大差异时，采用单价合同可以避免业主过大的额外支出或承包商的亏损。估计工程量单价合同按照合同工期的长短，也可以分为固定单价合同和可调单价合同两类，调价方法与总价合同方法相同。

②纯单价合同。招标文件只向投标人给出各个分项工程内的工作项目一览表、工程范围及必要的说明，而不提供工程量。承包商只要给出各项目的单价即可，将来实施时按实际工程量计算。但对于工程费分摊在许多工程中的复杂工程，或者一些不易计算工程量的项目，采用纯单价合同就会引起一些麻烦和争执。

(3)实际成本加酬金合同

这种合同的基本特点是按工程实际发生的成本（人工费、材料费和施工机械费）加上固定的管理费和利润来确定工程总造价。这种合同主要用于开工前对工程内容尚不十分清楚的情况，例如边设计边施工的紧急工程，或遭受地震战火等灾害破坏后急需修复的工程。在实践中可有四种不同的具体做法。

①实际成本加固定百分比酬金合同。这种合同除直接成本外，管理费和利润按成本的一定比例支付。

②实际成本加固定酬金合同。这种合同方式的直接成本实报实销，但酬金是事先商定的一个固定数目。这虽不能鼓励承包人降低造价，但为尽快取得酬金，承包人将会努力缩短工期，这是它的可取之处。为了鼓励承包商更好地工作，也可在固定酬金之外，根据工程质量、工期和成本情况再加奖金。在这种情况下，奖金所占比例的上限可大于固定酬金，将会起到很大的激励作用。

③实际成本加浮动酬金合同。这种类型的合同要求双方事先商定工程成本和酬金的预期水平。如果实际成本恰好等于预期水平，工程造价就是成本加固定酬金；如果实际成本低于预期水平，则增加酬金；如果实际成本高于预期水平，则减少酬金。采用这种方式通常规定，当实际成本超支而减少酬金时，以原定的固定酬金为减少的最高限度。也就是在最坏的情况下，承包商将得不到任何酬金，但也不承担赔偿超支的责任。这种方式对承发包双方都没有太多风险，又能促使承包商关心降低成本和缩短工期。

④目标成本加奖励合同。在仅有初步设计和工程说明书，即迫切要求开工的情况下，可根据粗略估算的工程量和适当的单价表编制概算作为目标成本。随着详细设计逐步具体化，工程量和目标成本可加以调整，另外规定一个百分数作为酬金。最后结算时，如果实际成本高于目标成本并超过事先商定的界限（例如 5%），则减少酬金。如果实际成本低于目

标成本(也有一个幅度界限),则增加酬金。这种合同方式可以促使承包商关心降低成本和缩短工期。而且目标成本是随设计工作进展而加以调整才确定下来的,故承发包双方都不会承担太大的风险。

一个项目应该采取哪种合同形式不是固定不变的。有时候一个项目中各个不同的工程部分,或不同阶段就可能采取不同形式的合同。业主在制订项目分包合同规划时,必须根据实际情况,全面反复地权衡各种利弊,做出最佳决策,选定本项目的分项合同种类和形式。

3.2　土木工程项目合同的履行与变更

3.2.1　土木工程项目合同的履行

土木工程项目合同的履行是指工程项目合同的双方当事人根据合同的规定在适当的时间、地点,以适当的方式全面完成自己所承担的义务。在全面完成自己义务的过程中,明确当事人的职责、权利和义务。

严格履行项目合同是双方当事人的义务,因此项目合同的当事人必须共同按计划履行合同,实现项目合同所要达到的各类预定目标。土木工程项目合同的履行分为实际履行和适当履行两种形式。

1. 土木工程项目合同的实际履行

土木工程项目合同的实际履行,就是要求项目合同的当事人按照合同规定的标的来履行。实际履行已经成为我国法律规定的一个基本原则。不得以支付违约金或赔偿经济损失来免除项目合同一方当事人继续履行合同规定的义务。如果合同当事人一方可用货币代偿合同规定的标的,那么当事人的另一方可能在经济上蒙受更大的损失或无法计算的间接损失。此外,即使当事人一方在经济上没有遭受损失,但是对于预定的项目目标或任务,某些涉及国计民生、社会公益的项目不能得以实现,实际损失也很大。

2. 土木工程项目合同的适当履行

土木工程项目合同的适当履行,即项目合同的当事人按照法律和项目合同条款规定的标的,按质、按量、按时地履行。合同当事人不得以次充好,以假乱真,否则合同的另一方当事人有权拒绝接受。所以,在签订项目合同时,必须对标的物的规格、数量、质量等要求做出具体规定,以便当事人按规定履行,另一方当事人在项目结束时也能按规定验收,这对提高项目的质量,满足另一方当事人的需求,甚至是满足人民日益增长的需求具有十分重要的意义。

3.2.2　土木工程项目合同的变更

土木工程变更一般是指在工程施工过程中,根据合同约定对施工的程序、工程的内容及数量、工程质量要求及标准等做出的变更。

1. 土木工程项目合同变更的原因

合同内容频繁的变更是土木工程项目合同的特点之一。一个较为复杂的土木工程项目合同,实施中的变更可能有几百项。土木工程项目合同变更主要有以下几方面原因:

(1)业主的变更指令、对建筑的新要求,如业主有新的意图、修改项目计划、削减项目预算等；

（2）设计人员、监理方人员、承包商事先没有很好地理解业主的意图，或设计错误，导致图纸修改；

（3）工程环境的变化，预定的工程条件不准确，要求实施方案或实施计划变更；

（4）由于产生新技术和知识，有必要改变原设计、原实施方案或实施计划，或业主指令及业主责任造成承包商施工方案的改变；

（5）政府部门对工程新的要求，如国家计划变化、环境保护要求、城市规划变动等；

（6）由于合同实施出现问题，必须调整合同目标或修改合同条款；

（7）合同双方当事人由于倒闭或其他原因转让合同，造成合同当事人的变化，这通常是比较少的。

2. 土木工程项目合同变更的范围

根据 FIDIC 施工合同条件，土木工程项目合同变更的内容可能包括以下几个方面：

（1）改变合同中所包括的任何工作的数量；

（2）改变任何工作的质量和性质；

（3）改变工程任何部分的标高、基线、位置和尺寸；

（4）删减任何工作，但要交他人实施的工作除外；

（5）任何永久工程需要的任何附加工作、工程设备、材料或服务；

（6）改动工程的施工顺序或时间安排。

根据我国施工合同示范文本，土木工程项目合同变更包括设计变更和工程质量标准等其他实质性内容的变更，其中设计变更包括：更改工程有关部分的标高、基线、位置和尺寸；增减合同中约定的工程量；改变有关工程的施工时间和顺序；其他有关工程变更需要的附加工作。

3. 土木工程项目合同变更的程序

根据统计，工程变更是索赔的主要起因。工程变更对工程施工过程影响很大，会造成工期的拖延和费用的增加，容易引起双方的争执，因此要十分重视工程变更管理问题。一般工程施工承包合同中都有关于工程变更的具体规定。工程变更一般按照以下程序进行：

（1）提出工程变更。根据工程实施的实际情况，承包商、业主方、设计方都可以根据需要提出工程变更。

（2）工程变更的批准。由承包商提出的工程变更，应该交予工程师审查并批准；由设计方提出的工程变更应该与业主协商或经业主审查并批准；由业主方提出的工程变更，涉及设计修改的应该与设计单位协商，一般通过工程师发出。工程师发出工程变更的权力，一般会在施工合同中明确约定，通常在发出变更通知前应征得业主批准。

（3）工程变更指令的发出及执行。为了避免耽误工程，工程师和承包人就变更价格和工期补偿达成一致意见之前有必要先行发布变更指示，先执行工程变更工作，然后就变更价格和工期补偿进行协商和确定。

4. 土木工程项目合同变更责任分析

在合同变更中，量最大、最频繁的是工程变更。它在工程索赔中所占的份额也最大。工程变更的责任分析，是工程变更起因与工程变更问题处理即确定赔偿问题的桥梁。工程变更中有以下两大类变更：

（1）设计变更。设计变更会引起工程量的增加或减少、新增或删除工程分项、工程质量和进度的变化、实施方案的变化。一般工程施工合同赋予业主（工程师）这方面的变更权力，可以直接通过下达指令，重新发布图纸，或规范实现变更。

（2）施工方案的变更。施工方案变更的责任分析有时比较复杂。在投标文件中，承包商就在施工组织设计中提出比较完备的施工方案，但施工组织设计不作为合同文件的一部分。

5. 土木工程项目合同变更中应注意的问题

对业主（工程师）的口头变更指令，按施工合同规定，承包商也必须遵照执行，但应在 7 天内向工程师索取书面确认。而如果工程师在 7 天内未予书面否决，则承包商的书面要求信即可作为工程师对该工程变更的书面指令。工程师的书面变更指令是支付变更工程款的先决条件之一。承包商在施工现场应积极主动，当工程师下达口头指令时，为了防止拖延和遗忘，承包商的合同管理人员可以立刻起草一份书面确认信让工程师签字。

【例 3-1】 某大型工程项目地质情况复杂，由于工程项目建设任务十分紧迫，要求尽快开工、按时竣工，基础处理工程量难以准确确定，因此业主根据监理单位的建议采用单价合同方式与承包方签订了施工合同，对于工程变更、工程计量、合同价款的调整及工程款的支付等都做了规定。

（1）属于工程变更的事项应包括哪些方面的内容？

（2）对于工程变更的管理方面，如果是发包方提出的变更应如何进行管理？如果是承包方提出的变更应如何进行管理？

（3）若在施工过程中，承包商根据监理工程师的指示对部分工程进行了变更施工，试问变更部分合同价款应根据什么原则进行确定？变更价款的确定应当按什么样的程序进行？

【解】

（1）属于工程变更内容的事项包括：

①工程的标高、基线、位置、尺寸等的改变；

②工程的性质、标准的变更；

③增加或减少合同约定的工程量；

④改变施工顺序或时间；

⑤其他。

（2）关于工程变更的管理方面。发包方提出的工程变更应当不迟于变更前的 14 天，书面通知承包方；若属于改变原工程标准或超过原工程规模的变更，还应报原规划管理部门审批，设计变更应由原设计单位修改。承包方应严格按图纸施工，不得随意变更设计，若承包商要求对原设计变更，应经工程师同意，还须经原规划管理部门和其他有关部门审查批准，并由原设计单位提供变更的图纸和说明。承包方擅自变更设计，要承担由此发生的费用、发包方的损失以及工期延误的一切责任。承包方提出、经工程师同意的设计变更，导致的合同价增减、发包方的损失，由发包方承担，工期顺延。

（3）设计变更后，变更合同价款的调整按如下原则和方法进行：①合同中已有适用于变更工程的单价的，按合同已有的单价计算和变更合同价款；②合同中只有类似于变更工程的单价，可参照它来确定变更价格和变更合同价款；③合同中没有上述单价时，由承包方提出相应价格，经工程师确认和业主同意后执行。

确定变更价款的程序是：①变更发生后的 14 天内，承包方应提出变更价款报告，经工程师确认后,调整合同价;②若变更发生后 14 天内,承包方不提出变更价款报告,则视为该变更不涉及价款变更;③工程师收到变更价款报告日起 14 天内应对此予以确认,若无正当理由不确认时,自收到报告时算起,14 天后该报告自动生效。

3.3 土木工程项目合同的索赔管理

3.3.1 土木工程项目索赔概述

1. 土木工程项目索赔的概念

土木工程项目索赔通常是指在工程合同履行过程中,合同当事人一方因对方不履行或未能正确履行合同或者由于其他非自身因素而受到经济损失或权利损害,通过合同规定的程序向对方提出经济或时间补偿要求的行为。索赔是一种正当的权利要求,它是合同当事人之间一项正常且普遍存在的合同管理业务,是一种以法律和合同为依据的合情合理的行为。

在土木工程施工承包合同执行过程中,业主可以向承包商提出索赔要求,承包商也可以向业主提出索赔要求,即合同的双方都可以向对方提出索赔要求。

2. 土木工程项目索赔的起因

土木工程项目索赔可能有以下一个或几个方面的原因:

(1)合同对方违约,不履行或未能正确履行合同义务与责任;

(2)合同缺陷,如合同条文不全、错误、矛盾,设计图纸、技术规范错误,合同中有遗漏等;

(3)合同变更;

(4)工程环境变化,包括法律、物价和自然条件的变化等;

(5)不可抗力因素,如恶劣气候条件、地震、洪水、战争状态等。

3. 土木工程项目索赔的程序

工程施工中承包人向发包人索赔、发包人向承包人索赔以及分包人向承包人索赔的情况都有可能发生,现以承包人向发包人索赔为例介绍索赔的一般程序和方法。

(1)索赔意向通知

在工程实施过程中发生索赔事件以后,或者承包人发现索赔机会,首先要提出索赔意向,即在合同规定时间内将索赔意向以书面形式及时通知发包人或者工程师,向对方表明索赔愿望、要求或者声明保留索赔权利,这是索赔工作程序的第一步。索赔意向通知要简明扼要地说明索赔事由发生的时间及地点、简单事实情况和发展动态、索赔依据和理由、索赔事件的不利影响等。

(2)索赔资料的准备

在索赔资料准备阶段,主要工作有:

①跟踪和调查干扰事件,掌握事件产生的详细经过;

②分析干扰事件产生的原因,划清各方责任,确定索赔根据;

③损失或损害调查分析与计算,确定工期索赔和费用索赔值;

④搜集证据,获得充分而有效的各种证据;

⑤起草索赔文件。

（3）索赔文件的提交

提出索赔的一方应该在合同规定的时限内向对方提交正式的书面索赔文件。例如，FIDIC 合同条件和我国《建设工程施工合同（示范文本）》都规定，承包人必须在发出索赔意向通知后的 28 天内或经过工程师同意的其他合理时间内向工程师提交一份详细的索赔文件和有关资料。如果干扰事件对工程的影响持续时间长，承包人则应按工程师要求的合理间隔时间（一般为 28 天），提交中间索赔报告，并在干扰事件影响结束后的 28 天内提交一份最终索赔报告，否则将失去该事件请求补偿的索赔权利。

（4）索赔文件的审核

对于承包人向发包人的索赔请求，索赔文件首先应该交由工程师审核。工程师根据发包人的委托或授权，对承包人索赔的审核工作主要分为判定索赔事件是否成立和核查承包人的索赔计算是否正确、合理两个方面，并可在授权范围内做出判断，初步确定补偿额度，或者要求补充证据，或者要求修改索赔报告等。对索赔的初步处理意见要提交发包人。

（5）发包人审查

对于工程师的初步处理意见，发包人需要进行审查和批准，然后工程师才可以签发有关证书。如果索赔额度超过了工程师权限范围，应由工程师将审查的索赔报告报请发包人审批，并与承包人谈判解决。

（6）协商

对于工程师的初步处理意见，发包人和承包人都不接受或者其中的一方不接受，三方可就索赔的解决进行协商，达成一致，其中可能包括复杂的谈判过程，经过多次协商才能达成。如果经过努力无法就索赔事宜达成一致意见，则发包人和承包人可根据合同约定选择采用仲裁或者诉讼方式解决。

3.3.2　土木工程项目反索赔

1. 土木工程项目反索赔的基本内容

土木工程项目反索赔就是反驳、反击或者防止对方提出的索赔，不让对方索赔成功或者全部成功。一般认为，索赔是双向的，业主和承包商都可以向对方提出索赔要求，任何一方也都可以对对方提出的索赔要求进行反驳和反击，这种反驳和反击就是反索赔。

土木工程项目反索赔的工作内容可以包括两个方面：一是防止对方提出索赔；二是反驳或反击对方的索赔要求。

要成功地防止对方提出索赔，应采取积极防御的策略。首先是自己严格履行合同规定的各项义务，防止自己违约，并通过加强合同管理，使对方找不到索赔的理由和根据，使自己处于不能被索赔的地位。其次，如果在工程实施过程中发生了干扰事件，则应立即着手研究和分析合同依据，搜集证据，为提出索赔和反索赔做好两手准备。如果对方提出了索赔要求或索赔报告，则自己应采取各种措施来反驳或反击对方的索赔要求。常用的措施有：

（1）抓对方的失误，直接向对方提出索赔，以对抗或平衡对方的索赔要求，从而在最终解决索赔时互相让步或者互不支付。

（2）针对对方的索赔报告，仔细、认真研究和分析，找出理由和证据，证明对方索赔要求或索赔报告不符合实际情况和合同规定，没有合同依据或事实证据，索赔值计算不合理或不准确等，反击对方的不合理索赔要求，推卸或减轻自己的责任，使自己不受或少受损失。

2. 对索赔报告的反驳或反击要点

对索赔报告的反驳或反击,一般可以从以下几个方面进行:

(1)索赔要求或报告的时限性。审查对方是否在干扰事件发生后的索赔时限内及时提出索赔要求或报告。

(2)索赔事件的真实性。

(3)干扰事件的原因、责任分析。如果干扰事件确实存在,则要通过对事件的调查分析,确定原因和责任。如果事件责任属于索赔者自己,则索赔不能成立;如果合同双方都有责任,则应按各自的责任大小分担损失。

(4)索赔理由分析。分析对方的索赔要求是否与合同条款或有关法规一致,所受损失是否由非对方负责的因素造成。

(5)索赔证据分析。分析对方所提供的证据是否真实、有效、合法,是否能证明索赔要求成立。证据不足、不全、不当、没有法律证明效力或没有证据,索赔不能成立。

(6)索赔值审核。如果经过上述的各种分析、评价,仍不能从根本上否定对方的索赔要求,则必须对索赔报告中的索赔值进行认真细致的审核,审核的重点是索赔值的计算方法是否合情合理,各种取费是否合理适度,有无重复计算,计算结果是否准确等。

本章习题

1. 简述工程项目合同的特点。

2. 工程项目合同是如何分类的?

3. 建设工程施工承包合同按计价方式主要分为哪几种? 其特点和适用范围分别是什么?

4. 简述工程项目合同变更的程序。

5. 简述索赔的原因和程序。

第4章 土木工程项目进度管理

学习要点和学习指导

本章叙述了工程项目进度中常用的基本概念,进度与工期的区别,工期影响因素,进度与费用、质量目标的关系,工程目标工期的决策分析,以及工程项目进度计划的编制、检查与分析、调整与优化等工程项目进度控制内容。

通过本章的学习,学生应掌握流水施工原理,流水施工的基本方式,网络进度计划的编制方法、步骤及应用;熟悉工程项目进度控制的流程、工程项目进度检查与分析方法、工程项目进度计划的调整与优化;能对土木工程项目进度管理案例进行具体分析。

4.1 概　述

工程项目进度管理是工程项目建设中与工程项目质量管理、工程项目费用管理并列的三大管理目标之一。工程项目进度管理是保证工程项目按期完成,合理配置资源,确保工程项目施工质量、施工安全、节约投资、降低成本的重要措施,是体现工程项目管理水平的重要标志。

4.1.1 进度与工期

工程项目进度指工程项目实施结果的进展情况,工程项目实施过程中要消耗时间、劳动力、材料、费用等资源才能完成任务。通常工程项目的实施结果以项目任务的完成情况(工程的数量)来表达,但由于工程项目技术系统的复杂性,有时很难选定一个恰当的、统一的指标来全面反映工程的进度,工程实物进度与工程工期及费用不相吻合。在此意义上,人们赋予进度综合的含义,将工期与工程实物、费用、资源消耗等统一起来,全面反映项目的实施状况。可以看出,工期和进度是两个既互相联系,又有区别的概念。

工期常作为进度的一个指标(进度指标还可以通过工程活动的结果状态数量、已完成工程的价值量、资源消耗指标等描述),项目进度控制是目的,工期控制是实现进度控制的一个手段。进度控制首先表现为工期控制,有效的工期控制才能达到有效的进度控制;进度的拖延最终一定会表现为工期的拖延;对进度的调整常表现为对工期的调整,为加快进度,改变施工次序,增加资源投入,完成实际进度与计划进度在时间上的吻合,同时保持一定时间内工程实物与资源消耗量的一致性。

4.1.2 项目工期影响因素

在工程项目的施工阶段,施工工期的影响因素一般取决于其内部的技术因素和外部的社会因素。工期影响因素如表 4-1 所示。

表 4-1 项目工期影响因素

影响因素	影响内容
工程内部因素 (技术因素)	(1)工程性质、规模、高度、结构类型、复杂程度 (2)地基基础条件和处理的要求 (3)建筑装修装饰的要求 (4)建筑设备系统配套的复杂程度
工程外部因素 (社会因素)	(1)社会生产力,尤其是建筑业生产力发展的水平 (2)建筑市场的发育程度 (3)气象条件以及其他不可抗力的影响 (4)工程投资者和管理者主观追求和决策意图 (5)施工计划和进度管理

4.1.3 进度与费用、质量目标的关系

根据工程项目管理的基本概念和属性,工程项目管理的基本目标是在有效利用、合理配置有限资源,确保工程项目质量的前提下,用较少的费用(综合建设方的投资和施工方的成本)和较快的速度实现工程项目的预定功能。因此,工程项目的进度目标、费用目标、质量目标是实现工程项目基本目标的保证。三大目标管理互相影响,互相联系,共同服务于工程项目的总目标。同时,三大目标管理也是互相矛盾的。许多工程项目,尤其是大型重点建设项目,一般项目工期要求紧张,工程施工进度压力大,经常性地连续施工。为加快施工进度而进行的赶工,一般都会对工程施工质量和施工安全产生影响,并会引起建设方的投资加大或施工方的成本增加。

综合工程项目目标管理与工程项目进度目标、费用目标和质量目标之间相互矛盾又统一协调的关系,在工程项目施工实践中,需要在确保工程质量的前提下,控制工程项目的进度和费用,实现三者的有机统一。

4.1.4 工程目标工期的决策分析

1. 工程项目总进度目标

工程项目总进度目标指在项目决策阶段项目定义时确定的整个项目的进度目标。其范围为从项目开始至项目完成整个实施阶段,包括设计前准备阶段的工作进度、设计工作进度、招标工作进度、施工前准备工作进度、工程施工进度、工程物资采购工作进度、项目动用前的准备工作进度等。

工程项目总进度目标的控制是业主方项目管理的任务。在对其实施控制之前,需要对上述工程实施阶段的各项工作进度目标实现的可能性以及各项工作进度的相互关系进行分析和论证。

在设定工程项目总进度目标时,工程细节尚不确定,包括详细的设计图纸,有关工程发包的组织、施工组织和施工技术方面的资料,以及其他有关项目实施条件的资料。因此,在此阶段,主要是对项目实施的条件和项目实施策划方面的问题进行分析、论证并进行决策。

2. 总进度纲要

大型工程项目总进度目标的核心工作是以编制总进度纲要为主分析并论证总进度目标实现的可能性。总进度纲要的主要内容有:项目实施的总体部署;总进度规划;各子系统进度规划;确定里程碑事件(主要阶段的开始和结束时间)的计划进度目标;总进度目标实现的条件和应采取的措施等。主要通过对项目决策阶段与项目进度有关的资料及实施的条件等资料收集和调查研究,对整个工程项目的结构逐层分解,对建设项目的进度系统分解,逐层编制进度计划,协调各层进度计划的关系,编制总进度计划。当不符合项目总进度目标要求时,设法调整;当进度目标无法实现时,报告项目管理者进行决策。

3. 工程项目进度计划系统

工程项目进度计划系统是由多个相互关联的进度计划组成的系统。它是项目进度控制的依据。由于各种进度计划编制所需要的必要资料是在项目进展过程中逐步形成的,因此项目进度计划系统的建立和完善也有一个过程,是逐步形成的。工程项目进度计划系统可以按照不同的计划目的等进行划分。工程项目进度计划系统示例如图 4-1 所示。

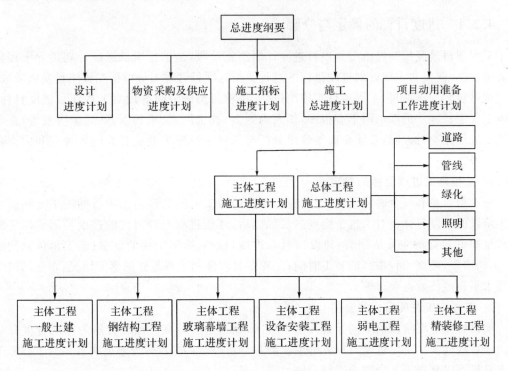

图 4-1 工程项目进度计划系统示例

4. 施工项目目标工期

施工阶段是工程实体的形成阶段,做好工程项目进度计划并按计划组织实施,是保证项目在预定时间内建成并交付使用的必要工作,也是工程项目进度管理的主要内容。为了提高进度计划的预见性和进度控制的主动性,在确定工程进度控制目标时,必须全面细致地分析影响项目进度的各种因素,采用多种决策分析方法,制定一个科学、合理的工程项目目标工期。

(1)以企业定额条件下的工期为施工目标工期;

(2)以工期成本最优工期为施工目标工期;

(3)以施工合同工期为施工目标工期。

在确定施工项目工期时,应充分考虑资源与进度需要的平衡,以确保进度目标的实现,还应考虑外部协作条件和项目所处的自然环境、社会环境和施工环境等。

4.2 工程项目进度控制措施

工程项目进度控制是项目管理者围绕目标工期的要求编制进度计划、付诸实施,并在实施过程中不断检查进度计划的实际执行情况,分析产生进度偏差的原因,进行相应调整和修改的过程。通过对进度影响因素实施控制及各种关系协调,综合运用各种可行方法、措施,将项目的计划工期控制在事先确定的目标工期范围之内。在兼顾费用、质量控制目标的同时,努力缩短建设工期。参与工程项目的建设单位、设计单位、施工单位、工程监理单位均可构成工程项目进度控制的主体。下面根据不同阶段不同的影响因素,提出针对性的工程项目进度控制措施。

4.2.1 进度目标的确定与分解

工程项目进度控制经由工程项目进度计划实施阶段,是工程项目进度计划指导工程建设实施活动,落实和完成计划进度目标的过程。工程项目管理人员根据工程项目实施阶段、工程项目包含的子项目、工程项目实施单位、工程项目实施时间等设立工程项目进度目标。影响工程项目施工进度的因素有很多,如人为因素、技术因素、机具因素、气象因素等,在确定施工进度控制目标时,必须全面细致地分析与工程项目施工进度有关的各种有利因素和不利因素。

1. 工程施工进度目标的确定

施工项目总有一个时间限制,即为施工项目的竣工时间。而施工项目的竣工时间就是施工阶段的进度目标。有了这个明确的目标以后,才能进行有针对性的进度控制。确定施工进度控制目标的主要依据有:建设项目总进度目标对施工工期的要求;施工承包合同要求、工期定额、类似工程项目的施工时间;工程难易程度和工程条件的落实情况、企业的组织管理水平和经济效益要求等。

2. 工程施工进度目标的分解

项目可按进展阶段的不同分解为多个层次,项目进度目标可据此分解为不同进度分目标。项目规模大小决定进度目标分解层次数,一般规模越大,目标分解层次越多。工程施工进度目标可以从以下几个方面进行分解:

(1)按施工阶段分解;

(2)按施工单位分解;

(3)按专业工种分解;

(4)按时间分解。

建设工程施工进度控制目标体系如图 4-2 所示。

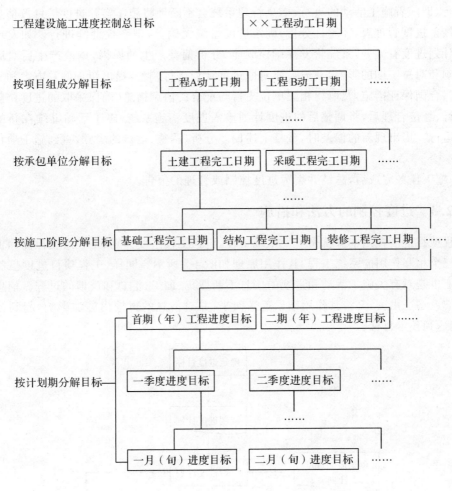

图 4-2　建设工程施工进度控制目标体系

4.2.2　进度控制的流程和内容

由工程项目进度控制的含义,结合工程项目概况,工程项目经理部应按照以下程序进行进度控制:

(1)根据签订的施工合同的要求确定施工项目进度目标,明确项目分期分批的计划开工日期、计划总工期和计划竣工日期。

(2)逐级编制施工指导性进度计划,具体安排实现计划目标的各种逻辑关系(工艺关系、组织关系、搭接关系等),安排制订对应的劳动力计划、材料计划、机械计划及其他保证性计划。如果工程项目有分包人,还需编制由分包人负责的分包工程施工进度计划。

(3)在实施工程施工进度计划之前,还需要进行进度计划的交底,落实相关的责任,并报请监理工程师提出开工申请报告,按监理工程师开工令进行开工。

(4)按照批准的工程施工进度计划和开工日组织工程施工。工程项目经理部首先要建立进度实施和控制的科学组织系统及严密的工作制度,然后依据工程项目进度管理目标体系,对施工的全过程进行系统控制。在正常情况下,进度实施系统应发挥检测、分析职能并循环运行,即随着施工活动的进行,信息管理系统会不断地将施工实际进度信息按信息流动程序反馈至进度管理者,经统计分析,确定进度系统无偏差,则系统继续进行。如发现实施进度与计划进度有偏差,系统将发挥调控职能,分析偏差产生的原因,偏差产生后对后续工作的影响和对总工期的影响,一般需要对原进度计划进行调整,提出纠正偏差方案和实施技术、经济、合同保证措施,及取得相关单位支持与配合的协调措施,确保采取的进度调整措施技术可行、经济合理后,将调整后的进度计划输入进度实施系统,施工活动继续在新的控制系统下运行。当出现新的偏差时,重复上述偏差分析、调整、运行的步骤,直到施工项目全部完成。

(5)施工任务完成后,总结并编写进度控制或管理的报告。

4.2.3　进度控制的方法和措施

工程项目进度控制本身就是一个系统工程,包括工程进度计划、工程进度检测和工程进度调整三个相互作用的系统工程,其作用原理如图 4-3 所示。同样,工程项目进度控制的过程实质上也是对有关施工活动和进度的信息不断搜集、加工、汇总和反馈的过程。信息控制系统将信息输送出去,又将其作用结果返送回来,并对信息的再输出施加影响,起到控制作用,以期达到预定目标。

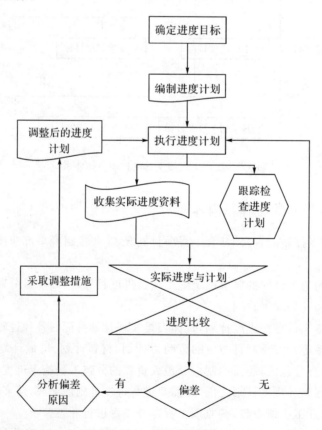

图 4-3　系统控制流程

1. 工程项目进度控制方法

依照工程项目进度控制的系统工程理论、动态控制理论和信息反馈理论等，主要的工程项目进度控制方法有规划、控制和协调。工程项目进度控制目标的确定和分级进度计划的编制，为工程项目进度的"规划"控制方法，体现为工程项目进度计划的制订。工程项目进度计划的实施、实际进度与计划进度的比较和分析、出现偏差时采取的调整措施等，属于工程项目进度控制的"控制"方法，体现了工程项目的进度检测系统和进度调整系统。在整个工程项目的实施阶段，从计划开始到实施完成，进度计划、进度检测和进度调整，每一过程或系统都要充分发挥信息反馈的作用，实现与施工进度有关的单位、部门和工作队组之间的进度关系的充分沟通协调，此为工程项目进度控制的"协调"方法。工程项目进度控制方法如图4-4 所示。

图 4-4　工程项目进度控制方法

2. 工程项目进度控制措施

工程项目进度控制采取的主要措施有组织措施、管理措施、合同管理措施、经济措施和技术措施。

（1）组织措施

正如前文所述，组织是目标能否实现的决定性因素，为实现项目的进度目标，应充分健全项目管理的组织体系。

整个组织措施在实现过程中、在项目组织结构中，都需要有专门的工作部门和符合进度控制岗位资格的专人负责进度控制工作，在项目管理组织设计的任务分工表和管理职能分工表中标示和落实。

（2）管理措施

建设工程项目进度控制的管理措施涉及管理的思想、管理的方法、管理的手段、承发包模式、合同管理、信息管理和风险管理。

用工程网络计划的方法编制进度计划必须很严谨地分析和考虑工作之间的逻辑关系，通过工程网络计划可发现关键工作和关键路线，也可知道非关键工作可使用的时差，有利于实现进度控制的科学化。

（3）合同管理措施

合同管理措施是指与分包单位签订施工合同的合同工期与项目有关进度目标的协调性。承发包模式的选择直接关系到工程实施的组织和协调。为了实现进度目标，应选择合理的合同结构，避免过多的合同界面而影响工程的进展。

（4）经济措施

经济措施是实现进度计划的资金保证措施。建设工程项目进度控制的经济措施主要涉及资金需求计划、资金供应计划和经济激励措施等。

（5）技术措施

技术措施主要是采取加快施工进度的技术方法，包括：尽可能地采用先进施工技术、方法和新材料、新工艺、新技术，保证进度目标的实现；落实施工方案，在发生问题时，能适时调整工作之间的逻辑关系，加快施工进度。

4.3　工程项目进度计划的编制

在工程项目管理中，进度计划是最广泛使用的用于分步规划项目的工具。通过系统地分析各项工作、前后相邻工作相互衔接关系及开竣工时间，项目经理在投入资源之前在纸上对拟建项目进行统筹安排。项目经理把拟建工程项目中需要的材料、机械设备、技术和资金等资源和人员组织集合起来并指向同一个工程目标，利用通用的工具确定投入和分配问题，提高工作效率。确定在有些工作出现拖延的情况下，对整个项目的完成时间造成的不利影响等。要想成功地完成任何一个复杂的项目，进度计划都是必不可少的。

4.3.1　进度计划的分类与编制依据

在工程项目施工阶段，工程项目进度计划是工程项目计划中最重要的组成部分，是在项目总工期目标确定的基础上，确定各个层次单元的持续时间、开始和结束时间，以及机动时间。工程项目进度计划随着工程项目技术设计的细化和项目结构分解的深入而逐步细化。工程项目进度计划经过从整体到细节的过程，包括工程项目总工期目标、项目主要阶段进度计划，以及详细的工期计划。

1. 工程项目进度计划的类型

根据工程项目进度控制不同的需要和不同的用途，工程项目进度计划的类型如图 4-5 所示，各项目参与方可以制订多个相互关联的进度计划构成完整的进度管理体系。一般用横道图方法或网络计划进行安排。

2. 工程项目进度计划的编制依据

工程项目进度计划与进度安排起始于施工前阶段，从确立目标、识别工作、确定工作顺序、确定工作持续时间、完成进度计算，并结合具体的工程项目配备的资源情况，进行进度计划的修正和调整。工程项目进度计划系统，包括从确定各主要工程项目的施工起止日期，综合平衡各施工阶段的工程量和投资分配的施工总进度计划，到为各施工过程指明一个确定的施工工期，并确定施工作业所必需的劳动力及各种资源的供应计划的单位工程进度计划。进度计划的编制依据一般有：

（1）拟建项目承包合同中的工期要求；

（2）拟建项目设计图纸及各种定额资料，包括工期定额、概预算定额、施工定额及企业定额等；

（3）已建同类项目或类似项目的资料；

（4）拟建项目条件的落实情况和工程难易程度；

（5）承包单位的组织管理水平和资源供应情况等。

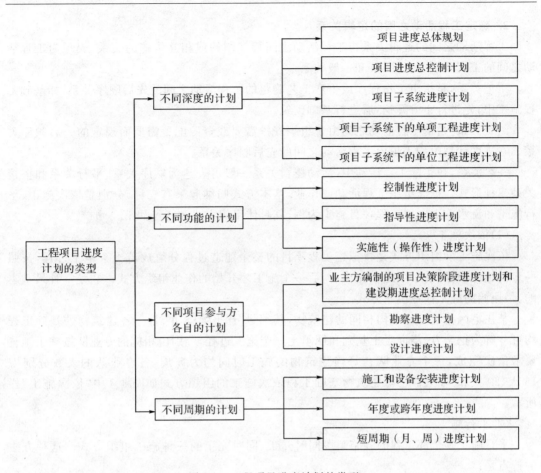

图 4-5　工程项目进度计划的类型

4.3.2　工程项目进度计划的编制程序

结合工程项目建设程序、工程项目管理的基本任务要求,编制工程项目进度计划,要满足以下要求:合同工期要求;合理组织施工组织设计,设置工作界面,保证施工现场作业人员和主导施工机械的工作效率;力争减少临时设施的数量,降低临时设施费用;符合质量、环保、安全和防火要求。

随着项目的进展,技术设计的深化,结构分解的细化,可供计划使用的数据越来越详细,越来越准确。项目经理根据项目工作分解结构及对工作的定义,计算工程量,确定工程活动(工程项目不同层次的项目单元)或工作之间的逻辑关系,按照各工程活动(工程项目不同层次的项目单元)或工作的工程量和资源投入量计划计算持续时间,统筹工程项目的建设程序、合同工期、建设各方要求,确定各工程活动详细的时间安排,即具体的持续时间、开竣工时间及机动时间。输出横道图和网络图,同时,得到相应的资源使用量计划。

1. 计算工程量

依据工程施工图纸及配套的标准图集,工程量清单计价规范或预算定额及其工程量计算规则,建设单位发布的招标文件(含工程量清单),承包单位编制的施工组织设计或施工方案,结合一定的方法,进行计算。

2. 确定工程活动之间的逻辑关系

工程活动之间的逻辑关系指工程活动之间相互制约或相互依赖的关系,表现为工程活动之间的工艺关系、组织关系和一般关系。

工艺关系,是指由工作程序或生产工艺确定的工程活动之间的先后顺序关系,如基础工程施工中,先进行土方开挖,后进行基础砌筑。

组织关系,是指工程活动之间由于组织安排需要或资源配置需要而规定的先后顺序关系。在进度计划中均表现出工程活动之间的先后顺序关系。

一般关系,在实际工程活动中,活动逻辑关系一般可表达为顺序关系、平行关系和搭接关系三种形式。据此组织工程活动或作业,基本方式归纳起来有三种,分别是依次施工、平行施工和流水施工。以工程项目施工为例,其具体组织方式和特点如下。

(1)依次施工

依次施工的组织方式是将拟建工程项目的整个建造过程分解成若干个施工过程,按照一定的施工顺序,前一个施工完成后,后一个施工才开始的作业组织方式。它是一种最基本的、最原始的施工作业组织方式。

某住宅区拟建三幢结构相同的建筑物,其编号分别为Ⅰ、Ⅱ、Ⅲ。各建筑物的基础工程均可分解为挖土方、浇混凝土基础和回填土三个施工过程,分别由相应的专业队按施工工艺要求依次完成,每个专业队在每幢建筑物的施工时间均为 5 周,各专业队的人数分别为15 人、20 人和 10 人。三幢建筑物基础工程依次施工的组织方式如图 4-6 中"依次施工"栏所示。

(2)平行施工

平行施工是全部工程的各施工段同时开工、同时完工的一种施工组织方式。这种方法的特点是:

①充分利用工作面,争取时间,缩短工期;

②工作队不能实现专业化生产,不利于提高工程质量和劳动生产率;

③工作队及其工人不能连续作业;

④单位时间内投入施工的资源数量大,现场临时设施也相应增加;

⑤施工现场组织、管理复杂。

(3)流水施工

流水施工是将拟建工程在平面上划分成若干个作业段,在竖向上划分成若干个作业层,所有的施工过程配以相应的专业队组,按一定的作业顺序(时间间隔)依次连续地施工,使同一施工过程的施工班组保持连续、均衡,不同施工过程尽可能平行搭接施工,从而保证拟建工程在时间和空间上,有节奏、连续均衡地进行下去,直到完成全部作业任务的一种作业组织方式。流水施工的技术经济效果为:

①科学地利用了工作面,缩短了工期,可使拟建工程项目尽早竣工,交付使用,发挥投资效益。

②工程活动或作业班组连续均衡的专业化施工,加强了施工工人的操作技术熟练性,有利于改进施工方法和机具,更好地保证工程质量,提高了劳动生产率。

③单位时间内投入施工的资源较为均衡,有利于资源的供应管理,结合工期相对较短、工作效率较高等,可以减少用工量和管理费,降低工程成本,提高利润水平。

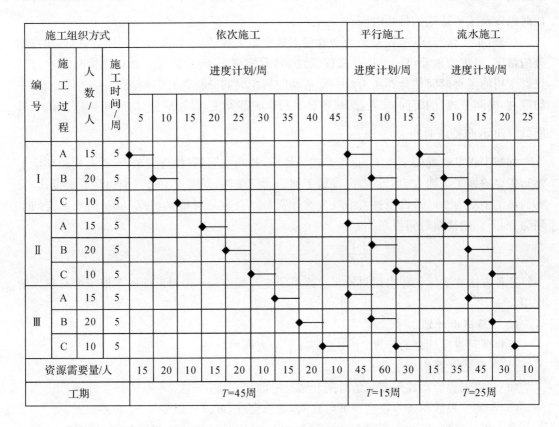

图 4-6　施工组织方式比较

注：施工过程 A、B、C 分别代表挖土方、浇混凝土基础和回填土三个施工过程。

3. 计算持续时间

工程活动持续时间是完成一项具体活动需要花费的时间。随着新的建造方式和技术创新，工作日逐渐成为标准的时间单位。持续时间可以通过下列方式来计算：

(1)对于有确定的工作范围和工程量，又可以确定劳动效率(单位时间内完成的工程数量或单位工程量的工时消耗，用产量定额或工时定额表示，参照劳动定额或经验确定)的工程活动，可以比较精确地计算持续时间，公式为

$$持续时间\ t=\frac{工程量\ Q}{班次投入人数\ R\times 每天班次\ N\times 产量定额\ S}=\frac{Q}{R\cdot N\cdot S}$$

如某工程基础混凝土 $400m^3$，每天 3 个班次，每班次 10 个人，预计人均产量定额为 $3.0m^3/天$，则混凝土浇捣的持续时间为 $t=400m^3/(10 人\times 3 班次\times 3.0m^3/天)=4.4 天\approx 5 天$。

(2)对比类似工程项目计算持续时间。许多项目重复使用同样的工作(定量化或非定量化工作)，只要做好记录，项目经理就能准确地预测出持续时间。

(3)有些工程活动由于其工作量和生产效率无法定量化，其持续时间也无法定量计算得到，对于经常在项目中重复出现的工作，可以采用类似项目经验或资料分析确定。有些项目涉及分包商、供应商、销售商等由其他部门来完成的工作，通过向相关人士进行询问、协商，确定这些工作的持续时间。参照合同中对工程活动的规定，查找对应的工程活动的开始、完

成时间以及工程活动的持续时间。

（4）对于工作范围、工程量和劳动效率不确定的工程活动，以及对于采用新材料、新技术等的情况，采用德尔菲(Delphi)专家评议法，请有实践经验的工程专家对持续时间进行评议。常用的三种时间估计办法为对一个活动的持续时间分析各种影响因素，得出最乐观（一切顺利，时间最短）的时间 a、最悲观（各种不利影响都发生，时间最长）的时间 c，以及最大可能的时间 b，则持续时间 $t=\dfrac{a+4b+c}{6}$。

如某工程基础混凝土施工，施工期在 5 月份，若一切顺利（如天气晴朗，没有周边环境干扰），需要的施工工期为 50 天；若出现最不利的天气条件，同时发生一些周边环境的干扰，需要的施工工期为 60 天；按照过去的气象统计资料以及现场可能的情况分析，最大可能的工期为 56 天。则持续时间为

$$t=\frac{a+4b+c}{6}=\frac{50+4\times56+60}{6}=56（天）$$

这种方法在实际工作中用得较多。这里的变动幅度($a\sim c$)对后面的工期压缩有很大的作用。

4. 计算进度计划

工程项目进度计划的计算，主要是解决三个方面的问题：

（1）项目的计算工期是多长；

（2）各项工程活动或作业开始时间和结束时间的安排；

（3）各项工程活动或作业是否可以延期，如果允许，可以延期多久，即时差问题。

对于项目经理来说，在项目开始前了解项目中各工程活动的开始时间、结束时间和时差，按照建设程序及工程特点安排工程项目进度，尤其是知道哪些地方存在时差，非常重要。没有时差或时差最小的工作被定义为关键工作，必须要密切注意。如果关键工作实际开始时间滞后，整个项目就会延期，因此关键工作对进度控制至关重要。

5. 修正

经过项目进度计划计算，确定各工程活动或作业的开始时间、结束时间、时差及项目的计算工期。一般来说，最初的进度计划很少能满足所有项目参与方的要求，即计算工期满足不了要求工期。此时，项目团队就需要调整和优化原进度计划。此外，一般施工单位的项目经理还会根据招标文件中工期的相关要求研究提前完成项目可能带来的好处，提前完工能够减少项目的间接成本。但是，加快项目进度需要人员加班成本以及管理成本的增加，会导致项目的直接成本大幅增加。所以项目经理结合招标文件的工期要求及项目资源限制，必须寻求成本相对更小的工期 $T_{优}$，如图 4-7 所示。

项目计划完成后，将形成符合项目目标的进度计划、费用计划和资源配置计划。接下来就是按照项目计划实施工程项目，为保证实施计划的顺利进行，项目经理需要对实施进度进行监控检查，需要针对实际情况进行调整，包括专业工种人员数量、工作时间表、机械设备供应、工作计划等都会随工程进展而做出改变。出现争议时，项目经理需要及时准确记录整个过程。工程项目控制循环详见第 7 章。目前比较流行的网络进度计划的编制程序如表 4-2 所示。

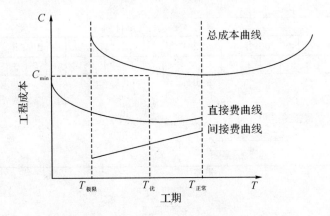

图 4-7　工程成本与工期的关系

表 4-2　网络进度计划的编制程序

编制阶段	编制步骤
计划准备阶段	(1)调查研究 (2)确定网络计划目标
绘制网络图阶段	(1)进行项目分解 (2)分析逻辑关系 (3)绘制网络图
计算时间参数及确定关键线路阶段	(1)计算工作持续时间 (2)计算网络计划的时间参数 (3)确定关键线路和关键工作
编制正式网络计划阶段	(1)优化网络计划 (2)编制正式网络计划

4.3.3　工程项目进度计划的种类

进度计划的种类有很多,常见的有横道图、里程碑图、网络图三种。

1. 横道图

横道图是进度计划编制中最常见且被广泛应用的一种工具。横道图是用水平线条表示工作流程的一种图表。它是由美国管理学家甘特提出的,故横道图也称甘特图。横道图将计划安排和进度管理两种职能组合在一起,通过日历形式列出工程项目活动相应的开始和结束日期。

横道图中,项目活动在图的左侧纵向列出,图中的每个横道线代表一个工程活动或作业,横道线的长度为活动的持续时间,横道线出现的位置表示活动的起止时间,横向代表的是时间轴,依据计划的详细程度不同,可以是年、月、周等时间单位。某工程横道图示例如图 4-8 所示。

通过横道图的含义,可以看出横道图具有很多优点,同时也有局限性。

(1)横道图的优点

①横道图能够清楚地表达各项工程活动的起止时间,内容排列整齐有序,形象直观,能

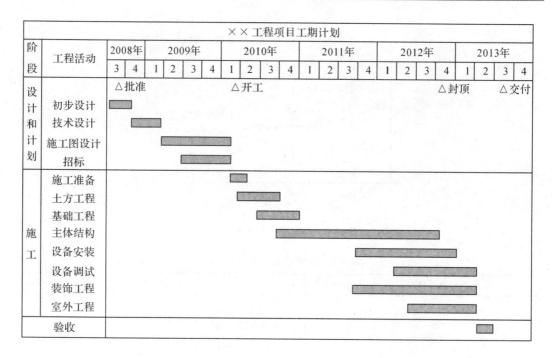

图 4-8　某工程横道图示例

注：△为里程碑事件。

为各层次人员使用。

②横道图可以与劳动力计划、资源计划、资金计划相结合，计算各时段的资源需要量，并绘制资源需要量计划。

③使用方便，编制简单，易于掌握。

正是由于这些非常明显的优点，横道图自发明以来被广泛应用于各行各业的生产管理活动中，直到现在仍被普遍使用着。

（2）横道图的局限性

①不能清楚地表达工作间的逻辑关系，即工程活动之间的前后顺序及搭接关系通过横道图不能确定。因此，当某个工程活动出现进度偏差时，表达不出偏差对哪些活动会有影响，不便于分析进度偏差对后续工程活动及项目工期的影响，难以调整进度计划。

②不能反映各项工程活动的相对重要性，如哪些工程活动是关键性的活动，哪些工程活动有推迟或拖延的余地，及余地的大小，不能很好地掌握影响工期的主要矛盾。

③对于大型复杂项目，由于其计划内容多，逻辑关系不明，表达的信息少，不便对项目计划进行处理和优化。

横道图本身的特点，决定了横道图比较适合于规模小、简单的工程项目，或者在项目初期，尚无详细的项目结构分解，工程活动之间复杂的逻辑关系尚未分析出来时编制的总进度计划。

2. 里程碑图

里程碑图是以工程项目中某些重要事件的完成或开始时间（没有持续时间）作为基准形成的计划，是一个战略计划或项目框架，以中间产品或可实现的结果为依据。项目的里程碑事件,通常是项目的重要事件,是重要阶段或重要工程活动的开始或结束,是项目全过程中关键的事件。工程项目中常见的里程碑事件有批准立项、初步设计完成、总承包合同签订、现场开工、基础完工、主体结构封顶、工程竣工、交付使用等。

里程碑事件与项目的阶段结果相联系,其作为项目的控制点、检查点和决策点,通常依据工程项目主要阶段的划分、项目阶段结果的重要性,以及过去工程的经验来确定。对于上层管理者,掌握项目里程碑事件的安排对进度管理非常重要。工程项目的进度目标、进度计划的审查、进度控制等就是以项目的里程碑事件为对象的。

3. 网络图

网络图是由箭线和节点组成,用来表示工作流程的有向的、有序的网状图形。一个网络图表示一项计划任务,常见的网络图如图 4-9 所示。网络计划根据不同的分类方式可分为很多种。

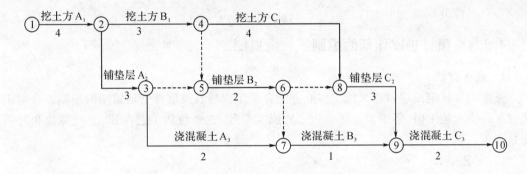

图 4-9　某基础工程双代号网络图

(1)按逻辑关系及工作持续时间是否确定划分

网络计划按各项工作持续时间和各项工作之间的相互关系是否确定,可分为肯定型和非肯定型两类。肯定型网络计划是工作与工作之间的逻辑关系和工作持续时间都能确定的网络计划,如关键线路法(CPM)、搭接网络计划、多级网络计划和流水网络计划等。非肯定型网络计划是工作与工作之间的逻辑关系和工作持续时间三者任一不确定的网络计划,如计划评审技术(PERT)、风险评审技术、决策网络技术和仿真网络计划技术等。本章主要是施工阶段的进度管理,故只讨论肯定型网络计划。

(2)按工作的表示方式不同划分

按工作的表示方式不同,网络计划可分为双代号网络计划和单代号网络计划。

(3)按目标的多少划分

按目标的多少,网络计划可分为单目标网络计划和多目标网络计划。

(4)按其应用对象不同划分

按其应用对象不同,网络计划可分为分部工程网络计划、单位工程网络计划和群体工程网络计划。

(5)按表现形式不同划分

按表现形式不同,网络计划可分为双代号网络图、双代号时标网络图、单代号搭接网络图、单代号网络图。这几类网络计划技术为工程中常用的形式,为本章讨论的重点。

网络进度计划最常用的为关键线路法(CPM),由节点和箭线组成,由一个对整个项目的各个方面都非常了解的管理团队编制。一份完整的网络进度计划要求所有工作都按照确定的目标有组织地完成。用确定的各项活动的持续时间以及相互之间的逻辑关系,考虑必需的资源,用箭线将工程活动自开始节点到结束节点连接起来,形成有向、有序的各条线路组成的网状图形——网络图。其特点有:

①利用网络图,可以明确地表达各项工程活动之间的逻辑关系;

②通过网络进度计划,可以确定工程的关键工作和关键线路;

③掌握机动时间,合理配置资源;

④根据国家相关标准规范的规定,可以利用计算机辅助手段,进行网络计划的调整和优化。

网络进度计划技术是进度计划表现形式的一种,故在绘制网络图时要注意:表示时间的不可逆性,网络计划的箭线只能是从左往右,工程活动名称的唯一性,以及工程活动的开始、结束节点只能分别是一个的特性。

4.3.4 项目进度计划的编制——横道图

1. 流水参数

下面主要从组织项目流水施工作业方面介绍工程项目进度计划横道图的编制。在组织拟建工程流水施工时,需要表达流水施工的流水参数,主要包括工艺参数、空间参数和时间参数三类。

(1)工艺参数

在组织流水施工时,用以表达流水施工在施工工艺上开展顺序和特征的参数称为工艺参数,主要是施工过程数。参与一组流水的施工过程数,一般以 n 表示。施工过程根据计划的需要确定其粗细程度。施工过程范围可大可小,既可以是分部工程、分项工程,又可以是单位工程和单项工程,建设工程项目施工过程分解图如图 4-10 所示。

单项工程是建设项目的组成部分,一般是指在一个建设项目中,具有独立的设计文件,建成后能够独立发挥生产能力或效益的工程,例如办公楼、食堂、住宅等。

单位工程是单项工程的组成部分,一般是指具有独立组织施工条件及单独作为计算成本对象,但建成后不能独立进行生产或发挥效益的工程。一个单项工程可以划分为建筑工程、安装工程、设备及器具购置等单位工程。

分部工程是单位工程的组成部分,一般是按单位工程的结构部位、使用的材料、工种或设备种类和型号等的不同而划分的工程。例如一般土建工程可以划分为土石方工程、打桩工程、砖石工程、钢筋混凝土工程、木结构工程、楼地面工程、屋面工程、装饰工程等分部工程。

分项工程是分部工程的组成部分,一般是按照不同的施工方法、材料及构件规格,将分部工程分解为一些简单的施工过程,是建设工程中最基本的单位内容,即通常所指的各种实物工程量。例如土方分部工程可以分为人工平整场地、人工挖土方等分项工程。

(2)空间参数

在组织流水施工时,空间参数是指用于表达流水施工在空间布置上所处状态的参数,主要有工作面、施工段和施工层。

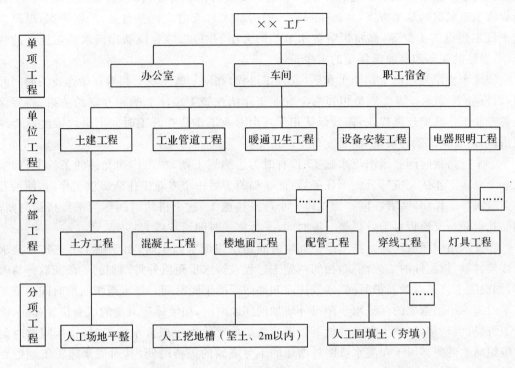

图 4-10　建设工程项目施工过程分解图

工作面是指某专业工种的工人在从事建筑产品施工生产过程中,所必须具备的操作空间,如砌砖墙 7～8m/人。

施工段是为有效地组织施工,对拟建工程项目在平面上划分成若干个劳动量大致相等的施工段落,一般以 m 表示施工段数。划分施工段,要满足一定的要求:

①专业工作队在各个施工段上的劳动量要大致相等,以便组织均衡、连续、有节奏的流水施工。

②一个施工段内可以安排一个施工过程的专业工作队进行施工,使容纳的劳动力人数或机械台数能满足合理劳动组织的要求,充分发挥工人、主导机械的效率。

③划分施工段时,尽量保证拟建工程项目的结构整体,施工段的分界线应尽可能与结构的自然界线(如沉降缝、伸缩缝等)相一致。例如住宅可按单元、楼层划分,厂房可按跨、生产线划分等。

④对于多层拟建工程项目,既要划分施工段,又要划分施工层,且为保证相应的专业工作队在施工层之间连续施工,施工段数(m)与施工过程数(n)应满足 $m \geqslant n$。

施工层在组织流水施工时,为了满足专业工作队对操作高度和施工工艺的要求,结合拟建工程项目建筑物的高度和楼层等实际情况在竖向上划分成若干个操作层,即为施工层,一般用 r 表示。

(3)时间参数

时间参数指组织流水施工时,用以表达时间排序的参数,常见的类型有流水节拍、流水步距、平行搭接时间、技术组织间歇时间和流水施工工期。

①流水节拍是指某个专业队在某一个施工段上的作业持续时间,通常用 t 表示。工程项目施工时采取的施工方案、各施工段投入的劳动人数或施工机械台数、工作班次,以及该施工段工程量的多少等,都将影响流水节拍的大小,并可以综合反映出流水施工速度的快慢、节奏感的强弱和资源消耗量的多少。

②流水步距是指两个相邻工作队(或施工过程)在同一施工段上相继开始作业的时间间隔,以符号 K 表示。需要满足相邻两个专业工作队在施工顺序上的相互制约关系;需要保证各专业工作队能连续作业;需要保证相邻两个专业工作队在开工时间上最大限度及合理地搭接;需要保证工程质量,满足安全生产需要。

③平行搭接时间。组织流水施工时,有时为了缩短工期,在工作面允许的条件下,如果前一个专业工作队完成部分施工任务后,能够提前为后一个专业工作队提供工作面,使后者提前进入该工作面,两者在同一施工段上平行搭接施工,这个搭接时间称为平行搭接时间。如绑扎钢筋与支模板可平行搭接一段时间,平行搭接时间通常以 $C_{j,j+l}$ 表示。

④技术组织间歇时间。技术组织间歇时间是组织流水施工时,由于施工工艺技术要求或建筑材料、构配件的工艺性质,相邻两施工过程在流水步距以外需增加的一段间歇等待时间,如混凝土浇筑后的养护时间、砂浆抹面和油漆面的干燥时间。技术组织间歇时间是施工技术或施工组织造成的在流水步距以外增加的间歇时间,如墙体砌筑前的墙身位置弹线、施工工人、机械转移,回填土之前的地下管道检查验收等。在组织流水施工时,技术间歇时间和组织间歇时间都属于在流水步距外增加的不可或缺的等待时间,其对流水施工工期的影响结果是相同的。将技术组织间歇时间统一用 $Z_{j,j+1}$ 表示。

⑤流水施工工期。流水施工工期是指从第一个专业工作队投入施工开始,到最后一个专业工作队完成施工为止的整个持续时间,一般用 T 表示。由于一项建设工程往往包含许多流水组,故流水施工工期一般不是整个工程项目的总工期。

2. 流水施工的组织形式

在组织流水施工时,根据施工过程时间参数的不同特点,如流水节拍的节奏特征等,可以组成多种不同的流水施工组织形式,常见的流水作业组织形式主要有全等节拍流水施工、成倍节拍流水施工和无节奏流水施工三种。

(1)全等节拍流水施工

所有施工过程在各个施工段上的流水节拍彼此相等,这时组织的流水施工方式称为全等节拍(固定节拍)流水施工。

①全等节拍流水施工的特点

所有施工过程在各个施工段上的流水节拍均相等;相邻施工过程的流水步距相等,且等于流水节拍;专业工作队数等于施工过程数(每一施工过程由一专业施工队施工,且该施工队完成相应施工过程在所有施工段上的任务),各个专业施工队在各施工段上能够连续作业,施工段之间没有空闲时间。

组织达到这种理想的全等节拍流水的效果,必须要做到三点:第一,尽量使各施工段的工程量基本相等;第二,要先确定主导施工过程的流水节拍;第三,可通过调节各专业队的人数,使其他施工过程的流水节拍与主导施工过程的流水节拍相等

②全等节拍流水施工的组织流程

全等节拍流水施工的组织流程如表 4-3 所示。

表 4-3　全等节拍流水施工的组织流程

序号	内容
1	确定项目施工起点及流向,分解施工过程
2	确定施工顺序,划分施工段。施工段的划分,根据层间关系、施工层的有无,以及技术、组织间歇时间和平行搭接时间等参数的不同,施工段数与施工过程数之间的关系如表 4-4 所示
3	确定流水节拍,根据全等节拍流水施工要求,应使各流水节拍 t 相等
4	确定流水步距,$K=t$
5	计算流水施工的工期。流水施工工期的计算公式为 $$T = (r \cdot m + n - 1) \cdot K + \sum Z_1 - \sum C$$ 式中:T 为流水施工总工期;r 为施工层数;m 为施工段数;n 为施工过程数;K 为流水步距;Z_1 为两施工过程在同一层内的技术组织间歇时间;C 为同一层内两施工过程间的平行搭接时间
6	绘制流水施工指示图表

表 4-4　施工段数 m 与施工过程数 n 之间的关系

条件	m 和 n 的关系
无层间关系和施工层	$m = n$
有层间关系和施工层时,且有技术组织间歇和平行搭接时间	$m \geqslant n + \dfrac{\sum Z_1}{K} + \dfrac{\sum Z_2}{K} - \dfrac{\sum C}{K}$

注:$\sum Z_1$ 为一个楼层内各施工过程间的技术组织间歇时间之和;$\sum Z_2$ 为楼层间技术组织间歇时间之和;K 为流水步距;$\sum C$ 为一层内平行搭接时间之和。为方便组织流水施工,上式一般取等号。

③全等节拍流水施工应用

【例 4-1】　某项目有Ⅰ、Ⅱ、Ⅲ三个施工过程,分两个施工层组织流水施工,施工过程Ⅱ完成后需养护 1 天,下一个施工过程Ⅲ才能施工,且层间技术组织间歇时间为 1 天,流水节拍均为 1 天。试确定施工段数,计算工期,绘制流水施工进度表。

【解】　根据题目给出的条件和要求,此项目组织流水施工为全等节拍流水施工,有 2 个施工层,有技术组织间歇时间,无平行搭接时间。由其特点可知:

(1)确定流水节拍:$t_i = t = 1$ 天;

(2)确定流水步距:$K = t = 1$ 天;

(3)确定施工段数:

$$m = n + \frac{\sum Z_1}{K} + \frac{\sum Z_2}{K} - \frac{\sum C}{K} = 3 + (1/1) + (1/1) - (0/1) = 5(段)$$

(4)计算流水工期:

$$T = (r \cdot m + n - 1) \cdot K + \sum Z_1 - \sum C = (2 \times 5 + 3 - 1) \times 1 + 1 - 0 = 13(天)$$

(5)绘制分层有技术组织间歇时间的流水施工横道图,如图 4-11 所示。

(2)成倍节拍流水施工

在组织的有节奏流水施工中,当同一施工过程在各施工段上的流水节拍都相等,不同施

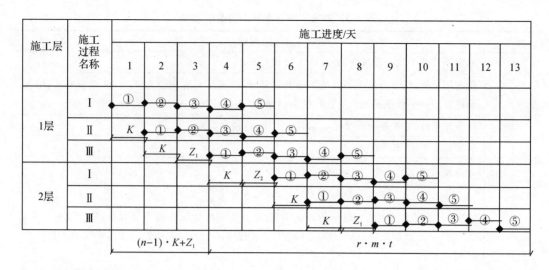

图 4-11 分层有技术组织间歇时间的流水施工进度计划

工过程之间彼此的流水节拍全部或部分不相等但互为倍数时,可组织成倍节拍流水施工,也称等步距异节奏流水施工。

①成倍节拍流水施工的特点:同一施工过程在其各个施工段上流水节拍均相等,不同施工过程的流水节拍不等,其值为倍数关系;相邻施工过程的流水步距相等,且等于流水节拍的最大公约数;专业工作队数大于施工过程数,部分或全部施工过程按倍数增加相应专业工作队(目的就是调整为特殊情况下的全等节拍流水,实现连续不间断的施工);各个专业工作队在施工段上能够连续作业,施工段间没有间隔时间。

②成倍节拍流水施工的组织流程,详见表 4-5。

表 4-5　成倍节拍流水施工的组织流程

序号	内容
1	确定施工起点流向,分解施工过程
2	确定流水节拍
3	确定流水步距 K_b,计算公式为 K_b＝各流水节拍最大公约数
4	确定专业工作队数 n_1,计算公式为 $n_1 = \sum_{i=1}^{n} b_i = \sum_{i=1}^{n} \dfrac{t_i}{K_b}$ 式中:i 为施工过程编号;t_i 为施工过程 i 在各施工段上的流水节拍;b_i 为施工过程 i 所要组织的专业工作队数;n_1 为专业工作队数
5	确定施工段数: (1) 不分施工层时,可按划分施工段的原则确定施工段数; (2) 分施工层时,施工段数为 $m \geqslant n_1 + \dfrac{\sum Z_1}{K_b} + \dfrac{\sum Z_2}{K_b} - \dfrac{\sum C}{K_b}$
6	确定计划总工期:$T = (r \cdot m + n_1 - 1) \cdot K_b + \sum Z_1 - \sum C$ 式中:r 为施工层数;n_1 为专业工作队数;K_b 为流水步距;其他符号含义同前
7	绘制流水施工进度表

③成倍节拍流水施工应用。

【例 4-2】　某二层现浇钢筋混凝土工程有支模板、绑扎钢筋、浇混凝土三道工序，流水节拍分别为 4 天、4 天、2 天。绑扎钢筋与支模板可搭接 1 天，层间技术间歇为 1 天。试组织成倍节拍流水施工。

【解】　由题目条件可知，组织成倍节拍流水施工步骤如下：

(1) 确定流水步距：$K_b = $ 各流水节拍的最大公约数 $= \{4,4,2\} = 2$（天）；

(2) 确定施工队总数 n_1：

$$b_1 = \frac{t_1}{K_b} = \frac{4}{2} = 2（队）；b_2 = \frac{t_2}{K_b} = \frac{4}{2} = 2（队）；b_3 = \frac{t_3}{K_b} = \frac{2}{2} = 1（队）$$

$$n_1 = 2 + 2 + 1 = 5（队）$$

(3) 确定施工段数：

$$m = n_1 + \frac{\sum Z_1}{K_b} + \frac{\sum Z_2}{K_b} - \frac{\sum C}{K_b} = 5 + (0/2) + (1/2) - (1/2) = 5（段）$$

(4) 确定流水工期：

$$T = (r \cdot m + n_1 - 1) \cdot K_b + \sum Z_1 - \sum C = (2 \times 5 + 5 - 1) \times 2 + 0 - 1 = 27（天）$$

(5) 绘制流水施工进度表，如图 4-12 所示。

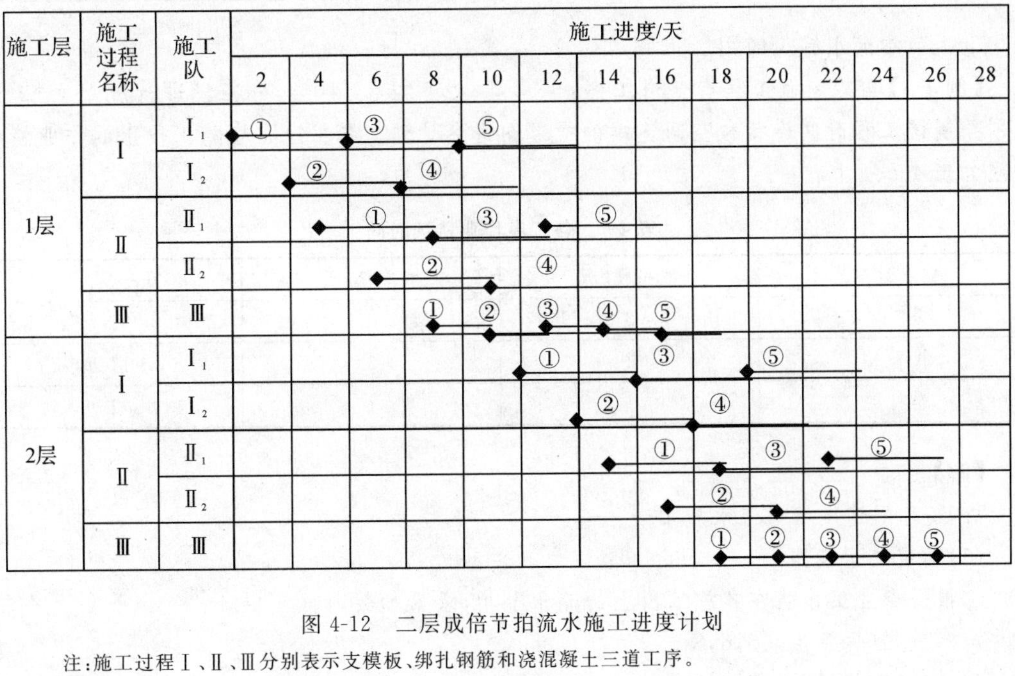

图 4-12　二层成倍节拍流水施工进度计划

注：施工过程 Ⅰ、Ⅱ、Ⅲ 分别表示支模板、绑扎钢筋和浇混凝土三道工序。

(3) 无节奏流水（分别流水）施工

无节奏流水施工指在组织流水施工时，全部或部分施工过程在各个施工段上的流水节拍不相等，是流水施工中最常见的一种。

①无节奏流水施工的特点：各施工过程在各施工段上的流水节拍不全相等；相邻施工过程的流水步距不尽相等；专业工作队数等于施工过程数；各专业工作队能够在施工段上连续

作业,但有的施工段可能有间隔的时间。

②无节奏流水施工的组织流程,详见表4-6。组织无节奏流水施工的方法有两种:一种是保证空间连续(工作面连续);另一种是保证时间连续(工人队组连续)。

表 4-6 无节奏流水施工的组织流程

序号	内容
1	确定施工起点流向,分解施工过程
2	确定施工顺序,划分施工段
3	按相应的公式计算各施工过程在各个施工段上的流水节拍
4	按空间连续或时间连续的组织方法确定相邻两个专业工作队之间的流水步距 (1)保证空间连续(保证工作面施工连续,无空闲)时,按流水作业的概念确定流水步距 (2)保证时间连续(保证工作队施工连续)时,按"潘特考夫斯基定理"即累加数列错位相减取最大差法计算流水步距,方法如下: ①根据专业工作队在各施工段上的流水节拍,求累加数列。累加数列是指同一施工过程或同一专业工作队在各个施工段上流水节拍的累加 ②根据施工顺序,对所求相邻的两累加数列错位相减 ③取错位相减结果中数值最大者作为相邻专业工作队之间的流水步距
5	绘制流水施工进度表

③无节奏流水施工应用。

【例4-3】 某屋面工程有三道工序:保温层、找平层、卷材层,分三段进行流水施工,试分别绘制该工程时间连续和空间连续的横道图进度计划。各工序在各施工段上的作业持续时间如表4-7所示。

表 4-7 各工序作业持续时间

施工过程	第一段/天	第二段/天	第三段/天
保温层	3	3	2
找平层	2	2	1
卷材层	1	1	1

【解】

1. 按时间连续组织流水施工

(1)确定流水步距

①根据专业工作队在各施工段上的流水节拍,求累加数列。

施工过程(保温层):3,6,8

施工过程(找平层):2,4,5

施工过程(卷材层):1,2,3

②错位相减,取差的最大值为相邻施工过程之间的流水步距。

K(保温层—找平层)

$$\begin{array}{r} 3,6,8 \\ -)2,4,5 \\ \hline 3,4,4,5 \end{array}$$

$$K(保温层—找平层)＝\max\{3,4,4,-5\}＝4(天)$$

同理可求出找平层与卷材层之间的流水步距，$K($找平层—卷材层$)＝3($天$)$。

（2）绘制时间连续横道图进度计划，如图 4-13 所示。

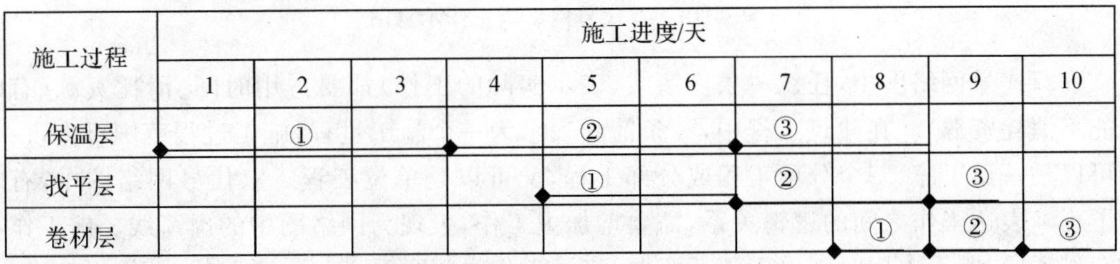

施工过程	施工进度/天									
	1	2	3	4	5	6	7	8	9	10
保温层		①			②		③			
找平层					①			②		③
卷材层								①	②	③

图 4-13　无节奏流水之时间连续流水施工进度计划

2. 按空间连续组织流水施工

根据此屋面工程的三道工序在不同施工面上的流水节拍，按流水施工概念分别确定流水步距，绘制空间连续横道图进度计划，如图 4-14 所示。

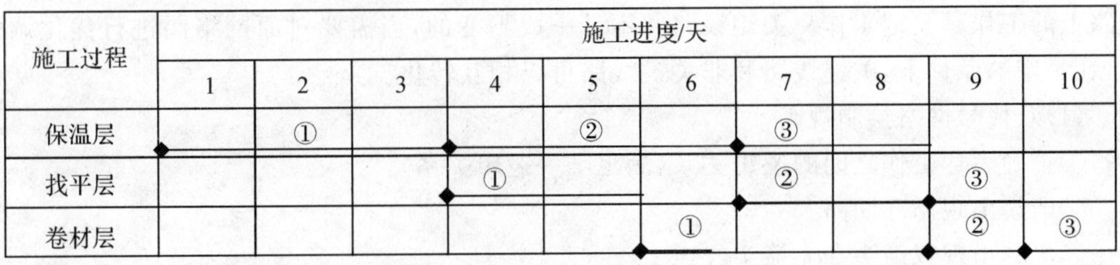

施工过程	施工进度/天									
	1	2	3	4	5	6	7	8	9	10
保温层		①			②		③			
找平层				①			②		③	
卷材层						①			②	③

图 4-14　无节奏流水之空间连续流水施工进度计划

4.3.5　项目进度计划的编制——网络图

网络图是工程项目进度计划表现形式中很重要的一种工具。在工程项目的施工阶段，采用的主要为肯定型网络图，即能清楚表达工作、各工作的持续时间和逻辑关系的网络图。网络图的表现形式不同，下面分别介绍双代号网络图、双代号时标网络图、单代号搭接网络图和单代号网络图。

1. 双代号网络图的绘制

双代号网络图是目前应用较为普遍的一种网络计划形式，用箭线或箭线两端节点的编号表示工作，形成由工作、节点和线路三个基本要素组成的网络图。通常把工作的名称写在箭线上，工作的持续时间写在箭线下方。双代号网络图的组成含义如表 4-8 所示，双代号网络图工作示意图如图 4-15 所示。

表 4-8　双代号网络图的组成含义

双代号网络图的组成	含义	备注
箭线	箭线表示工作	箭线的箭尾节点表示工作的开始，
节点	节点表示工作的开始事件和完成事件	箭头节点表示工作的完成

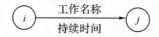

图 4-15　双代号网络图工作示意图

　　在双代号网络图中,任意一条实箭线(表示实际的工作)都要占用时间、消耗资源(有时可能不消耗资源)。在建筑工程中,一条箭线表示为一个施工过程,施工过程范围可大可小,既可以是一道工序、一个分项工程或分部工程,又可以是单位工程。双代号网络图中,有时为了正确表达工作之间的逻辑关系,需要增加虚工作,表现为网络图中的虚箭线。虚工作与实工作不同,既不占用时间也不消耗资源,表示工作之间联系、区分、断路的关系。

　　网络图中的线路,是从起点节点开始,沿箭线方向连续通过一系列箭线与节点,最后达到终点节点所经过的通路。每一条线路都有自己确定的完成时间,即该线路上各项工作持续时间的总和,一般称为线路时间。根据每条线路的线路时间长短,可将网络图的线路分为关键线路和非关键线路。关键线路是指网络图中线路时间最长的线路,代表整个网络图的计算工期。关键线路可以不止一条,一般以粗箭线或双箭线表示。在双代号网络图中,关键线路上的工作是关键工作。关键线路并不是一成不变的,当需要对原网络图进行优化调整时,在一定的条件下,关键线路和非关键线路可以相互转化。

　　(1)双代号网络绘制规则

　　①正确表达工作之间的逻辑关系(满足唯一逻辑关系)。

　　②严禁出现循环回路。

　　③严禁出现双箭头和无箭头线。

　　④只允许有一个起始节点和一个终点节点。当双代号网络图的某些节点有多条外向箭线时或有多条内向箭线时,可以采用母线法绘制,如图 4-16 所示。

　　⑤节点编号不重复,可以不连贯,必须小节点号指向大节点号,箭线上不能分叉,尽量不出现交叉,可以采用过桥法、断线法或指向法,如图 4-17 所示。

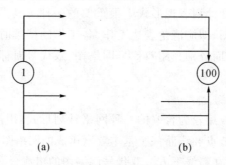

(a)　　　　　　　　　　(b)

图 4-16　采用母线法绘图

　　(2)双代号网络图的绘制步骤

　　①进行工程项目的分解与分析。

　　根据工程所处的阶段和工作需要,首先进行工程项目的分解,并研究分解后的工作间的相互关系和先后顺序(工作间的逻辑关系),确定工作时间。双代号网络图中,工作间的相关关系有:

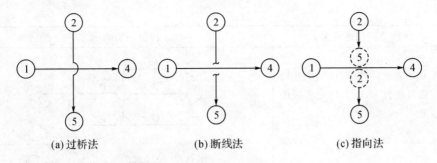

(a)过桥法   (b)断线法   (c)指向法

图 4-17 箭线交叉的表示方法

紧前工作:紧安排在本工作之前进行的工作;

紧后工作:紧安排在本工作之后进行的工作;

平行工作:可与本工作同时进行的工作;

中途作业:当某项作业进行到一定程度才能进行的作业;

先行工作:自开始节点至本工作之前各条线路上的所有工作;

后续工作:本工作之后至结束节点各条线路上的所有工作。

常见的工作之间的逻辑关系和网络图的表示方法如表 4-9 所示。

表 4-9 常见的工作之间的逻辑关系和网络图的表示方法

序号	工作之间的逻辑关系	网路图的表示方法
1	A 完成后进行 B 和 C	
2	A、B 均完成后进行 C	
3	A、B 均完成后同时进行 C 和 D	
4	A 完成后进行 C,A、B 均完成后进行 D	

续表

序号	工作之间的逻辑关系	网路图的表示方法
5	A、B 均完成后进行 D，A、B、C 均完成后进行 E，D、E 均完成后进行 F	
6	A、B 均完成后进行 C，B、D 均完成后进行 E	
7	A、B、C 均完成后进行 D，B、C 均完成后进行 E	
8	A 完成后进行 C，A、B 均完成后进行 D，B 完成后进行 E	
9	A、B 两项工作分成三施工段，分段流水施工：A_1 完成后进行 B_1、A_2，A_2 完成后进行 A_3、B_2，B_1 完成后进行 B_2，B_2、A_3 完成后进行 B_3	

②编制作业明细表。

编制作业明细表，如表 4-7 所示。

③绘制网络图。

根据作业明细表中各工作之间的逻辑关系，绘制网络图。可以采用顺推法和逆推法绘制。顺推法比较简单也比较常用，按照作业顺序从前往后绘制网络图。采用逆推法时，首先观察哪些工作不是其他工作的紧前工作，也就是哪些工作没有紧后工作开始，与网络终点联结，绘制网络图。

（3）采用顺推法绘制网络图

①首先绘制无紧前工作的工作箭线，使它们具有相同的开始节点，以保证网络图只有一

个起点节点。

②依次绘制其他工作箭线。在绘制这些工作箭线时,应按以下四种情况分别予以考虑。

首先,对于所要绘制的工作(本工作)而言,如果在其紧前工作之中存在一项只作为本工作紧前工作的工作(即在紧前工作栏目中,该紧前工作只出现一次),则应将本工作箭线直接画在该紧前工作箭线之后。

其次,对于所要绘制的工作(本工作)而言,如果在其紧前工作之中存在多项只作为本工作紧前工作的工作,应先将这些紧前工作箭线的箭头节点合并,再从合并后的节点开始,画出本工作箭线。

然后,对于所要绘制的工作(本工作)而言,如果不存在前两种情况,应判断本工作的所有紧前工作是否都同时作为其他工作的紧前工作(即在紧前工作栏目中,这几项紧前工作是否均同时出现若干次)。如果上述条件成立,应先将这些紧前工作箭线的箭头节点合并,再从合并后的节点开始画出本工作箭线。

最后,对于所要绘制的工作(本工作)而言,如果不存在前三种情况,则应将本工作箭线单独画在其紧前工作箭线之后的中部,然后用虚箭线将其各紧前工作箭线的箭头节点与本工作箭线的箭尾节点分别相连,以表达它们之间的逻辑关系。

③当各项工作箭线都绘制出来之后,应合并那些没有紧后工作的箭头节点,以保证网络图只有一个终点节点(多目标网络计划除外)。

④当确认所绘制的网络图正确后,即可进行节点编号。网络图的节点编号不能重复,箭头节点编号必须大于箭尾节点编号(网络图自左向右,编号由小到大),有时采用不连续的编号方法,避免以后增加工作时改动整个网络图。

【例 4-4】 已知各工作之间的逻辑关系如表 4-10 所示,则可按下述步骤绘制其双代号网络图。

表 4-10 工作之间的逻辑关系

工作名称	A	B	C	D	E
紧前工作	—	—	A、B	B	C、D

【解】

(1)绘制工作箭线 A 和工作箭线 B,如图 4-18(a)所示。

(2)按前述原则绘制工作箭线 C,如图 4-18(b)所示。

(3)按前述原则绘制工作箭线 D 后,将工作箭线 C 和 D 的箭头节点合并,根据逻辑关系,绘制工作箭线 E。

(4)当确认给定的逻辑关系表达正确后,再进行节点编号。表 4-10 所给定的逻辑关系对应的双代号网络图如图 4-18(c)和图 4-18(d)所示。

2. 双代号网络图的计算

双代号网络图时间参数的计算方法有很多,有工作计算法、节点计算法等,主要是对网络图中六个时间参数进行计算。下面重点介绍双代号网络图按工作计算法确定时间参数。

(1)时间参数

时间参数是指网络计划、工作及节点所具有的各种时间值。双代号网络图中常见时间参数及含义如表 4-11 所示。

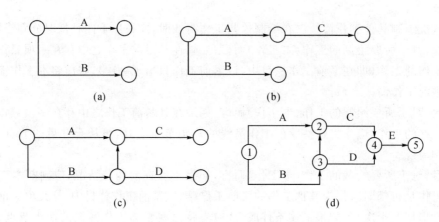

图 4-18　双代号网络图绘制过程

表 4-11　双代号网路图中常见时间参数及含义

时间参数		含义
工作持续时间 D_{i-j}		一项工作从开始到完成的时间
工期	计算工期 T_c（根据网络计划时间参数计算而得到的工期）	完成一项任务所需要的时间。 当已规定了要求工期时，计划工期不应超过要求工期，即 $T_p \leqslant T_r$； 当未规定要求工期时，可令计划工期等于计算工期，即 $T_p = T_c$
	要求工期 T_r（任务委托人提出的指令性工期）	
	计划工期 T_p（根据要求工期所确定的预期工期）	
网络计划中工作的六个时间参数	工作最早开始时间 ES_{i-j}	各紧前工作全部完成后，工作 $i-j$ 有可能开始的最早时间
	工作最早完成时间 EF_{i-j}	各紧前工作全部完成后，工作 $i-j$ 有可能完成的最早时间
	工作最迟完成时间 LF_{i-j}	在不影响整个任务按期完成的前提下，工作 $i-j$ 必须完成的最迟时刻
	工作最迟开始时间 LS_{i-j}	在不影响整个任务按期完成的前提下，工作 $i-j$ 必须开始的最迟时刻
	工作总时差 TF_{i-j}	在不影响总工期的前提下，工作 $i-j$ 可以利用的机动时间
	工作自由时差 FF_{i-j}	在不影响其紧后工作开始的前提下，工作 $i-j$ 可以利用的机动时间

续表

时间参数		含义
节点时间	节点最早时间	双代号网络计划中,以该节点为始节点的工作的最早开始时间
	节点最迟时间	双代号网络计划中,以该节点为末节点的工作的最迟完成时间
相邻两项工作之间的时间间隔		本工作的最早完成时间与其紧后工作最早开始时间之间的差值

（2）工作计算法

以网络图中的工作为对象,按照公式计算各项工作的六个时间参数,直接在网络图上表示,如图 4-19 所示。

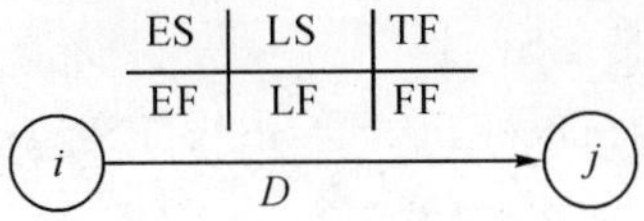

图 4-19　双代号网络图时间参数表示图例

①计算工作的最早开始时间 ES_{i-j} 和最早完成时间 EF_{i-j}：
$$ES_{i-j} = \max\{EF_{h-i}\} = \max\{ES_{h-i} + D_{h-i}\}$$
$$EF_{i-j} = ES_{i-j} + D_{i-j}$$

②计算工期 T_c 的确定：
$$T_c = \max\{EF_{i-n}\}$$

③计算工作最迟完成时间 LF_{i-j} 和最迟开始时间 LS_{i-j}：
$$LF_{i-n} = T_p = T_c$$
$$LF_{i-j} = \min\{LS_{j-k}\} = \min\{LF_{j-k} - D_{j-k}\}$$
$$LS_{i-j} = LF_{i-j} - D_{i-j}$$

④计算工作的总时差：$TF_{i-j} = LF_{i-j} - EF_{i-j} = LS_{i-j} - ES_{i-j}$。

⑤计算工作的自由时差：工作自由时差的计算应按以下两种情况分别考虑。

a. 对于有紧后工作的工作,$FF_{i-j} = \min\{ES_{j-k} - EF_{i-j}\}$；

b. 对于无紧后工作的工作,也就是以网络计划终点节点为完成节点的工作,其自由时差等于计划工期与本工作最早完成时间之差,即
$$FF_{i-n} = T_p - EF_{i-n}$$
当 $T_p = T_c$ 时,$FF_{i-n} = TF_{i-n}$。

（3）确定关键工作和关键线路

①在网络计划中,没有机动时间或总时差等于零的工作称为关键工作。

②自始至终全部由关键工作组成的线路或线路上总的工作持续时间最长的线路称为关键线路。在关键线路上可能有虚工作存在。关键线路一般用粗箭线或双箭线表示。关键线路上各项工作的持续时间总和应等于网络计划的计算工期,这一特点也是判别关键线路的准则。

（4）双代号网络图六个时间参数计算实例

【例 4-5】 试按工作计算法计算如图 4-20 所示双代号网络计划的各个时间参数。

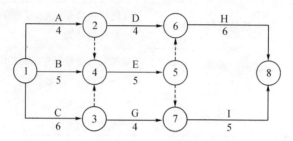

图 4-20　双代号网络图时间参数的计算

【解】　按照工作计算法各时间参数之间的关系，计算每个工作的六个时间参数，并按照双代号网络图时间参数表示图例标注在图上。

（1）计算工作的最早开始时间 ES_{i-j}：

$$ES_{i-j} = \max\{EF_{h-i}\} = \max\{ES_{h-i} + D_{h-i}\}$$

（2）计算最早完成时间 EF_{i-j}：

$$EF_{i-j} = ES_{i-j} + D_{i-j}$$

（3）计算工期 T_c 的确定：

$$T_c = \max\{EF_{i-n}\}$$

（4）计算工作最迟完成时间 LF_{i-j}：

$$LF_{i-n} = T_p = T_c$$

$$LF_{i-j} = \min\{LS_{j-k}\} = \min\{LF_{j-k} - D_{j-k}\}$$

（5）计算最迟开始时间 LS_{i-j}：

$$LS_{i-j} = LF_{i-j} - D_{i-j}$$

（6）计算工作的总时差：$TF_{i-j} = LF_{i-j} - EF_{i-j} = LS_{i-j} - ES_{i-j}$。

（7）计算工作的自由时差：工作自由时差的计算应按以下两种情况分别考虑。

① 对于有紧后工作的工作，$FF_{i-j} = \min\{ES_{j-k} - EF_{i-j}\}$；

② 对于无紧后工作的工作，也就是以网络计划终点节点为完成节点的工作，其自由时差等于计划工期与本工作最早完成时间之差，即

$$FF_{i-n} = T_p - EF_{i-n}$$

当 $T_p = T_c$ 时，$FF_{i-n} = TF_{i-n}$。

计算结果详见图 4-21。

3. 双代号时标网络图的绘制

双代号时标网络计划指表示工作的箭线的水平投影长度按该工作持续时间长短成比例绘制而成的双代号网络计划。如图 4-22 所示。时标网络计划兼有横道图通俗易懂和网络图逻辑关系明确等的优点；能直接显示图中各项工作的开始和结束时间、工作的机动时间和关键线路；可以很方便地统计出每一时间单位对资源的消耗量，方便进行资源的调整和优化。

双代号时标网络计划根据工作开始和完成时间不同，分为早时标网络计划（各项工作均

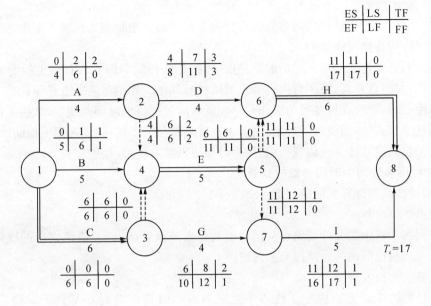

图 4-21　某工程双代号网络图时间参数

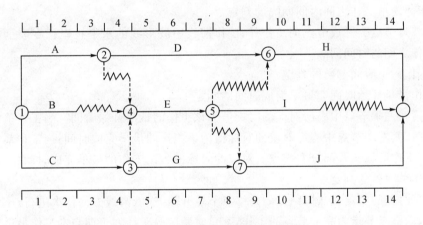

图 4-22　双代号时标网络图示例

按最早开始和最早完成绘制的时标网络计划)和迟时标网络计划(各项工作均按最迟开始和最迟完成绘制的时标网络计划)。时标网络计划中以水平时间坐标为尺度表示工作时间(单位可为天、周、月等)。图中各项工作的起止时间必须与时间坐标相对应,节点中心对准相应的时标位置。时标网络计划宜按照最早开始时间进行绘制,绘制方法有间接绘制法和直接绘制法两种。

(1)间接绘制法

间接绘制法是指先根据无时标的网络计划计算其时间参数并确定关键线路,然后在时标网络计划表中进行绘制。在绘制时应先将所有节点按其最早时间定位在时标网络计划表中的相应位置,然后用规定线型(实箭线和虚箭线)按比例绘出实工作和虚工作。当某些工作箭线的长度不足以到达该工作的完成节点时,须用波形线补足,箭头画在与该工作完成节点的连接处。

（2）直接绘制法

直接绘制法是指不计算时间参数而直接按无时标的网络计划工作表中工作之间的逻辑关系和各工作的持续时间绘制。

将起点节点定位在时标坐标的起始刻度上，按工作持续时间在时标表上绘制起点节点的外向箭线（对节点而言，箭头背向该节点的箭线）；其他工作的时间节点必须在其所有紧前工作全部绘出后，定位在这些紧前工作最早完成时间最大值的时间刻度上，某些工作的箭线不足以到达该节点时，用波形线补足，箭头画在波形线与节点连接处；按照上面的绘制方法，从左向右依次确定其他节点位置，直到网络计划终点节点定位，绘图完成。

4. 时标网络计划中时间参数的判断

（1）关键线路和计算工期的判定

①关键线路的判定

时标网络计划中的关键线路可从网络图的终点节点开始，逆着箭线方向进行判定。凡自始至终不出现波形线的线路即为关键线路。

②计算工期的判定

网络计划的计算工期应等于终点节点所对应的时标值与起点节点所对应的时标值之差。

（2）相邻两项工作之间时间间隔的判定

除以终点节点为完成节点的工作外，工作箭线中波形线的水平投影长度表示本工作与其紧后工作之间的时间间隔。

（3）工作六个时间参数的判定

①工作最早开始时间和最早完成时间的判定

工作箭线左端节点中心所对应的时标值为该工作的最早开始时间。当工作箭线中不存在波形线时，其右端节点中心所对应的时标值为该工作的最早完成时间；当工作箭线中存在波形线时，工作箭线实线部分右端点所对应的时标值为该工作的最早完成时间。

②工作总时差的判定

工作总时差的判定应从网络计划的终点节点开始，逆着箭线方向依次进行。

首先，以终点节点为完成节点的工作，其总时差应等于计划工期与本工作最早完成时间之差，用公式表达为

$$TF_{i-n} = T_p - EF_{i-n}$$

其次，其他工作的总时差等于其紧后工作的总时差加上本工作与该紧后工作之间的时间间隔所得之和的最小值，用公式表达为

$$TF_{i-j} = \min\{TF_{j-k} + LAG_{i-j,j-k}\}$$

③工作自由时差的判定

以终点节点为完成节点的工作，其自由时差等于计划工期与本工作最早完成时间之差，用公式表达为

$$FF_{i-n} = T_p - EF_{i-n}$$

其他工作的自由时差就是该工作箭线中波形线的水平投影长度。

④工作最迟开始时间和最迟完成时间的判定

工作的最迟开始时间等于本工作的最早开始时间与其总时差之和，用公式表达为

$$LS_{i-j} = ES_{i-j} + TF_{i-j}$$

工作的最迟完成时间等于本工作的最早完成时间与其总时差之和,用公式表达为

$$LF_{i-j} = EF_{i-j} + TF_{i-j}$$

5. 单代号搭接网络图的绘制

单代号搭接网络图以工程活动为节点,以带箭头的箭杆表示逻辑关系。实际工作中,为了缩短工期的需要,经常采用搭接的方式进行施工,即当前一项工作没有结束的时候,后一项工作即可插入进行,将前后工作搭接起来。单代号搭接网络活动之间存在的常见的搭接关系有 FTS、FTF、STS、STF。搭接所需的持续时间又称为搭接时距,一般标注在箭线上方。单代号搭接网络图的含义如表 4-12 所示。单代号搭接网络图工作的表示方法如图 4-23 所示。

表 4-12　单代号搭接网络图的含义

单代号搭接网络图组成	含义	备注
节点	工作	用圆圈或矩形表示,工作名称、持续时间和工作代号标注在节点内
箭线	工作之间的逻辑关系	FTS、FTF、STS、STF 四种

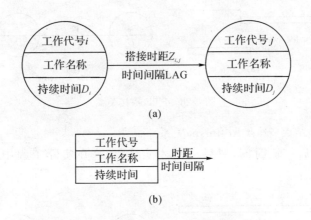

图 4-23　单代号搭接网络图工作的表示方法

(1)搭接关系

①FTS:结束—开始(finish to start)关系

这是一种常见的逻辑关系,如混凝土浇捣成型之后,至少要养护 7 天才能拆模,图例如图 4-24 所示。

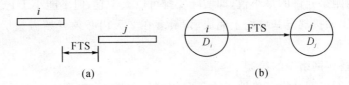

图 4-24　FTS 搭接关系

当 FTS=0 时,前一项工作完成后可以紧接着开始后一项工作。这是最常见的工程活

动之间的逻辑关系。

②STS:开始—开始(start to start)关系

紧前活动开始后一段时间,紧后活动才能开始,即紧后活动的开始时间受紧前活动开始时间的制约。如某基础工程采用井点降水,按规定抽水设备安装完成,开始抽水 1 天后,才可开始基坑开挖,图例如图 4-25 所示。

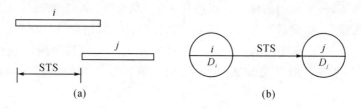

图 4-25 STS 搭接关系

③FTF:结束—结束(finish to finish)关系

紧前活动结束后一段时间,紧后活动才能结束,即紧后活动的结束时间受紧前活动结束时间的制约。如基础回填土结束后基坑排水才能停止,图例如图 4-26 所示。

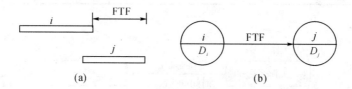

图 4-26 FTF 搭接关系

④STF:开始—结束(start to finish)关系

紧前活动开始后一段时间,紧后活动才能结束,这在实际工程中用的较少,图例如图 4-27 所示。

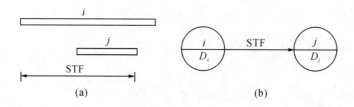

图 4-27 STF 搭接关系

上述搭接时距是允许的最小值,即实际安排可以大于它,但不能小于它。搭接时距还可能有最大值定义,如按规定基坑挖土完成后,最多在 2 天内必须开始做垫层,以防止基坑土反弹等。

(2)单代号搭接网络图的绘制

单代号搭接网络图必须正确地表述已定的逻辑关系,并在箭线上方标注搭接时距。其他绘制原则和步骤同双代号网络图。

6. 单代号搭接网络图的计算

单代号搭接网络计划时间参数的计算公式如表 4-13 所示,时间参数计算图例如图 4-28 所示,计算流程如表 4-14 所示。

表 4-13　单代号搭接网络计划时间参数的计算公式

搭接类型	ES_j 与 EF_j (紧前工作为 i)	LS_i 与 LF_i (紧后工作为 j)	$LAG_{i,j}$
FTS	$ES_j = EF_i + Z_{i,j}$ $EF_j = ES_j + D_j$	$LF_i = LF_j - Z_{i,j}$ $LS_i = LF_i - D_i$	$EF_i = ES_j - EF_i - Z_{i,j}$
STS	$ES_j = ES_i + Z_{i,j}$ $EF_j = ES_j + D_j$	$LS_i = LF_j - Z_{i,j}$ $LF_i = LS_i + D_i$	$EF_i = ES_j - ES_i - Z_{i,j}$
FTF	$EF_j = EF_i + Z_{i,j}$ $ES_j = EF_j - D_j$	$LF_i = LF_j - Z_{i,j}$ $LS_i = LF_i - D_i$	$EF_i = EF_j - EF_i - Z_{i,j}$
STF	$EF_j = ES_i + Z_{i,j}$ $ES_j = EF_j - D_j$	$LS_i = LF_j - Z_{i,j}$ $LF_i = LS_i + D_i$	$EF_i = EF_j - ES_i - Z_{i,j}$

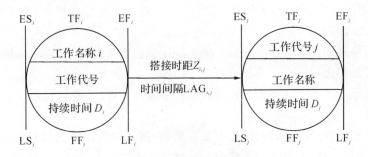

图 4-28　单代号搭接网络图时间参数计算图例

表 4-14　单代号搭接网络计划时间参数计算流程

序号	参数	计算公式
1	ES, EF	令 $ES_1 = 0$,$EF_i = ES_i + D_i$,其他计算见表 4-13
2	$LAG_{i,j}$	计算公式见表 4-13
3	TF	$TF_n = T_p - T_c$,$TF_i = \min\{LAG_{i,j} + TF_j\}$
4	FF	$FF_n = T_p - EF_n$ 或 $EF_i = \min\{LAG_{i,j}\}$
5	LF, LS	$LF_i = EF_i + TF_i$,$LS_i = ES_i + TF_i$
6	关键线路	从搭接网络计划的终点节点开始,逆着箭线方向相邻两项工作之间时间间隔为零的线路就是关键线路

7. 单代号网络图

单代号网络图同单代号搭接网络图一样,以节点及其编号表示工作,以箭线表示工作之间的逻辑关系,并在节点内加注工作代号、工作名称、工作持续时间,作为单代号搭接网络图搭接时距为零时的特例。其绘制和时间参数计划同单代号搭接网络图。

4.4 工程项目进度的检查与分析方法

工程项目施工进度计划编制完成,经有关部门审批后,即可组织实施,计划检查。进度计划执行过程中,由于种种因素的影响,实际进度与计划进度会有偏差,一般都需要采取相关的措施,以保证计划目标的顺利实现。此阶段的工作主要有:检查并实际掌握工程进展情况;根据存在的偏差分析原因;在此基础上,确定相应的解决措施或方法。

4.4.1 工程项目进度计划的实施与检查

工程项目进度计划的实施就是用工程项目进度计划指导工程建设实施活动,并在实施过程中不断检查计划的执行情况,分析产生进度偏差的原因,落实并完善计划进度目标。

实施进度计划前,需要按工程的不同实施阶段、不同的实施单位、不同的时间点来设立分目标。同时,为了便于进度计划的实施、检查和监督,尤其是在施工阶段,需要项目进度计划分解为年、季、月、旬、周作业计划和作业任务书,并按此执行进度作业。

1. 进度检查的内容

在工程项目进度计划实施过程中,应跟踪计划的实施进行监督,查清工程项目施工进展。进度检查的内容有:

(1)施工形象进度检查。这一般也是施工进度检查的重点,检查施工现场的实际进度情况,并与进度计划相比较。

(2)设计图纸等进展情况检查。检查各设计单元供图进度,确定或估计是否满足施工进度要求。

(3)设备采购进展情况检查。检查设备在采购、运输过程中的进展情况,确定或估计是否满足计划的到货日期,能否适应土建或安装进度的要求。

(4)材料供应或成品、半成品加工情况检查。有些材料是直接供应的,主要检查其订货、运输和储存情况;有些材料需经工厂加工为成品或半成品,然后运到工地,检查其原料订货、加工、运输等情况。

2. 施工进度检查时应注意的问题

(1)根据施工合同中对进度、开工及延期开工、暂停施工、工期延误和工程竣工等承诺的规定,开展工程进度的相关控制工作。

(2)编制统计报表。在施工进度计划实施过程中,应跟踪形象进度对工程量、总产值、耗用的人工、材料和机械台班等的数量进行统计分析,编制统计报表。

(3)进度索赔。当合同一方因另外一方的原因工期拖延时,应进行进度索赔。当发包人未按合同规定提供施工条件等非承包人原因导致承包人的工期拖延,承包人针对延误的工期可提出进度索赔。

(4)分包工程的实施。分包人应根据项目施工进度计划编制分包工程进度计划并组织实施。施工项目经理部应将分包工程施工进度计划纳入项目进度计划控制范畴,并协助分包人解决项目进度控制中的相关问题。

4.4.2 实际进度与计划进度的比较分析

进度计划的检查方法主要是对比法,即实际进度与计划进度相比较,发现进度计划执行受到干扰时,进行分析,继而进行调整或修改计划,保证进度目标的实现。常见的检查方法有横道图比较法、前锋线法、双 S 曲线法。

1. 横道图比较法

(1)匀速进展的横道图比较法

横道图比较法是指将项目实施过程中收集到的数据,经加工整理后直接用横道线平行绘于原计划的横道线处,并在原进度计划上标出检查日期,可以比较清楚地对比实际进度和计划进度情况的一种方法。该方法适用于工程项目中各项工作都是匀速进展的情况,即每项工作在单位时间内完成的任务量都相等的情况。此时,每项工作累计完成的任务量与时间呈线性关系,完成的任务量可以用实物工程量、劳动消耗量或费用支出表示。

如某工程项目基础工程的计划进度和截止到第 10 周末的实际进度如图 4-29 所示,其中虚线条表示该工程计划进度,细实线表示实际进度。从实际进度与计划进度的比较可以看出,到第 10 周末进行实际进度检查时,土方开挖工作已经完成;做垫层工作按照计划应该完成,但实际只完成了 75%,任务量拖欠 25%;支模板按计划应完成 50%,实际只完成 25%,任务量拖欠 25%。具体工程活动的开始时间、结束时间和完成情况的对比,可以直观地反映出具体工程活动符合进度计划的情况,以及拖延或超前时间。

(2)非匀速进展的横道图比较法

工程实际施工过程中,每项工作不一定是匀速进展的。故针对非匀速进展的工程,实际

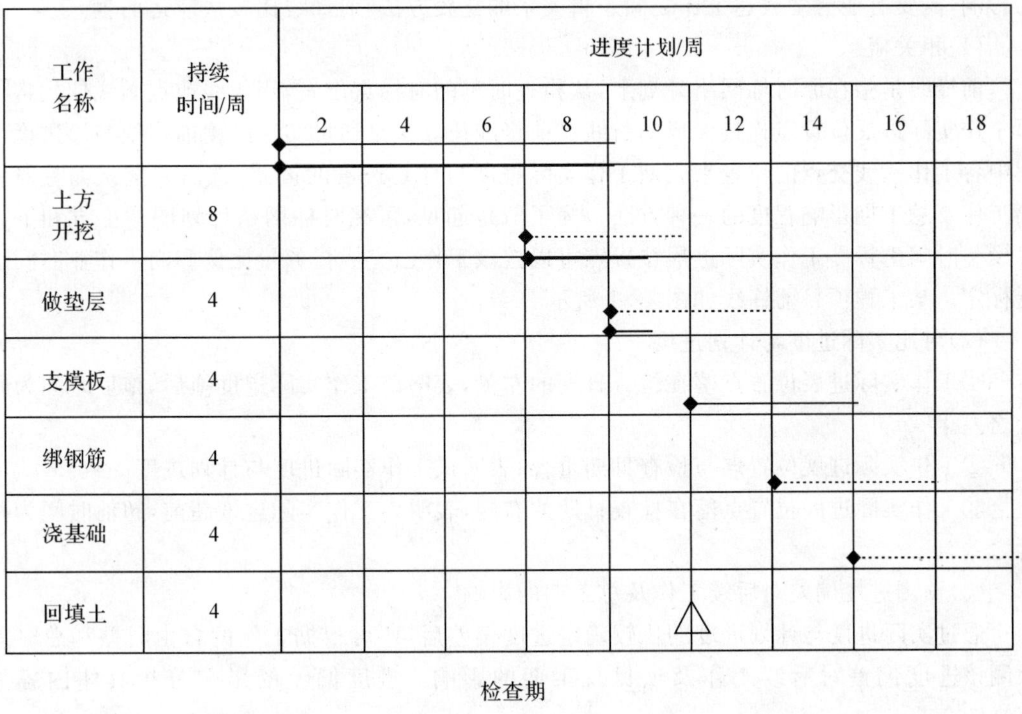

图 4-29 某工程项目基础工程实际进度与计划进度比较

进度与计划进度的比较采用非匀速进展的横道图比较法。此方法根据工程项目进度计划（分解的详细周进度计划或施工任务包），在横道线的上方标出各阶段时间工作的计划完成任务量累计百分比，在横道线的下方标出相应阶段时间工作的实际完成任务量累计百分比，用涂黑的粗线标出工作的实际进度，从开始之日标起。某个时点或某一时间段工作实际进度与计划进度之间的关系如图 4-30 所示。

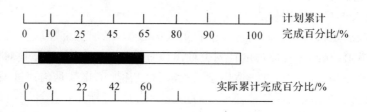

图 4-30　非匀速进展横道图比较法

对比分析实际进度与计划进度：如果同一时刻横道线上方累计百分比大于横道线下方累计百分比，表明实际进度拖后，两者之差即为拖欠的任务量；如果同一时刻横道线上方累计百分比小于横道线下方累计百分比，表明实际进度超前，两者之差即为超前的任务量；如果同一时刻横道线上方累计百分比等于横道线下方累计百分比，表明实际进度与计划进度一致。

2. 前锋线比较法

在实际进度与计划进度的比较中，要想更准确地判断进度延误对后续工作及总工期等的影响，需要有能清楚表达工作之间逻辑关系的比较方法，前锋线比较法应运而生。

（1）相关概念

前锋线是指在原时标网络计划上，从检查时刻的时标点出发，用虚线或点画线依次将各项工作实际进展位置点连接而成的折线。前锋线比较法是通过实际进度前锋线与原进度计划中各工作箭线交点的位置来判断工作实际进度与计划进度的偏差，进而判定该偏差对后续工作及总工期影响程度的一种方法。为了清楚起见，可在时标网络计划图的上方和下方各设一时间坐标。工作实际进展位置点可以按该工作已完成任务量比例和尚需作业时间进行标定。某工程项目前锋线如图 4-31 所示。

（2）对比实际进度与计划进度

①工作实际进展位置点落在检查日期的左侧，表明该工作实际进度拖后，拖后时间为两者之差。

②工作实际进展位置点与检查日期重合，表明该工作实际进度与计划进度一致。

③工作实际进展位置点落在检查日期的右侧，表明该工作实际进度超前，超前时间为两者之差。

（3）预测进度偏差对后续工作及总工期的影响

通过实际进度与计划进度的比较确定进度偏差后，还可根据工作的自由时差和总时差预测该进度偏差对后续工作及项目总工期的影响。进度偏差的影响分析具体内容见第 4.5.2 节。

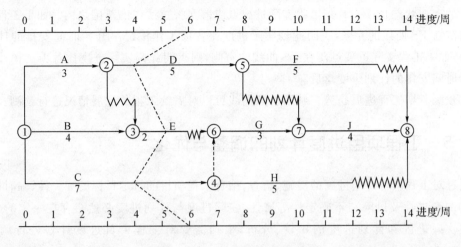

图 4-31 某工程项目第 6 周前锋线

3. 基于网络计划的双 S 曲线法

（1）双 S 曲线法

工程网络计划中的任何一项工作,其逐日累计完成的工作任务量都可借助于两条 S 形曲线概括表示:一是按工作的最早开始时间安排计划进度而绘制的 S 形曲线,称 ES 曲线;二是按工作的最迟开始时间安排计划进度而绘制的 S 形曲线,称 LS 曲线。两条曲线除在开始点和结束点相重合外,ES 曲线的其余各点均落在 LS 曲线的左侧,使得两条曲线围合成一个形如香蕉的闭合曲线圈,故将其称为香蕉形曲线,如图 4-32 所示。

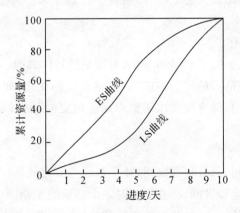

图 4-32 某工程项目香蕉形曲线

（2）双 S 曲线的作用

①合理安排工程项目进度计划。如果工程项目中各项工作均按其最早开始时间安排进度,将导致项目投资的加大;而如果各项工作都按其最迟开始时间安排进度,则一旦受到进度影响因素的干扰,将会导致工期的延误。因此,一个科学合理的进度计划优化曲线,应处于香蕉曲线所包络的范围内。

②定期比较工程项目的实际进度与计划进度。在工程项目的实施过程中,根据每次检查收集到的实际完成任务量,绘制出实际进度 S 曲线,便可以与计划进度比较。工程项目实

际进度的理想状态是任一时刻工程实际进展点应落在香蕉线图的范围之内。如果工程实际进展点落在 ES 曲线的左侧,表明此刻实际进度比各项工作按最早开始时间安排的计划进度超前;如果工程实际进展点落在 LS 曲线的右侧,则表明此刻实际进度比各项工作按其最迟开始时间安排的计划进度落后。

③预测后期工程进展趋势。利用香蕉曲线可以对后续工程的进展情况进行预测。

4.5　工程项目进度计划的调整与优化

通过对工程项目计划进度的实施、检查,结合工程项目的特定目标的唯一性、临时性、不断完善的渐进性及风险与不确定性等属性,实际进度与计划进度必然会存在一定的差异。通过对实际进度和计划进度的比较、分析,根据需要对工程项目进度计划进行调整和优化。

4.5.1　进度拖延的影响因素

进度拖延是工程项目过程中经常发生的现象,各层次的项目单元、各个项目阶段都可能出现延误。进度拖延的原因是多方面的,常见的有以下几种:

1. 工期及相关计划欠周密

计划不周密是常见的现象,包括:计划时忘记(遗漏)部分必需的功能或工作;计划值(如计划工作量、持续时间)不足,相关的实际工作量增加;资源或能力不足,如计划时没考虑到资源的限制或缺陷,没有考虑如何完成工作;出现了计划中未能考虑到的风险或状况,未能使工程实施达到预定的效率。

2. 工程实施条件的变化

工程实施条件的变化包括:工作量的变化,可能是设计的修改、设计的错误、业主新的要求、修改项目的目标及系统范围的扩展造成的;环境条件的变化,如不利的施工条件不仅造成对工程实施过程的干扰,有时直接要求调整原来已确定的计划;发生不可抗力事件,如地震、台风、动乱、战争等。

3. 管理过程中的失误

计划部门与实施者之间、总分包商之间、业主与承包商之间缺少沟通,工期意识淡薄,例如管理者拖延了图纸的供应和批准,任务下达时缺少必要的工期说明和责任落实,拖延了工程活动。项目参加单位对各个活动(各专业工程和供应)之间的逻辑关系(活动链)没有清楚地了解,下达任务时也没有进行详细的解释,同时对活动的必要前提条件准备不足,许多实际脱节,资源供应出现问题。其他方面未完成项目计划造成拖延,例如设计单位拖延设计,上级机关拖延批准手续,质量检查拖延,业主不果断处理问题等。

4.5.2　进度偏差的影响分析

对于进度偏差,需要分析其对后续工作及总工期的影响,以及后续工作和总工期的可调整程度,对进度计划进行相关的调整和优化。下面就进度偏差产生的两种结果(某项工作的实际进度超前或滞后)来进行分析。

1. 当进度偏差体现为某项工作的实际进度超前

加快某些工作的实施进度,可导致资源使用情况发生变化,特别是在有多个平行分包单位施工的情况下,由此而引起后续工作时间安排的变化,往往会带来潜在的风险和索赔事件的发生,使缩短部分工期的实际效果得不偿失。因此,当进度计划执行过程中产生的进度偏差体现为某项工作的实际进度超前,若超前幅度不大,此时计划不必调整;当超前幅度过大,则此时计划需要调整。

2. 当进度偏差体现为某项工作的实际进度滞后

进度计划执行过程中若实际进度滞后,是否调整原定计划通常应视进度偏差和相应工作总时差及自由时差的比较结果而定。

(1)出现进度偏差的工作为关键工作,实际进度滞后,必然会引起后续工作最早开工时间的延误和整个计划工期的相应延长,因而,必须对原定进度计划采取相应调整措施。

(2)出现进度偏差的工作为非关键工作,且实际进度滞后天数已超出其总时差,则实际进度延误同样会引起后续工作最早开工时间的延误和整个计划工期的相应延长,因而,必须对原定进度计划采取相应调整措施。

(3)出现进度偏差的工作为非关键工作,且实际进度滞后天数已超出其自由时差而未超出其总时差,实际进度延误只会引起后续工作最早开工时间的拖延而对整个计划工期并无影响。此时只有在后续工作最早开工时间不宜推后的情况下才考虑对原定进度计划采取相应调整措施。

(4)若出现进度偏差的工作为非关键工作,且实际进度滞后天数未超出其自由时差,实际进度延误对后续工作的最早开工时间和整个计划工期均无影响,因而不必对原定进度计划采取调整措施。

4.5.3　工程项目进度计划的调整与优化

根据第 4.5.2 节的分析,承包商自身原因导致在自身承担的风险范围内的进度偏差对后续工作或工程项目产生了不可逆转的不利影响时,需要对进度计划进行调整和优化。

1. 进度计划调整的内容

进度计划调整的内容包括工作内容、工作量、工作起止时间、工作持续时间、工作逻辑关系、资源供应。可以只调整六项其中一项,也可以同时调整多项,还可以将几项结合起来调整,以求综合效益最佳。只要能达到预期目标,调整越少越好。

2. 进度计划调整方法和措施

(1)调整关键路线长度

当关键路线的实际进度比计划进度提前时,首先要确定是否对原计划工期予以缩短。综合考虑施工合同中对工期提前的奖励措施、工程质量和工程费用等。如果不缩短,可以利用这个机会降低资源强度或费用,方法是选择后续关键工作中资源占用量大的或直接费用高的予以适当延长,延长的长度不应超过已完成的关键工作提前的时间量,以保证关键线路总长度不变。

(2)缩短某些后续工作的持续时间

当关键线路的实际进度比计划进度滞后时,表现为以下两种情况:

①网络计划中某项工作进度拖延的时间已超过其自由时差但未超过其总时差,对于后

续工作拖延的时间有限制要求的情况；

②网络计划中某项工作进度拖延的时间超过其总时差，项目总工期不允许拖延，或项目总工期允许拖延，但拖延的时间有限制的情况。

需要压缩某些后续工作的持续时间，选择压缩工作的原则：缩短持续时间对质量和安全影响不大的工作；有备用资源的工作；缩短持续时间所需增加的资源、费用最少的工作。综合影响进度的各种因素、各种调整方法，采取赶工措施，以缩短某些后续工作的持续时间，使调整后的进度计划符合原进度计划的工期要求。

（3）非关键工作时差的调整

时差调整的目的是充分或均衡地利用资源，降低成本，满足项目实施需要。时差调整幅度不得大于计划总时差值。需要注意非关键工作的自由时差，它只是工作总时差的一部分，是紧后工作最早能开始的机动时间。在项目实施过程中，如果发现正在开展的工作存在自由时差，一定要考虑是否需要立即使用，如把相应的人力、物力调整支援到关键工作。

任何进度计划的实施都受到资源的限制，计划工期的任一阶段，如果资源需要量超过资源最大供应量，那这样的计划是没有任何意义的。受资源供给限制的网络计划是利用非关键工作的时差来进行调整的。项目均衡实施，在进度开展过程中，所完成的工作量和所消耗的资源量尽可能保持均衡。

（4）改变某些后续工作之间的逻辑关系

若进度偏差已影响计划工期，且有关后续工作之间的逻辑关系允许改变，此时可变更位于关键线路或位于非关键线路但延误时间已超出其总时差的有关工作之间的逻辑关系，从而达到缩短工期的目的。

工作之间逻辑关系的改变的原因必须是施工方法或组织方法的改变，一般来说，调整的是组织关系。

3. 增减工作项目

增加工作项目，是对原遗漏或不具体的逻辑关系进行补充；减少工作项目只是对提前完成了的工作项目或原不应设置而设置了的工作项目予以删除。由于增减工作项目只是改变局部的逻辑关系，不影响总的逻辑关系，因此增减工作项目均不打乱原网络计划总的逻辑关系。增减工作项目之后应重新计算时间参数，以分析此调整是否对原网络计划工期产生影响，如有影响应采取措施消除。

4.6　案例分析

【例 4-6】　某单项工程，按如图 4-33 所示进度计划网络图组织施工。

原计划工期是 170 天，在第 75 天进行进度检查时发现：工作 A 已全部完成，工作 B 刚刚开工。由于工作 B 是关键工作，所以它拖后 15 天，将导致总工期延长 15 天完成，相关参数详见表 4-15。

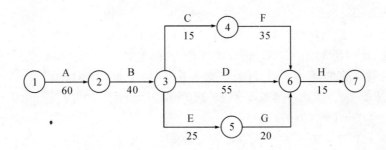

图 4-33 某单项工程施工进度计划

表 4-15 某单项工程相关参数表

序号	工作	最大可压缩时间/天	赶工费用/(元·天⁻¹)
1	A	10	200
2	B	5	200
3	C	3	100
4	D	10	300
5	E	5	200
6	F	10	150
7	G	10	120
8	H	5	420

(1)为使本单项工程仍按原工期完成,则必须赶工,调整原计划,请问应如何调整原计划,既经济又保证整修工作能在计划的 170 天内完成? 并列出详细调整过程。

(2)试计算经调整后,所需投入的赶工费用。

(3)重新绘制调整后的进度计划网络图,并列出关键线路。

【解】

(1)目前总工期拖后 15 天,此时的关键线路:B—D—H。

①其中工作 B 赶工费率最低,故先对工作 B 持续时间进行压缩。

工作 B 压缩 5 天,因此增加费用为 $5 \times 200 = 1000$(元)。

总工期为 $185 - 5 = 180$(天)。

关键线路:B—D—H。

②剩余关键工作中,工作 D 赶工费率最低,故应对工作 D 持续时间进行压缩。工作 D 压缩的同时,应考虑与之平等的各线路,以各线路工作正常进展均不影响总工期为限。

故工作 D 只能压缩 5 天,因此增加费用为 $5 \times 300 = 1500$(元)。

总工期为 $180 - 5 = 175$(天)。

关键线路:B—D—H 和 B—C—F—H 两条。

③剩余关键工作中,存在三种压缩方式:同时压缩工作 C、工作 D;同时压缩工作 F、工作 D;压缩工作 H。

同时压缩工作 C 和工作 D 的赶工费率最低,故应对工作 C 和工作 D 同时进行压缩。

工作 C 最大可压缩天数为 3 天,故本次调整只能压缩 3 天,因此增加费用为 $3 \times 100 +$

$3 \times 300 = 1200$(元)。

总工期为 $175 - 3 = 172$(天)。

关键线路：B—D—H 和 B—C—F—H 两条。

④剩下关键工作中，压缩工作 H 赶工费率最低，故应对工作 H 进行压缩。

工作 H 压缩 2 天，因此增加费用为 $2 \times 420 = 840$(元)。

总工期为 $172 - 2 = 170$(天)。

⑤通过以上工期调整，工作仍能在原计划的 170 天完成。

(2)所需投入的赶工费为 $1000 + 1500 + 1200 + 840 = 4540$(元)。

(3)调整后的进度计划网络如图 4-34 所示，其关键线路为 A—B—D—H 和 A—B—C—F—H。

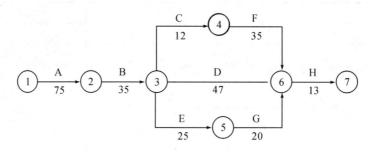

图 4-34　调整后的施工进度计划

本章习题

一、单项选择题

1. 某工程划分为 4 个施工过程、5 个施工段、各施工过程的流水节拍分别为 6 天、4 天、4 天、2 天。如果组织成倍节拍流水施工，则流水施工工期为(　　)天。

A. 40　　　　　　　B. 30　　　　　　　C. 24　　　　　　　D. 20

2. 某基础工程土方开挖总量为 8800m³，该工程拟划分 5 个施工段组织全等节拍流水施工，2 台挖掘机每台班产量定额均为 80m³，其流水节拍为(　　)天。

A. 55　　　　　　　B. 11　　　　　　　C. 8　　　　　　　　D. 6

3. 某基础工程有挖土、垫层、混凝土浇筑、回填土 4 个施工过程，分 5 个施工段组织流水施工，流水节拍均为 3 天，且混凝土浇筑 2 天后才能回填土，该工程的施工工期为(　　)天。

A. 39　　　　　　　B. 29　　　　　　　C. 26　　　　　　　D. 14

4. 在流水施工方式中，成倍节拍流水施工的特点之一是(　　)

A. 相邻专业工作队之间的流水步距相等，且等于流水节拍的最大公约数

B. 相邻专业工作队之间的流水步距相等，且等于流水节拍的最小公倍数

C. 相邻专业工作队之间的流水步距不相等，且其值之间为倍数关系

D. 同一施工过程在各施工段的流水节拍不相等，但其值之间为倍数关系

5. 相邻两工序在同一施工段上相继开始的时间间隔称为(　　)

A. 流水作业   B. 流水步距

C. 流水节拍   D. 技术间歇

6. 全等节拍流水施工的特点是(　　)

A. 各专业队在同一施工段流水节拍固定   B. 各专业队在施工段可间歇作业

C. 各专业队在各施工段的流水节拍相等   D. 专业队数等于施工段数

二、多项选择题

1. 流水施工是一种科学合理、经济效果明显的作业方式,其特点包括(　　)

A. 工期比较合理   B. 提高劳动生产率

C. 保证工程质量   D. 降低工程成本

E. 施工现场的组织管理比较复杂

2. 组织产品生产的方式很多,归纳起来有(　　)等基本方法。

A. 全等节拍流水   B. 分别流水   C. 流水作业

D. 平行作业   E. 依次作业

3. 表达流水施工的时间参数有(　　)。

A. 流水强度   B. 流水节拍   C. 流水段

D. 流水步距   E. 流水施工工期

4. 划分施工段,通常应遵循的原则有(　　)。

A. 各施工段上的工程量要大致相等

B. 能充分发挥主导机械的效率

C. 对于多层建筑,施工段数应小于施工过程数

D. 保证结构的整体性

E. 对于多层建筑物,施工段数应不小于施工过程数

5. 确定流水步距的原则有(　　)。

A. 保证各专业队能连续作业

B. 流水步距等于流水节拍

C. 满足安全生产需要

D. 流水步距等于各流水节拍的最大公约数

E. 满足相邻工序在工艺上的要求

6. 流水施工工期 $T = (r \cdot m + n - 1) \cdot K_b + \sum Z_1 - \sum C$ 计算式,适用于(　　)。

A. 单层建筑物全等节拍流水

B. 多层建筑物全等节拍流水,无技术间歇

C. 分别流水

D. 有技术间歇和平行搭接的流水作业

E. 多层建筑物全等节拍流水,且有技术间歇

三、思考题

1. 简述进度与工期的关系。

2. 什么是工程项目进度管理?

3. 为何进行建设工程项目总进度目标的分析、论证?

4. 什么是里程碑事件? 举例说明。

5. 调查一个实际工程的工期情况,并绘制它的总进度横道图。

6. 确定工程活动的持续时间要考虑哪些因素?

7. 工作活动之间的逻辑关系由什么决定?

8. 解释说明流水施工是科学的施工组织方式。

9. 如何组织全等节拍流水施工、成倍节拍流水施工、无节奏流水施工?

10. 什么是网络计划技术? 其与横道图的关系是什么?

11. 什么是总时差和自由时差?

12. 什么是关键线路和关键工作?

13. 举例说明工程活动之间的搭接关系。

14. 施工项目进度计划检查有哪些方法?

15. 施工项目进度可以从哪些方面优化?

四、计算题

某网络计划的有关资料如表 4-16 所示,试绘制双代号网络图,用工作计算法计算各项工作的六个时间参数,并绘制双代号时标网络计划。

表 4-16　某网络计划的有关资料

工作	A	B	C	D	E	G	H	I	J	K
持续时间/天	2	3	5	2	3	3	2	3	6	2
紧前工作	—	A	A	B	B	D	G	E,G	C,E,G	H,I

五、案例分析题

某工程包括 3 个结构形式与建造规模完全一样的单体建筑,共由 5 个施工过程组成,分别为土方开挖、基础施工、地上结构、二次砌筑、装饰装修。根据施工工艺要求,地上结构施工完毕后,需等待 2 周后才能进行二次砌筑。现在拟采用 5 个专业工作队组织施工,各施工过程的流水节拍如表 4-17 所示。

表 4-17　流水节拍

施工过程编号	施工过程	流水节拍/周
Ⅰ	土方开挖	2
Ⅱ	基础施工	2
Ⅲ	地上结构	6
Ⅳ	二次砌筑	4
Ⅴ	装饰装修	4

(1)按上述 5 个专业工作队组织流水施工属于何种形式的流水施工? 绘制其流水施工进度计划图,并计算总工期。

(2)根据本工程的特点,本工程比较适合采用何种形式的流水施工形式? 简述理由。

(3)采用第二问的方式,重新绘制流水施工进度计划,并计算总工期。

第 5 章　土木工程项目质量管理

学习要点和学习指导

本章从土木工程项目质量形成的过程、内涵出发，叙述了工程项目质量管理的基本概念和内容；重点介绍了工程项目质量控制、工程项目质量统计分析方法、工程项目质量事故处理方案与鉴定验收等知识点。

通过本章的学习，学生应掌握工程项目质量管理的影响因素，工程项目质量统计分析，设计阶段、施工阶段的质量控制，出现质量事故时的处理方案和工程项目质量鉴定与验收；能对土木工程项目质量管理案例进行具体分析。

5.1　概　述

工程项目质量是基本建设效益得以实现的保证，是决定工程建设成败的关键。工程项目质量管理是为了保证达到工程合同规定的质量标准而采取的一系列措施、手段和方法，应当贯穿工程项目建设的整个寿命周期。工程项目质量管理是承包商在项目建造过程中对项目设计、项目施工进行的内部的、自身的管理。针对工程项目业主，工程项目质量管理可保证工程项目能够按照工程合同规定的质量要求，实现项目业主的建设意图，取得良好的投资效益。针对政府部门，工程项目质量管理可维护社会公众利益，保证技术性法规和标准的贯彻执行。

5.1.1　工程项目质量管理

1. 工程项目质量管理与工程项目质量控制

（1）质量和工程质量

根据国家标准《质量管理体系　基础和术语》（GB/T 19000—2008/ISO 9000：2005），质量是指一组固有特性满足要求（包括明示的、隐含的和必须履行的）的程度。质量不仅是指产品质量，也可以是某项活动或过程的工作质量，还可以是质量管理体系的运行质量；固有是指事物本身所具有的，或者存在于事物中的；特性是指某事物区别于其他事物的特殊性质，对产品而言，特性可以是产品的性能如强度等，也可以是产品的价格、交货期等。工程质量的固有特性通常包括使用功能、耐久性、可靠性、安全性、经济性以及与环境的协调性，这些特性满足要求的程度越高，质量就越好。

（2）工程项目质量形成的过程

工程项目质量是按照工程建设程序，经过工程建设的各个阶段而逐步形成的。工程项目质量形成的阶段及内容如表 5-1 所示。

工程项目质量形成的过程决定工程项目质量管理过程。

表 5-1　工程项目质量形成的系统过程

序号	工程建设阶段	主要内容
1	项目可行性研究	论证项目在技术上的可行性与经济上的合理性，为决策立项和确定质量目标与质量水平提供依据
2	项目决策	决定项目是否投资建设，确定项目质量目标和水平
3	工程设计	工程项目质量目标和水平的具体化
4	工程施工	合同要求与设计方案的具体实现，最终形成工程实体质量
5	工程验收及质量保修	最终确认工程质量水平高低，确保工程寿命期内质量可靠

（3）质量管理和工程质量管理

质量管理是在质量方面指挥和控制组织协调活动的管理，其首要任务是确定质量方针、质量目标和质量职责，核心是要建立有效的质量管理体系，并通过质量策划、质量控制、质量保证和质量改进四大支柱来确保质量方针、质量目标的实施和实现。其中，质量策划是致力于制定质量目标并规定必要的进行过程和相关资源来实现质量目标；质量控制是致力于满足工程质量要求，为了保证工程质量满足工程合同、规范标准所采取的一系列措施、方法和手段；质量保证是致力于提供质量要求并得到信任；质量改进是致力于增强满足质量要求的能力。质量管理也可以理解为：监视和检测；分析判断；制定纠正措施；实施纠正措施。

就工程项目质量而言，工程项目质量管理是为达到工程项目质量要求所采取的作业技术和活动。工程项目质量要求主要表现为工程合同、设计文件、规范规定的质量标准。工程项目质量管理就是为了保证达到工程合同规定的质量标准而采取的一系列措施、手段和方法。

（4）质量控制和工程项目质量控制

根据国家标准《质量管理体系　基础和术语》（GB/T 19000—2008/ISO 9000：2005）的定义，质量控制是质量管理的一部分，是致力于满足质量要求的一系列相关活动。这些活动主要包括：

①设定标准，即规定要求，确定需要控制的区间、范围、区域；

②测量结果，测量满足所设定标准的程度；

③评价，即评价控制的能力和效果；

④纠偏，对不满足设定标准的偏差及时纠正，保持控制能力的稳定性。

工程项目质量控制是为达到工程项目质量目标所采取的作业技术和活动，贯穿于项目执行的全过程；是在明确的质量目标和具体的条件下，通过行动方案和资源配置的计划、实施、检查和监督，进行质量目标的事前预控、事中控制和事后纠偏控制，实现预期质量目标的系统过程。

2．工程项目的质量管理总目标

结合工程项目建设的全过程及工程项目质量形成的过程，工程项目建设的各阶段对项目质量及项目质量的最终形成有直接影响。可行性研究阶段是确定项目质量目标和水平的依据,决策阶段确定项目质量目标和水平,设计阶段使项目的质量目标和水平具体化,施工阶段实现项目的质量目标和水平,竣工验收阶段保证项目的质量目标和水平,生产运行阶段保持项目的质量目标和水平。

由此可见,工程项目的质量管理总目标是在策划阶段进行目标决策时由业主提出的,是对工程项目质量提出的总要求,包括项目范围的定义、系统过程、使用功能与价值、应达到的质量等级等。同时,工程项目的质量管理总目标还要满足国家对建设项目规定的各项工程质量验收标准以及用户提出的其他质量方面的要求。

3. 工程项目质量管理的责任体系

在工程项目建设中,参与工程项目建设的各方,应根据国家颁布的《建设工程质量管理条例》以及合同、协议及有关文件的规定承担相应的质量责任。

工程项目质量控制按其实施者不同,分为自控主体和监控主体。前者指直接从事质量职能的活动者;后者指对他人质量能力和效果的监控者。工程项目质量的责任体系如表 5-2 所示。

表 5-2　工程项目质量的责任体系

单位	责任
政府	政府监督机构的质量管理是指政府建立的工程质量监督机构,根据有关法规和技术标准,对本地区(本部门)的工程质量进行监督检查,维护社会公共利益,保证技术性法规和标准的贯彻执行
建设单位	建设单位根据工程项目的特点和技术要求,按有关规定选择相应资格等级的勘察设计单位和施工单位,签订承包合同。合同中应用相应的质量条款,并明确质量责任。建设单位对其选择的勘察设计、施工单位发生的质量问题承担相应的责任
	建设单位在工程项目开工前,办理有关工程质量监督手续,组织设计单位和施工单位进行设计交底和图纸会审;在工程项目施工中,按有关法规、技术标准和合同的要求和规定,对工程项目质量进行检查;在工程项目竣工后,及时组织有关部门进行竣工验收
	建设单位按合同的约定采购供应的建筑材料、构配件和设备,应符合设计文件和合同要求,对发生的质量问题承担相应的责任
勘察设计单位	勘察设计单位应在其资格(资质)等级范围内承接工程项目
	勘察设计单位应建立健全质量管理体系,加强设计过程的质量控制,按国家现行的有关法律、法规、工程设计技术标准和合同的规定进行勘察设计工作,建立健全设计文件的审核会签制度,并对所编制的勘察设计文件的质量负责
	勘察设计单位的勘察设计文件应当符合国家规定的勘察设计深度要求,并应注明工程的合理使用年限。设计单位应当参与建设工程质量事故的分析,并对设计造成的质量事故提出相应的技术处理方案

续表

单位	责任
监理单位	监理单位在其资格等级和批准的监理范围内承接监理业务
	监理单位编制监理工程的监理规划,并按工程建设进度,分专业编制工程项目的监理细则,按规定的作业程序和形式进行监理;按照监理合同的约定、相关法律法规等的规定,对工程项目的质量进行监督检查;如工程项目中设计、施工、材料供应等不符合相关规定,要求责任单位进行改正
	监理单位对所监理的工程项目承担己方过错造成的质量问题的责任
施工单位	施工单位在其资格等级范围内承担相应的工程任务,并对承担的工程项目的施工质量负责
	施工单位要建立健全质量管理体系,落实质量责任制,加强施工现场的质量管理,对竣工交付使用的工程项目进行质量回访和保修,并提供有关使用、维修和保养的说明
	施工单位对实行总包的工程,总包单位对工程质量或采购设备的质量以及竣工交付使用的工程项目的保修工作负责;实行分包的工程,分包单位要对其分包的工程质量和竣工交付使用的工程项目的保修工作负责。总包单位对分包工程的质量与分包单位承担连带责任
	施工单位施工完成的工程项目的质量应符合现行的有关法律、法规、技术标准、设计文件、图纸和合同规定的要求,具有完整的工程技术档案和竣工图纸

4. 工程项目质量管理的原则

建设项目的各参与方在工程质量管理中,应遵循以下几条原则:坚持质量第一的原则;坚持以人为核心的原则;坚持以预防为主的原则;坚持质量标准的原则;坚持科学、公正、守法的职业道德规范。

5. 工程项目质量管理的思想和方法

工程项目质量具有影响因素多、质量波动大、质量变异大、隐蔽工程多、成品检验局限性大等特点,基于工程项目质量的这些特点,工程项目质量管理的思想和方法有以下几种:

（1）PDCA 循环原理

工程项目的质量控制是一个持续的过程,首先在提出质量目标的基础上,制订实现目标的质量控制计划,有了计划,便要加以实施,将制订的计划落实到实处,在实施过程中,必须经常进行检查、监控,以评价实施结果是否与计划一致,最后,对实施过程中出现的工程质量问题进行处理,这一过程的原理就是 PDCA 循环。

PDCA 循环是建立质量体系和进行质量管理的基本方法,其含义和示意图详见表 5-3 和图 5-1。每一次循环都围绕着实现预期的目标,进行计划、实施、检查和处理活动,随着对存在问题的解决和改进,在一次一次的滚动循环中逐步上升,不断提高质量水平。

表 5-3　PDCA 的含义

环节	含义
计划 P (plan)	计划由目标和实现目标的手段组成,质量管理的计划职能包括确定质量目标和制订实现质量目标的行动方案两方面。实践表明,严谨周密、经济合理、切实可行的质量计划是保证工作质量、产品质量和服务质量的前提条件。 解决"5W1H"问题:为什么制定该措施(why)? 达到什么目标(what)? 在何处执行(where)? 由谁负责完成(who)? 什么时间完成(when)? 如何完成(how)
实施 D (do)	实施职能在于将质量的目标值,通过生产要素的投入、作业技术活动和产出过程,转换为质量的实际值。在各项质量活动实施前,需要向操作人员明确质量标准及实施程序,需要对其进行技术交底;在实施过程中,要求规范行为,严格按照计划方案执行,确保质量控制计划的落实
检查 C (cheek)	对质量计划实施过程进行各种检查,包括作业者的自检、互检和专职管理者的专检。各类检查都包含两大方面的内容:一是检查是否严格执行了计划的行动方案,实际条件是否发生了变化以及不执行计划的原因;二是检查计划执行的结果,即产出的质量是否达到标准的要求,对此进行确认和评价
处理 A (action)	当质量检查中发现质量问题,必须及时进行原因分析,采取必要的措施予以纠正,保持工程质量形成过程处于受控状态。处理分纠偏和预防改进两个方面。前者是采取有效措施,解决当前的质量偏差、问题或事故;后者是将目前质量状况信息反馈到管理部门,反思问题症结或计划时的不周,确定改进目标和措施,为今后类似质量问题的预防提供借鉴。把未解决或新出现的问题转入下一个 PDCA 循环

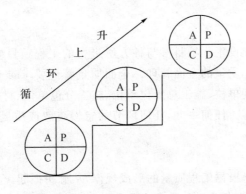

图 5-1　PDCA 循环示意图

（2）三阶段控制原理

工程项目各个阶段的质量控制,按照控制工作的开展与控制对象实施的时间关系,均可概括为事前控制、事中控制和事后控制,内容如表 5-4 所示。

事前、事中、事后三阶段的控制不是孤立和截然分开的,它们之间构成有机的系统过程,实质上也就是 PDCA 循环具体化,并在每一次滚动循环中不断提高,达到质量控制的持续改进。

表 5-4　三阶段控制的内容

工程项目阶段	内容
事前控制（是积极主动的预防性控制，是三阶段控制中的关键）	事前控制主要应当做好以下几方面的工作： (1)建立完善的质量管理体系 (2)严格控制设计质量，做好图纸及施工方案审查工作，确保工程设计不留质量问题隐患 (3)选择技术力量雄厚、信誉良好的施工单位和负责的监理单位 (4)施工阶段做好施工准备工作，具体来说，应当制定合理的施工现场管理制度，保证构成工程实体的材料合格，做好技术交底工作等
事中控制	事中控制是在施工阶段，工程实体建设中对工程质量的监控，此阶段对工程质量的控制主要通过工程监理进行 事中控制的关键是坚持质量标准，控制的重点是对工序质量、工作质量和质量控制点的监控
事后控制	事后控制也称为被动控制，包括对质量活动结果的认定评价和对质量偏差的纠正 事后控制的重点是发现施工质量方面的缺陷，并通过分析提出施工质量的改进措施，保持质量处于受控状态，亦即在已发生的质量缺陷中总结经验教训，在今后工作中尽量避免同种错误

（3）三全控制原理

三全控制原理是指在企业或组织最高管理者的质量方针指引下，实行全面、全过程和全员参与的质量管理。

①全面质量管理

全面质量管理是指建设工程项目参与各方所进行的工程项目质量管理的总称，其中包括工程（产品）质量和工作质量的全面管理。全面质量管理要求参与工程项目的建设单位、勘察单位、设计单位、监理单位、施工总承包单位、施工分包单位、材料设备供应商等，都有明确的质量控制活动的内容。任何一方、任何环节的怠慢疏忽或质量责任不到位都会造成对建设工程质量的不利影响。

②全过程质量管理

全过程质量管理是指根据工程质量的形成规律，从源头抓起，全过程推进。全过程质量控制必须体现预防为主、不断改进和为顾客服务的思想，要控制的主要过程有：项目策划与决策过程；勘察设计过程；施工采购过程；施工组织与准备过程；检测设备控制与计量过程；施工生产的检验试验过程；工程质量的评定过程；工程竣工验收与交付过程；工程回访维修服务过程等。

③全员参与质量管理

按照全面质量管理的思想，组织内部的每个部门和工作岗位都承担着相应的质量职能，组织的最高管理者确定了质量方针和目标，就应组织和动员全体员工参与到实施质量方针的系统活动中，发挥自己的角色作用。开展全员参与质量管理的重要手段就是运用目标管理方法,将组织的质量总目标逐级进行分解,使之形成自上而下的质量目标分解体系和自下而上的质量目标保证体系,发挥组织系统内部每个工作岗位、部门或团队在实现质量总目标过程中的作用。

5.1.2　工程项目质量控制基准与质量管理体系

国际标准化组织(International Standard Organization,ISO)是由各国标准化团体组成的世界性联合会,它所制定的系列标准,在世界各国得到了广泛采用,1987 年 3 月,ISO 正式公布了 ISO 9000、ISO 9001、ISO 9003、ISO 9004 四个标准。1988 年年末,我国制定并发布了等同 ISO 9000 系列国际标准的 GB/T 10300 系列标准;1992 年 10 月又发布了等同 ISO 9000 系列国际标准的 GB/T 19000 系列标准;国际化标准组织分别于 1994 年、2000 年发布了修订后的第 2 版、第 3 版 ISO 9000 系列国际标准后,我国又及时将其等同化国家标准。2008 年 10 月我国发布了等同 ISO 9000:2005 的 GB/T 2008 系列标准,代替 GB/T 19000—2000,为工程项目指令控制基准的建立提供了基本依据,同时,是企业建立质量管理体系的依据。

1. 工程项目质量控制基准

工程项目质量控制基准是衡量工程质量、工序质量和工作质量是否合格或满足合同规定的质量标准,主要有技术性质量控制基准和管理性质量控制基准两大类(见图 5-2)。

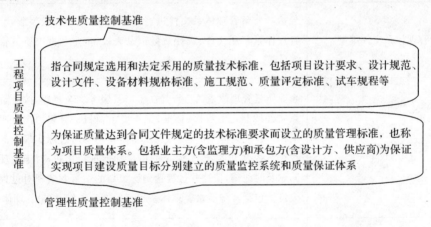

图 5-2　工程项目质量控制基准分类

工程项目质量控制基准是业主和承包商在协商谈判的基础上,以合同文件的形式确定下来的,是处于合同环境下的质量标准。工程项目质量控制基准的建立应当遵循以下原则:

(1)符合有关法律、法令;

(2)达到工程项目质量目标,让用户满意;

(3)保证一定的先进性;

(4)加强预防性;

(5)照顾特定性,坚持标准化;

(6)不追求过剩质量,追求经济合理性;

(7)有关标准应协调配套;

(8)与国际标准接轨;

（9）做到程序简化和职责清晰，可操作性强。

2. 企业质量管理体系的建立与认证

企业质量管理体系是企业为实施质量管理而建立的管理体系，通过第三方质量认证机构的认证，为该企业的工程承包经营和质量管理奠定基础。企业质量管理体系应按照我国《质量管理体系　基础和术语》（GB/T 19000—2008/ISO 9000：2005）进行建立和认证。质量管理体系的建立程序如表 5-5 所示。

表 5-5　质量管理体系的建立程序

项目	内容
建立质量管理体系的组织策划	包括领导决策、组织落实、制订工作计划、进行宣传教育和培训等
质量管理体系总体设计	制定质量方针和质量目标，对企业现有质量管理体系进行调查评价，对骨干人员进行建立质量管理体系前的培训
质量管理体系的建立	企业质量管理体系的建立，是在确定市场及顾客需求的前提下，按照八项质量管理原则制定企业的质量方针、质量目标、质量手册、程序文件及质量记录等体系文件，并将质量目标分解落实到相关层次、相关岗位的职能和职责中，形成企业质量管理体系的执行系统。企业质量管理体系包括完善组织机构、配置所需的资源
质量管理体系文件编制	包括对质量管理体系文件进行总体设计、编写质量手册、编写质量管理体系程序文件、设计质量记录表式、审定和批准质量管理体系文件等
质量管理体系运行	企业质量管理体系的运行是在生产及服务的全过程，按质量管理体系文件所制定的程序、标准、工作要求及目标分解的岗位职责进行运作。在质量体系的运行过程中，需要切实对目标实现中的各个过程进行控制和监督，与确定的质量标准进行比较，对于发现的质量问题及时纠偏，使这些过程达到所策划的结果并实现对过程的持续改进。包括实施质量管理体系运行的准备工作、质量管理体系运行
企业质量管理体系的认证	质量认证制度是由公正的第三方认证机构对企业的产品及质量体系做出正确可靠的评价，从而使社会对企业的产品建立信心。第三方质量认证制度自 20 世纪 80 年代以来已得到世界各国的普遍重视，它对供方、需方、社会和国家的利益都具有以下重要意义：提高供方企业的质量信誉；促进企业完善质量体系；增强国际市场竞争能力；减少社会重复检验和检查费用；有利于保护消费者利益；有利于法规的实施
获准认证后的维持与监督管理	获准认证后，企业应通过经常性的内部审核，维持质量管理体系的有效性，并接受认证机构对企业质量管理体系实施监督管理

其中,企业质量管理体系文件构成如表 5-6 所示。

表 5-6 企业质量管理体系文件构成

项目	内容
质量手册	质量手册是建立质量管理体系的纲领性文件,应具备指令性、系统性、协调性、先进性、可行性和可检查性。其内容主要包括:企业的质量方针、质量目标;组织机构及质量职责;体系要素或基本控制程序;质量手册的评审、修改和控制的管理办法。其中质量方针和质量目标是企业质量管理的方向目标,是企业经营理念的反映,应反映用户及社会对工程质量的要求及企业相应的质量水平和服务承诺
程序性文件	程序性文件是指企业为落实质量管理工作而建立的各项管理标准、规章制度,通常包括活动的目的、范围及具体实施步骤。各类企业的程序文件中都应包括以下六个方面的程序:文件控制程序;质量记录管理程序;内部审核程序;不合格品控制程序;纠正措施控制程序;预防措施控制程序
质量计划	质量计划是对工程项目或承包合同规定专门的质量措施、资源和活动顺序的文件,用于保证工程项目建设的质量,需要针对特定工程项目具体编制
质量记录	质量记录是产品质量水平和质量体系中各项质量活动进程及结果的客观反映,对质量体系程序文件所规定的运行过程及控制测量检查的内容如实加以记录,用以证明产品质量达到合同要求及质量保证的满足程度 质量记录应完整地反映质量活动实施、验证和评审的情况,并记载关键活动的过程参数,具有可追溯性的特点。质量记录以规定的形式和程序进行,并有实施、验证、审核等签署意见

企业质量管理体系的认证程序如表 5-7 所示。

表 5-7 企业质量管理体系的认证程序

项目	内容
申请和受理	具有法人资格,已按 GB/T 19000—2008 系统标准或其他国际公认的质量体系规范建立了文件化的质量管理体系,并在生产经营全过程贯彻执行的企业可提出申请。申请单位须按要求填写申请书。认证机构经审查符合要求后接受申请,如不符合要求则不接受申请;接受或不接受均应发出书面通知书
审核	认证机构派出审核组对申请方质量管理体系进行检查和评定,包括文件审查、现场审核,并提出审核报告
审批与注册发证	体系认证机构根据审核报告,经审查决定是否批准认证。对批准认证的组织颁发质量管理体系认证证书,并将企业组织的有关情况注册公示,准予组织以一定方式使用质量管理体系认证标志。企业质量管理体系获准认证的有效期为 3 年

企业质量管理体系的维持与监督管理内容如表 5-8 所示。

表 5-8　企业质量管理体系的维持和监督管理内容

项目	内容
企业通报	认证合格的企业质量管理体系在运行中出现较大变化时,应当向认证机构通报。认证机构接到通报后,根据具体情况采取必要的监督检查措施
监督检查	认证机构对认证合格单位质量管理体系维持情况进行监督性现场检查,包括定期和不定期的监督检查。定期检查通常是每年一次,不定期检查视需要临时安排
认证注销	注销是企业的自愿行为。在企业质量管理体系发生变化或证书有效期届满未提出重新申请等情况下,认证持证者提出注销的,认证机构予以注销,收回该体系认证证书
认证暂停	认证暂停是认证机构对获证企业质量管理体系发生不符合认证要求情况时采取的警告措施。认证暂停期间,企业不得使用质量管理体系认证证书做宣传。企业在规定期间采取纠正措施满足规定条件后,认证机构撤销认证暂停;若仍不能满足认证要求,将被撤销认证注册并收回合格证书
认证撤销	当获证企业发生质量管理体系严重不符合规定,或在认证暂停的规定期限未予整改,或其他构成撤销体系认证资格情况时,认证机构做出认证撤销的决定。企业如有异议可提出申诉。认证撤销的企业一年后可重新提出认证申请
复评	认证合格有效期满前,如企业愿继续延长,可向认证机构提出复评申请
重新换证	在认证证书有效期内,出现体系认证标准变更、体系认证范围变更、体系认证证书持有者变更,可按规定重新换证

5.2　工程项目质量控制

工程项目的实施是一个渐进的过程,任何一个方面出现问题都会影响后期的质量,进而影响工程的质量目标。要实现工程项目质量的目标,建设一个高质量的工程,必须对整个工程项目过程实施严格的质量控制。工程项目质量控制过程如图 5-3 所示。

5.2.1　工程项目质量影响因素

工程项目质量管理涉及工程项目建设的全过程,而在工程建设的各个阶段,其具体控制内容不同,但影响工程项目质量的主要因素均可概括为人(men)、材料(material)、机械(machine)、方法(method)及环境(environment)五个方面。因此,保证工程项目质量的关键是严格对这五大因素进行控制。

1. 人的因素

人指的是直接参与工程建设的决策者、组织者、管理者和作业者。人的因素影响主要是指上述人员个人素质、理论与技术水平、心理生理状况等对工程质量造成的影响。在工程质量管理中,对人的控制具体来说,应加强思想政治教育、劳动纪律教育、职业道德教育,以增强人的责任感,建立正确的质量观;加强专业技术知识培训,提高人的理论与技术水平。同时,通过改善劳动条件,遵循因材适用、扬长避短的用人原则,建立公平合理的激励机制等措

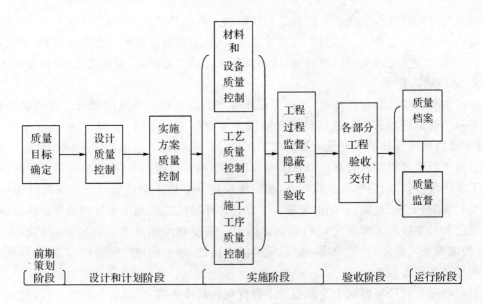

图 5-3　工程项目质量控制过程

施,充分调动人的积极性。通过不断提高参与人员的素质和能力,避免人的行为失误,发挥人的主导作用,保证工程项目质量。

2. 材料的因素

材料包括原材料、半成品、成品、构配件等。各类材料是工程施工的物质条件,材料质量是工程质量的基础。因此,加强对材料质量的控制,是保证工程项目质量的重要基础。

对工程材料的质量控制,主要应从以下几方面着手:采购环节,择优选择供货厂家,保证材料来源可靠;进场环节,做好材料进场检验工作,控制各种材料进场验收程序及质量文件资料的齐全程度,确保进场材料质量合格;材料进场后,加强仓库保管工作,合理组织材料使用,健全现场材料管理制度;材料使用前,对水泥等有使用期限的材料再次进行检验,防止使用不合格材料。材料质量控制的内容主要有材料的质量标准、材料的性能、材料取样、材料的适用范围和施工要求等。

3. 机械设备的因素

机械设备包括工艺设备、施工机械设备和各类机器具。其中,组成工程实体的工艺设备和各类机具,如各类生产设备、装置和辅助配套的电梯、泵机,以及通风空调和消防、环保设备等,是工程项目的重要组成部分,其质量的优劣直接影响工程使用功能的发挥。施工机械设备是指施工过程中使用的各类机具设备,包括运输设备、吊装设备、操作工具、测量仪器、计量器具,以及施工安全设施,是所有施工方案得以实施的重要物质基础,合理选择和正确使用施工机械设备是保证施工质量的重要措施。

应根据工程具体情况,从设备选型、购置、检查验收、安装、试车运转等方面对机械设备加以控制。应按照生产工艺,选择能充分发挥效能的设备类型,并按选定型号购置设备;设备进场时,按照设备的名称、规格、型号、数量的清单检查验收;进场后,按照相关技术要求和质量标准安装机械设备,并保证设备试车运行正常,能配套投产。

4. 方法的因素

方法指在工程项目建设整个周期内所采取的技术方案、工艺流程、组织措施、检测手段、施工组织设计等。技术工艺水平的高低直接影响工程项目质量。因此,结合工程实际情况,从资源投入、技术、设备、生产组织、管理等问题入手,对项目的技术方案进行研究,采用先进合理的技术、工艺,完善组织管理措施,从而有利于提高工程质量、加快进度、降低成本。

5. 环境的因素

环境主要包括现场自然环境、工程管理环境和劳动环境。环境因素对工程质量具有复杂多变和不确定性的影响。现场自然环境因素主要指工程地质、水文、气象条件及周边建筑、地下障碍物以及其他不可抗力等对施工质量的影响因素。这些因素不同程度地影响工程项目施工的质量控制和管理。如在寒冷地区冬期施工措施不当,会影响混凝土强度,进而影响工程质量。对此,应针对工程特点,相应地拟定季节性施工质量和安全保证措施,以免工程受到冻融、干裂、冲刷、坍塌的危害。工程管理环境因素指施工单位质量保证体系、质量管理制度和各参建施工单位之间的协调等因素。劳动环境因素主要指施工现场的排水条件,各种能源介质供应,施工照明、通风、安全防护措施,施工场地空间条件和通道,以及交通运输和道路条件等因素。

对影响质量的环境因素主要是根据工程特点和具体条件,采取有效措施,严加控制。施工人员要尽可能全面地了解可能影响施工质量的各种环境因素,采取相应的事先控制措施,确保工程项目的施工质量。

5.2.2　设计阶段与施工方案的质量控制

设计阶段是使项目已确定的质量目标和质量水平具体化的过程,其水平直接关系到整个项目资源能否合理利用、工艺是否先进、经济是否合理、与环境是否协调等。设计成果决定着项目质量、工期、投资或成本等项目建成后的使用价值和功能。因此,设计阶段是影响工程项目质量的决定性环节。设计质量涉及面广,影响因素多,其影响因素如图 5-4 所示。

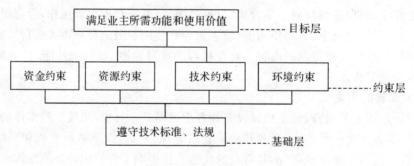

图 5-4　设计质量影响因素

1. 设计阶段质量控制及评定的依据

设计阶段质量控制及评定的依据如表 5-9 所示。

表 5-9　设计阶段质量控制及评定的依据

序号	设计阶段质量控制及评定的依据
1	有关工程建设质量管理方面的法律、法规
2	经国家决策部门批准的设计任务书
3	签订的设计合同

序号	设计阶段质量控制及评定的依据
4	经批准的项目可行性研究报告、项目评估报告、项目选址报告
5	有关建设主管部门核发的建设用地规划许可证
6	建设项目技术、经济、社会协作等方面的数据资料
7	有关的工程建设技术标准,各种设计规范以及有关设计参数的定额、指标等

2. 设计阶段的质量控制

在设计准备阶段,通过组织设计招标或方案竞选,择优选择设计单位,以保证设计质量。在设计方案审核阶段,保证项目设计符合设计纲要的要求,符合国家相关法律、法规、方针、政策;保证专业设计方案工艺先进、总体协调;保证总体设计方案经济合理、可靠、协调,满足决策质量目标和水平,使设计方案能够充分发挥工程项目的社会效益、经济效益和环境效益。在设计图纸审核阶段,保证施工图符合现场的实际条件,其设计深度能满足施工的要求。

3. 施工方案的质量控制

施工方案是根据具体项目拟订的项目实施方案,包括施工组织方案、技术方案、材料供应方案、安全方案等。其中,组织方案包括职能机构构成、施工区段划分、劳动组织等;技术方案包括施工工艺流程、方法、进度安排、关键技术预案等;安全方案包括安全总体要求、安全措施、重大施工步骤安全员预案等。因此,施工方案设计水平不仅影响施工质量,对工程进度和费用水平也有重要影响。对施工方案的质量控制主要包括以下内容:

(1)全面正确地分析工程特征、技术关键及环境条件等资料,明确质量目标、质量水平、验收标准、控制的重点和难点;

(2)制订合理有效的施工组织方案和施工技术方案;

(3)合理选用施工机械设备和施工临时设备,合理布置施工总平面图和各阶段施工平面图;

(4)选用和设计保证质量和安全的模具、脚手架等施工设备;

(5)编制工程所采用的新技术、新工艺、新材料的专项技术方案和质量管理方案;

(6)根据工程具体情况,编写气象地质等环境不利因素对施工的影响及其应对措施。

5.2.3　工序质量控制

工程项目施工过程是由一系列相互关联、相互制约的施工工序组成的,而工程实体的质量是在施工过程中形成的。因此,只有严格控制施工工序的质量,才能保证工程项目实体的质量,对工序的质量控制是施工阶段质量控制的基础和重点。

1. 工序质量控制的内容

工序质量控制主要包括对工序活动条件的控制和对工序活动效果的控制两个方面,具体内容如图 5-5 所示。

(1)工序活动条件的控制

工序施工条件是指从事工序活动的各生产要素质量及生产环境条件。对工序活动条件的控制,应当依据设计质量标准、材料质量标准、机械设备技术性能标准、施工工艺标准及操

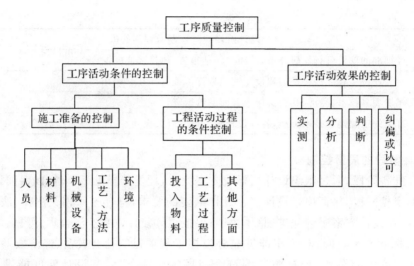

图 5-5　工序质量控制的内容

作规程等,通过检查、测试、试验、跟踪监督等手段,对工序活动的各种投入要素质量和环境条件质量进行控制。

在工序施工前,对人、材、机进行严格控制,如保证施工操作人员符合上岗要求,保证材料质量符合标准、施工设备符合施工需要;在施工过程中,对施工方法、工艺、环境等进行严格控制,注意各因素的变化,对不利工序质量方面的变化进行及时控制或纠正。在各种因素中,材料及施工操作是最活跃易变的因素,应予以特别监督与控制,使其质量始终处于控制之中,保证工程质量。

(2)工序活动效果的控制

工序活动效果的控制主要反映在对工序产品质量性能的特征指标的控制上,属于事后控制,主要是指对工序活动的产品采取一定的检测手段获取数据,通过对统计分析所获取的数据,判定质量等级,并纠正质量偏差。其监控步骤为实测、分析、判断和纠偏或认可。

2. 工序质量控制实施要点

工序活动的质量控制工作,应当分清主次,抓住关键,依靠完善的质量保证体系和质量检查制度,完成施工项目工序活动的质量控制。其实施要点主要体现在以下四个方面:

(1)确定工序质量控制计划

工序质量控制计划是以完善的质量体系和质量检查制度为基础的,故工序质量控制计划,要明确规定质量监控的工作内容和质量检查制度,作为监理单位和施工单位共同遵守的准则。整个项目施工前,要求对施工质量控制制订计划,但这种计划一般较粗。在每一分部分项工程施工前,还应制订详细的工序质量计划,明确其控制的重点和难点。对某些重要的控制点,还应具体计划作业程序和有关参数的控制范围。同时,通常要求每道工序完成后,对工序质量进行检查,当工序质量经检验认为合格后,才能进行下道工序施工。

(2)进行工序分析,分清主次,重点控制

所谓工序分析,即在众多影响工序质量的因素中,找出对待定工序或关键的质量特性指标起支配性作用或具有重要影响的因素。在工序施工中,针对这些主要因素制定具体的控制措施及质量标准,进行积极主动的、预防性的具体控制。如在振捣混凝土这一工序中,振捣的插点和振捣时间是影响质量的主要因素。工序分析的步骤如图 5-6 所示。

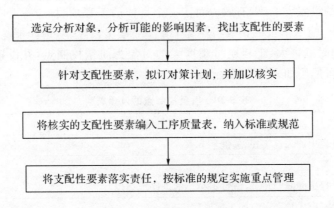

图 5-6　工序分析的步骤

（3）对工序活动实施动态控制跟踪

影响工序活动质量的因素可能表现为偶然性和随机性，也可能表现为系统性。当其表现为偶然性或随机性时，工序产品的质量特征数据以平均值为中心，上下波动不定，呈随机性变化，工序质量基本稳定，如材料上的微小差异，施工设备运行的正常振动、检验误差等。当其表现为系统性时，工序产品质量特征数据方面出现异常大的波动或离散，其数据波动呈一定的规律性或倾向性变化，这种质量数据的异常波动通常是系统性的因素造成的，在质量管理上是不允许的，因此采取措施予以消除，如使用不合格的材料施工、施工机具设备严重磨损、违章操作、检验量具失准等。

施工管理者应当在整个工序活动中，连续地实时动态跟踪控制。发现工序活动处于异常状态时，及时查找相关原因，纠正偏差，使其恢复正常状态，从而保证工序活动及其产品的质量。

（4）设置工序活动的质量控制点，进行预控

质量控制点是指为保证工序质量而确定的重点控制对象、关键部位或薄弱环节。设置质量控制点是保证达到工序质量要求的必要前提，在拟订质量控制工作计划时，应予以详细的考虑，并以制度来保证落实。对于质量控制点，一般要事先分析可能造成质量问题的原因，再针对原因制定对策和措施进行预控。工序质量的控制过程如图 5-7 所示。

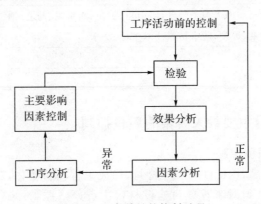

图 5-7　工序质量的控制过程

3. 质量控制点的设置

质量控制点的设置要准确、有效。对于一个具体的工程项目,应综合考虑施工难度、施工工艺、建设标准、施工单位的信誉等因素,结合工程实践经验,选择那些对工程质量影响大、发生质量问题时危害大、工程质量难度大的对象为质量控制点,并设置其数量和位置。质量控制点的设置原则如表 5-10 所示。

表 5-10　质量控制点的设置原则

序号	设置原则
1	施工过程中的关键工序、关键环节
2	隐蔽工程
3	施工过程中的薄弱环节,质量不稳定的工序或部位
4	对后续工序质量有影响的工序或部位
5	采用新工艺、新材料、新技术的部位或环节
6	施工单位无足够把握的、施工条件困难的或技术难度大的工序或环节
7	用户反馈指出和过去有过返工的不良工序

根据上述质量控制点的设置原则,就建筑工程而言,其设置位置一般可参考表 5-11。

表 5-11　质量控制点的设置位置

分项工程	质量控制点
工程测量定位	标准轴线桩、水平桩、龙门板、定位轴线、标高
地基、基础（含设备基础）	基坑(槽)尺寸、标高,土质条件、地基承载力,基础及垫层尺寸、标高,基础位置、标高、尺寸,预留孔洞、预埋件的位置、规格、数量,基础墙皮数杆及标高,基础杯口弹线
砌体	砌体轴线、皮数杆、砂浆配合比、预留孔洞、砌体排列
模板	位置、标高、尺寸、强度、刚度及稳定性,模板内部清理及润湿情况、预留孔洞
钢筋混凝土	混凝土振捣,钢筋种类、规格、尺寸、搭接长度、连接方式,预埋件位置,预留孔洞,预制件吊装
吊装	吊装设备起重能力、吊具、索具、地锚
装饰工程	抹灰层和镶贴面表面平整度、阴阳角、护角、滴水线、勾缝、油漆
屋面工程	基层平整度、坡度,防水材料技术指标、泛水
钢结构	翻样图、放大样
焊接	焊接条件、焊接工艺

5.2.4　施工项目主要投入要素的质量控制

1. 材料构配件的质量控制

原材料、半成品、成品、构配件等工程材料,构成工程项目实体,其质量直接关系到工程项目最终质量。因此,必须对工程项目建设材料进行严格控制。工程项目管理中,应从采购、进场、存放、使用几个方面把好材料的质量关。

（1）采购的质量控制

施工单位应根据施工进度计划制订合理的材料采购供应计划，并进行充分的市场信息调查，在广泛掌握市场材料信息的基础上，优选材料供货商，建立严格的合格供应方资格审查制度。材料进场时，应提供材质证明，并根据供料计划和有关标准进行现场质量验证和记录。

（2）进场的质量控制

进场材料、构配件必须具有出厂合格证、技术说明书、产品检验报告等质量证明文件，根据供料计划和有关标准进行现场质量验证和记录。质量验证包括材料的品种、型号、规格、数量、外观检查和见证取样，进行物理、化学性能试验。对某些重要材料，还进行抽样检验或试验，如对水泥的物理力学性能的检验、对钢筋的力学性能的检验、对混凝土的强度和外加剂的检验、对沥青及沥青混合料的检验、对防水涂料的检验等。通过严把进场材料构配件质量检验关，确保所有进场材料质量处于可控状态。对需要做材质复试的材料，应规定复试内容、取样方法并应填写委托单，试验员按要求取样，送有资质的试验单位进行检验，检验合格的材料方能使用。如钢筋需要复验其屈服强度、抗拉强度、伸长率和冷弯性能，水泥需要复验其抗压强度、抗折强度、体积安定性和凝结时间，装饰装修用人造木板及胶黏剂需要复试其甲醛含量。建筑材料复试取样应符合以下原则：

①同一厂家生产的同一品种、同一类型、同一生产批次的进场材料应根据相应建筑材料质量标准与管理规程、规范要求的代表数量确定取样批次，抽取样品进行复试，当合同另有约定时应按合同执行。

②材料需要在建设单位或监理人员见证下，由施工人员在现场取样，送至有资质的试验室进行试验。见证取样和送检次数不得少于试验总次数的 30%，试验总次数在 10 次以下的不得少于 2 次。

③进场材料的检测取样，必须从施工现场随机抽取，严禁在现场外抽取。试样应有唯一性标识，试样交接时，应对试样外观、数量等进行检查确认。

④每项工程的取样和送检见证人，由该工程的建设单位书面授权，委派在本工程现场的建设单位或监理人员 1 或 2 名担任。见证人应具备与工作相适应的专业知识。见证人及送检单位对试样的代表性、真实性负有法定责任。

⑤试验室在接受委托试验任务时，须由送检单位填写委托单，委托单上要设置见证人签名栏。委托单必须与同一委托试验的其他原始资料一并由试验室存档。

（3）存储和使用的质量控制

材料、构配件进场后的存放，要满足不同材料对存放条件的要求。如水泥受潮会结块，水泥的存放必须注意干燥、防潮。另外，对仓库材料要有定期的抽样检测，以保证材料质量的稳定。如水泥储存期不宜过长，以免受潮变质或降低标号。

2. 机械设备的质量控制

施工机械设备是所有施工方案和工法得以实施的重要物质基础，综合考虑施工现场条件、建筑结构形式、机械设备性能、施工工艺和方法、施工组织与管理、建筑技术经济等因素进行多方案比较，合理选择和正确使用施工机械设备保证施工质量。对施工机械设备的质量控制主要体现在机械设备的选型、主要性能参数指标的确定、机械设备使用操作要求三个方面。

（1）机械设备的选型

机械设备的选型，应本着因地制宜、因工程制宜、技术上先进、经济上合理、生产上适用、性能上可靠、使用上安全、操作上方便的原则，选配适用工程项目、能够保证工程项目质量的机械设备。

（2）主要性能参数指标的确定

主要性能参数是选择机械设备的依据，正确的机械设备性能参数指标决定正确的机械设备型号，其参数指标的确定必须满足施工的需要，保证质量的要求。

（3）机械设备使用操作要求

合理使用机械设备，正确地进行操作，是保证项目施工质量的重要环节。应当贯彻"人机固定"的原则，实行定机、定人、定岗位职责的"三定"使用管理制度，操作人员在使用中必须严格遵守操作规程和机械设备的技术规定，防止出现安全质量事故，随时以"五好"（完成任务好、技术状况好、使用好、保养好、安全好）标准予以检查控制，确保工程施工质量。

机械设备使用过程中应注意以下事项：

①操作人员必须正确穿戴个人防护用品；

②操作人员必须具有上岗资格，并且操作前要对设备进行检查，空车运转正常后，方可进行操作；

③操作人员在机械操作过程中严格遵守安全技术操作规程，避免发生机械事故损坏及安全事故；

④做好机械设备的例行保养工作，使机械设备保持良好的技术状态。

5.3　工程项目质量统计分析方法

数据是进行质量控制的基础，是工程项目质量监控的基本出发点。工程项目施工过程中，通过对质量数据的收集、整理、分析，可以科学有效地对施工质量进行控制。使用统计分析方法控制工程质量的步骤如图 5-8 所示。

5.3.1　质量数据的统计分析

质量数据的统计分析是在质量数据收集的基础上进行的，整理收集到的数据时，由偶然性引起的波动可以接受，而由系统性因素引起的波动则必须予以重视，通过各种措施进行控制。

1. 数据收集

数据收集应当遵守机会均等的原则，常用的数据收集方法有以下几种：

（1）简单随机抽样

这种方法是用随机数表、随机数生成器或随机数色子来进行抽样，广泛用于原材料、构配件的进货检验和分项工程、分部工程、单位工程竣工后的检验。

（2）系统抽样

系统抽样也称等距抽样或机械抽样，要求先将总体各个单位按照空间、时间或其他方式排列起来，第一次样本随机抽取，然后等间隔地依次抽取样本单位，如混凝土坍落度检验。

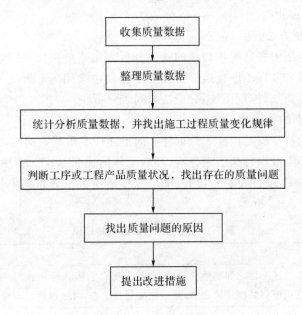

图 5-8　使用统计分析方法控制工程质量的步骤

（3）分层抽样

分层抽样是将总体单位按其差异程度或某一特征分类、分层，然后在各类或每层中随机抽取样本单位。这种方法适用于总体量大、差异程度较大的情况。分层抽样有等比抽样和不等比抽样之分，当总数各类差别过大时，可采用不等比抽样。砂、石、水泥等散料的检验和分层码放的构配件的检验，可用分层抽样抽取样品。

（4）整体抽样

整体抽样也称二次抽样，当总体很大时，可将总体分为若干批，先从这些批中随机地抽几批，再随机地从抽中的几批中抽取所需的样品。如对大批量的砖可用此法抽样。

2. 质量数据的波动

质量数据具有个体值的波动性、样本或总体数据的规律性，即在实际质量检测中，个体产品质量特性值具有互不相同性、随机性，但样本或总体呈现出发展变化的内在规律性。随机抽样取得的数据，其质量特性值的变化在质量标准允许范围内波动称为正常波动，一般是由偶然性原因引起的；超越了质量标准允许范围的波动则称为异常波动，一般是由系统性原因引起的，应予以重视。

（1）偶然性原因

在实际生产中，影响因素的微小变化具有随机发生的特点，是不可避免、难以测量和控制的，它们大量存在但对质量的影响很小，属于允许偏差、允许位移范畴，一般不会造成废品。生产处于稳定状态，质量数据在平均值附近波动，这种微小的波动在工程上是允许的。

（2）系统性原因

当影响质量的人、材料、机械、方法、环境五类因素发生了较大变化，如原材料质量规格有显著差异等情况发生，且没有及时排除时，产品质量数据就会离散过大或与质量标准有较大偏离，表现为异常波动，次品、废品产生。这就是产生质量问题的系统性原因或异常原因。异常波动一般特征明显，容易识别和避免，特别是对质量的负面影响不可忽视，生产中应该随时监控,及时识别和处理。

3. 常用统计分析方法

工程中的质量问题大多数可用简单的统计分析方法来解决,广泛地采用统计技术能使质量管理工作的效益和效率不断提高。工程质量控制中常用的 6 种工具和方法是:直方图法、排列图法、因果分析法、控制图法、分层法与列表分析法。

4. 质量样本数据的特征值

质量样本数据的特征值是由样本数据计算的描述样本质量数据波动规律的指标。统计推断就是根据这些样本数据特征值来分析、判断总体的质量状况。常用的样本数据特征值有描述数据分布集中趋势的算术平均数、中位数和描述数据分布离中趋势的极差、标准偏差、变异系数等,如表 5-12 所示。

表 5-12　常用的样本数据特征值

序号	特征值名称	主要含义
1	算术平均数	消除了个体之间偶然的差异,显示出所有个体共性和数据一般水平的统计指标,它由所有数据计算得到,是数据的分布中心,对数据的代表性好
2	中位数	将样本数据按数值大小有序排列后,位置居中的数值。当样本数 n 为奇数时,数列居中的一位数即为中位数;当样本数 n 为偶数时,取居中两个数的平均值作为中位数
3	极差 R	数据中最大值与最小值之差,是用数据变动的幅度来反映其分散状况的特征值。其计算公式为 $R = X_{max} - X_{min}$
4	标准偏差	个体数据与均值离差平方和的算术平均数的算术根,是大于 0 的正数。总体的标准偏差用 σ 表示;样本的标准偏差用 S 表示
5	变异系数 C_v	用标准偏差除以算术平均数得到的相对数,其计算公式为 $C_v = \sigma/\mu$(总体) $C_v = S/x$(样本)

5.3.2　直方图法

对产品质量波动的监控,通常用直方图法。直方图又称质量分布图、矩形图,它是根据从生产过程中收集来的质量数据分布情况,如图 5-9 所示画成以组距为底边、以频数为高度的一系列连接起来的直方型矩形图,它通过对数据加工整理、观察分析,来反映产品总体质量的分布情况,判断生产过程是否正常。同时可以用来判断和预测产品的不合格率、制定质量标准、评价施工管理水平等。

1. 直方图的绘制

直方图的绘制步骤如表 5-13 所示。

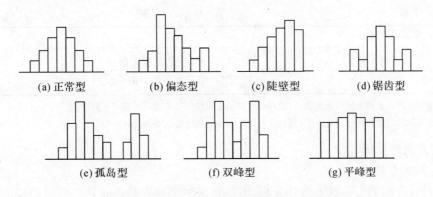

图 5-9　常见直方图

表 5-13　直方图的绘制步骤

序号	步骤	说明
1	数据的收集与整理	收集某工程施工项目的质量特征数据 50～200 个作为样本数据,数据总数用 N 表示,列出样本数据表
2	统计极值	从样本数据表中找出最大值 X_{max} 和最小值 X_{min}
3	计算极差 R	根据从数据表中找到的最大值和最小值,计算这两个极值之差 R
4	确定组数 K	应根据数据多少来确定,组数少,会掩盖数据的分布规律;组数多,使数据过于零乱分散,也不能显出质量分布状况,一般可参考表 5-14 的经验数值来确定
5	计算组距 h	组距是指每个数据组的跨距,即每个数据组的上限与下限之差,计算公式为 $h = R/K$
6	确定组限	组限就是这每组的最大值和最小值,如表 5-15 所示
7	统计频数 f	按照数据统计各组的频数。根据每组的数据范围,按照样本数据表统计在上述数据范围内的数据个数,即为统计频数 f
8	绘制频数分布直方图	以频数为纵坐标,以质量特性值为横坐标,根据各数据组的数据范围和频数绘制出频数直方图

表 5-14　数据分组参考值

数据总数 N	分组数 K	数据总数 N	分组数 K	数据总数 N	分组数 K
50～100	6～10	100～250	7～12	250 以上	10～20

表 5-15　各数据组的组限

项目	内容
第一数据组	下限 $= X_{min} - \Delta/2$ 上限 = 第一数据组下限 $+ h$
第二数据组	下限 = 第一数据组上限 上限 = 第二数据组下限 $+ h$

续表

项目	内容
第三数据组	下限＝第二数据组上限 上限＝第三数据组下限＋h

注:(1)相邻区间在数值上应当是连续的,即前一区间的上限值应等于后一区间的下限值;

(2)要避免数据落在区间的分界上,所以一般将区间分界值比数据值提高一级精度。

2. 直方图的分析

(1)分布状态分析

通过对直方图的分布状态进行分析,可以判断生产过程是否正常。质量稳定的正常生产过程的直方图呈正态分布,如图 5-9(a)所示。异常直方图的表现形式如表 5-16 所示。

表 5-16　异常直方图的表现形式

类型	含义	出现原因
偏态型	图的顶峰有时偏向左侧,有时偏向右侧	一般是技术上、习惯上的原因
陡壁型	其形态如高山的陡壁向一边倾斜	剔除不合格品或超差返修
锯齿型	直方图呈现凹凸不平的形状	一般是作图时得数分得太多、测量仪器误差过大或观测数据不准确,此时应当重新收集整理数据
孤岛型	在直方图旁边有孤立的小岛出现	施工过程出现异常会导致孤岛型直方图出现,如少量原材料不合格、不熟练的新工人替人加班等
双峰型	直方图中出现了两个峰顶	一般由于抽样检查前数据分类工作不够好,两个分布混淆在一起
平峰型	直方图没有突出的峰顶	生产过程中某种缓慢的倾向起作用,如:工具的磨损,操作者疲劳;多个总体、多种分布混在一起;质量指标在某个区间中均匀变化

(2)同标准规格的比较分析

当直方图的形状呈现正常型时,工序处于稳定状态,此时还需要进一步将直方图同质量标准进行比较,以分析判断实际施工能力,工程中出现的形式如图 5-10 所示。

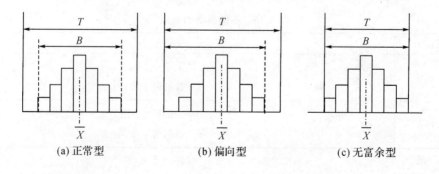

(a) 正常型　　　　(b) 偏向型　　　　(c) 无富余型

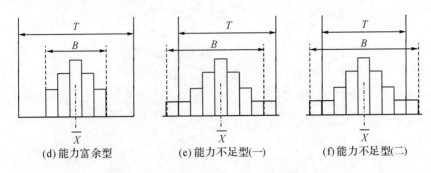

(d) 能力富余型　　　　(e) 能力不足型(一)　　　　(f) 能力不足型(二)

图 5-10　实际质量分布与标准质量分布比较

用 T 表示质量标准要求的界限，B 表示实际质量特性值分布范围，分析结果如表 5-17 所示。

表 5-17　同标准规格的比较分析

类型	含义	说明问题
正常型	B 在 T 中间，两边各有合理余地	可保持状态水平并加以监督
偏向型	B 虽在 T 之内，但偏向一边	稍有不慎就会出现不合格，应当采取恰当纠偏措施
无富余型	B 与 T 相重合	实际分布太宽，容易失控，造成不合格，应当采取措施减少数据分散
能力富余型	B 过分小于 T	加工过于精确，不经济，可考虑改变工艺，放宽加工精度，以降低成本
能力不足型	B 过分偏离 T 的中心，造成废品产生	需要进行调整
	B 的分布范围过大，同时超越上下界限	较多不合格品出现，说明工序不能满足技术要求，要采取措施提高施工精度

5.3.3　排列图法

实践证明，工程中的质量问题往往是由少数关键影响因素引起的。在工程质量统计分析方法中，一般采用排列图法寻找影响工程质量的主次因素。排列图又叫主次因素分析图或帕累托图，如图 5-11 所示。排列图由两个纵坐标、一个横坐标、几个按高低顺序依次排列的直方形和一条累计百分比折线所组成。横坐标表示影响质量的各种因素，按影响程度的大小，从左至右顺序排列，左纵坐标表示对应某种质量因素造成不合格品的频数，右纵坐标表示累计频率。各直方形由大到小排列，分别表示质量影响因素的项目，由左至右累加每一影响因素的量值（以百分比表示），做出累计频率曲线，即帕累托曲线。

排列图按重要性顺序显示出了每个质量改进项目对整个质量问题的作用，在排列图分析中，累计频率在 0%～80% 范围的因素称为 A 类因素，是主要因素，应当作为重点控制对象；累计频率在 80%～90% 范围内的因素称为 B 类因素，是次要因素，作为一般控制对象；累计频率在 90%～100% 范围内的因素称为 C 类因素，是一般因素，可不做考虑。

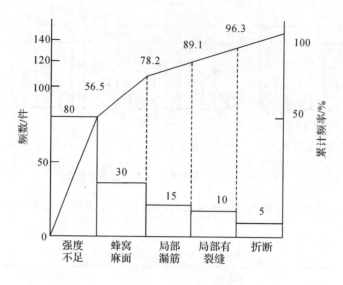

图 5-11　排列图

排列图法的一般步骤如表 5-18 所示。

表 5-18　排列图法的一般步骤

序号	名称	主要内容
1	确定质量问题	影响项目(或因素)即是排列图横坐标内容
2	收集、整理数据	按已确定的项目(或因素)收集数据,并进行必要的整理,然后按这些数据频数大小的顺序排列其次序
3	绘制排列图	(1)在坐标纸上绘制好纵、横坐标系; (2)按项目(或因素)内容的顺序依次绘制各自的矩形,其矩形底边均相等,高度表示对应项目(或因素)的频数; (3)在各矩形的右边或右边的延长线上打点,各点的纵坐标值表示对应项目(或因素)处的累计频率,并以原点为起点,依次连接上述各点,即得图

如某混凝土构件厂近期不良品较多,需要查清原因。抽查了 1000 块预制板,其中 113 块板存在不同的质量问题。根据检查记录,按不良品数大小进行整理排列,算出频数和累计频率,如图 5-11 所示。

根据排列图,强度不足和蜂窝麻面为 A 类因素,应该进行重点控制;局部漏筋和局部有裂缝为 B 类因素,进行一般控制;折断为 C 类因素,可不进行控制。

5.3.4　因果分析法

寻找质量问题的产生原因,可用因果分析法。因果分析法通过因果图表现出来,因果图又称特性要因图、鱼刺图或石川图。针对某种质量问题,项目经理发动大家谈看法,做分析,集思广益,将群众的意见反映在一张图上,即为因果图,如图 5-12 所示。

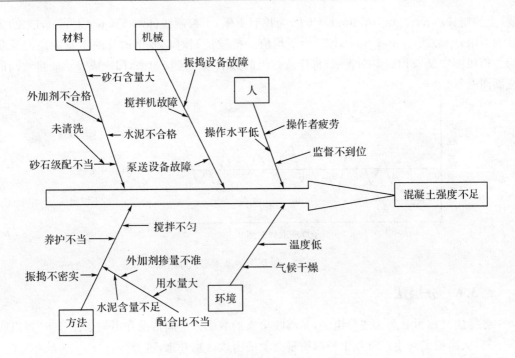

图 5-12　混凝土强度不足因果图

因果分析法的一般步骤如表 5-19 所示。

表 5-19　因果分析法的一般步骤

序号	步骤	
1	确定分析目标	
2	绘制因果图	把问题写在鱼骨的头上
		针对具体问题,确定影响质量特性的大原因(大骨),一般为人、机、料、法、环五个方面
		进行分析讨论,找出可能产生问题的全部原因,并对这些原因进行整理归类,明确其从属关系
		标出鱼骨,即成鱼刺图
3	针对问题产生的原因,逐一制定解决方法	

如某项浇混凝土工程,某些部位混凝土养护 28 天后发现强度远低于设计强度,用因果分析法对混凝土强度不足的原因进行分析,如图 5-12 所示。

因果图可直观、醒目地反映质量问题的产生原因,使其条理分明,因而在质量问题原因分析中得到了广泛应用。因果分析结束后,必须重视针对各个原因的解决方案的落实,以便发挥因果分析的作用。

5.3.5　控制图法

采用控制图法,可以分析判断生产过程是否处于稳定状态。控制图又叫管理图,可动态地反映质量特性值随时间的变化,控制图的基本形式如图 5-13 所示。控制图一般有 3 条线,上控制线(upper control limit,UCL)为控制上限,下控制线(lower control limit,LCL)为控制下限,中心线(center limit,CL)为平均值。把被控制对象发出的反映质量动态的质量特性值用图中某一相应点来表示,将连续打出的点子顺次连接起来,即形成表示质量波动的控制图图形。

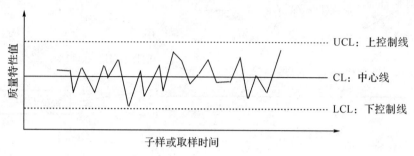

图 5-13　控制图的基本形式

5.3.6　分层法

分层法又称为分类法或分组法,是将收集来的数据按不同情况和不同条件分组,每组叫作一层,从而把实际生产过程中影响质量变动的因素区别开来,进行分析。

分层法的关键是调查分析的类别和层次划分,工程项目中,根据管理需要和统计目的,通常可按照如表 5-20 所示的分层方法取得原始数据。

表 5-20　分层法

分层法	举例
按施工时间分	月、日、上午、下午、白天、晚间、季节
按地区部位分	区域、城市、乡村、楼层、外墙、内墙
按产品材料分	产地、厂商、规格、品种
按检测方法分	方法、仪器、测定人、取样方式
按作业组织分	班组、工长、工人、分包商
按工程类型分	住宅、办公楼、道路、桥梁、隧道
按合同结构分	总承包、专业分包、劳务分包

经过第一次分层调查和分析,找出主要问题以后,还可以针对这个问题再次分层进行调查分析,一直到分析结果满足管理需要为止。层次类别划分越明确、越细致,就越能够准确有效地找出问题及其原因所在。

5.3.7　列表分析法

列表分析法又称调查分析法、检查表法,是收集和整理数据用的统计表,利用这些统计表对数据进行整理,并可粗略地进行原因分析。按使用的目的不同,常用的检查表有工序分布检查表、缺陷位置检查表、不良项目检查表、不良原因检查表等。

分层法和列表分析法常常结合使用,从不同角度分析产品质量问题和影响因素。

5.4　工程质量事故处理

尽管事先有各种严格的预防、控制措施,但由于种种因素,质量事故仍不可避免。事故发生后,应当按照规定程序,及时进行综合治理。事故处理应当注重事故原因的消除,达到安全可靠、不留隐患、满足生产及使用要求、施工方便、经济合理的目的,并且要加强事故的检查验收工作。本节将从质量事故的基本概念讲起,详细介绍常见质量事故的成因及质量事故发生后的处理方法与程序,并说明质量事故最后的检查与验收。

5.4.1　工程质量事故的特点与分类

1. 工程质量问题的分类

工程质量问题的分类如表 5-21 所示。

表 5-21　工程质量问题的分类

类型	含义
工程质量缺陷	建筑工程施工质量中不符合规定要求的检验项或检验点,按其程度可分为严重缺陷和一般缺陷
工程质量通病	各类影响工程结构、使用功能和外形观感的常见性质量损伤
工程质量事故	对工程结构安全、使用功能和外形观感影响较大、损失较大的质量损伤

2. 工程质量事故的特点

工程项目实施的一次性,生产组织特有的流动性、综合性,劳动的密集性及协作关系的复杂性,均导致工程质量事故具有复杂性、隐蔽性、多发性、可变性、严重性的特点,如表 5-22 所示。

表 5-22　工程质量事故的特点

性质	含义	举例
复杂性	质量问题可能由一个因素引起,也可能由多个因素综合引起,同时,同一个因素可能对多个质量问题起作用	引起混凝土开裂的可能原因有:混凝土振捣不均匀,浇筑时发生离析现象,使得成型后混凝土不致密,引起开裂;混凝土具有热胀冷缩的性质,由于外界温度变化引起的温度变形,也会导致混凝土开裂;拆模方法不当、构件超载、化学收缩等均能导致后期混凝土开裂
隐蔽性	工程项目质量问题的发生,在很多情况下是从隐蔽部位开始的,特别是工程地基方面出现的质量问题,在问题出现的初期,从建筑物外观无法准确判断和发现	冬季施工期间的质量问题一般具有滞后性,这些都使得工程质量事故具有一定的隐蔽性
多发性	有些质量问题在工程项目建设过程中很容易发生	混凝土强度不足、蜂窝、麻面,模板变形、拼缝不密实、支撑不牢固,砌筑砂浆饱满度未达标准要求、砂浆与砖黏结不良,柔性防水层裂缝、渗漏水等

续表

性质	含义	举例
可变性	工程项目出现质量问题后,质量状态处于不断发展中	在质量渐变的过程中,某些微小的质量问题也可能导致工程项目质量由稳定的量变出现不稳定的量变,引起质变,导致工程项目质量事故的发生
严重性	对于质量事故,必然造成经济损失,甚至人员伤亡	在质量事故处理过程中,必将增加工程费用,甚至造成巨大的经济损失;同时会影响工程进度,有时甚至延误工期

3. 工程质量事故的分类

工程质量事故一般可按表 5-23 分类。

表 5-23　工程质量事故的分类

分类依据	类别	含义
按事故造成的后果	未遂事故	发现了质量问题,及时采取措施,未造成经济损失、延误工期或其他不良后果的事故
	已遂事故	出现不符合质量标准或设计要求,造成经济损失、工期延误或其他不良后果的事故
按事故责任	指导责任事故	工程实施指导或领导失误造成的质量事故,如工程负责人片面追求施工进度,放松或不按质量标准进行控制和检验等造成的质量事故
	操作责任事故	在施工过程中,实施操作者不按规程和标准实施操作而造成的质量事故
	自然灾害事故	突发的严重自然灾害等不可抗力造成的质量事故,如地震、台风、暴雨、雷电、洪水等对工程造成破坏甚至倒塌
按事故造成的损失	根据工程质量问题造成的人员伤亡或者直接经济损失,将工程质量问题分为四个等级	详见表 5-24

表 5-24　工程质量事故按事故造成的损失分级

事故等级(达到条件之一)	死亡/人	重伤/人	直接经济损失/万元
特别重大事故	≥30	≥100	≥10000
重大事故	10～29	50～99	5000～<10000
较大事故	3～9	10～49	1000～<5000
一般事故	≤2	≤9	100～<1000

5.4.2　工程质量事故原因分析

工程质量事故发生的原因错综复杂,而且一项质量事故常常是由多种因素引起的。工程质量事故发生后,首先对事故情况进行详细的现场调查,充分了解与掌握质量事故的现象和特征,收集资料,进行深入调查,摸清质量事故对象在整个施工过程中所处的环境及面临的各种情况,或结合专门的计算进行验证,综合分析判断,得到质量事故发生的主要原因。

1. 违反基本建设程序

违反工程项目建设过程及其客观规律,即违反基本建设程序。项目未经过可行性研究就决策定案,未经过地质调查就仓促开工、边设计边施工、不按图纸施工等现象,常是重大工程质量事故发生的重要原因。

2. 违反有关法规和工程合同的规定

如无证设计、无证施工、随意修改设计、非法转包或分包等违法行为。

3. 地质勘查失真

工程项目基础的形式主要取决于项目建设位置的地质情况。

(1)地质勘查报告不准确、不详细,会导致采用不恰当或错误的基础方案,造成地基不均匀沉降、基础失稳等问题,引发严重质量事故。

(2)未认真进行地质勘查,提供的地质资料、数据有误。

(3)地质勘查时,钻孔间距太大,不能全面反映地基的实际情况;地质勘查钻孔深度不够,没有查清地下软土层、滑坡、墓穴、孔洞等地层结构。

4. 地基处理不当

对软弱土、杂填土、湿陷性黄土、膨胀土等不均匀地基处理不当,也是重大质量问题发生的原因。

5. 设计计算失误

盲目套用其他项目设计图纸,结构方案不正确,计算简图与实际受力不符,计算荷载取值过小,内力分析有误,伸缩缝、沉降缝设置不当,悬挑结构未进行抗倾覆验算等,均是引起质量事故的隐患。

6. 建筑材料及制品不合格

钢筋物理力学性能不良会导致钢筋混凝土结构产生裂缝或脆性破坏,保温隔热材料受潮将使材料的质量密度加大,不仅影响建筑功能,甚至可能导致结构超载,影响结构安全。

7. 施工与管理问题

施工与管理上的不完善或失误是质量事故发生的常见原因。施工单位或监理单位的质量管理体系不完善,检验制度不严密,质量控制不严格,质量管理措施落实不力,不按有关的施工规范和操作规程施工,管理混乱,施工顺序错误,技术交底不清,违章作业,疏于检查验收等,均可能引起质量事故。

8. 自然条件的影响

工程项目建设一般周期较长,露天作业多,应特别注意自然条件对其的影响,如空气温度、湿度、狂风、暴雨、雷电等都可能引发质量事故。

9. 建筑结构使用不当

未经校核验收任意对建筑物加层,任意拆除承重结构部位,任意在结构物上开槽、打洞削弱承重结构截面等都可能引发质量事故。

10. 社会、经济原因

经济因素及社会上存在的弊端和不正之风往往会造成建设中的错误行为，导致出现重大工程质量事故，如：投标企业在投标报价中随意压低标价，中标后依靠修改方案或违法的手段追加工程款，甚至偷工减料；某些施工企业不顾工程质量盲目追求利润等。

工程质量事故必然伴随损失发生，在工程实际中，应当针对工程具体情况，采取适当的管理措施、组织措施、技术措施并严格落实，尽量降低质量事故发生的可能性。

5.4.3　工程质量事故处理方案与程序

质量事故发生后，应该根据质量事故处理的依据、质量事故处理程序，分析原因，制订相应的事故基本处理方案，并进行事故处理和后续检查验收。

1. 工程质量事故处理的依据

工程质量事故处理的依据如表 5-25 所示。

表 5-25　工程质量事故处理的依据

序号	名称	含义
1	质量事故的实况资料	包括：质量事故发生的时间、地点；质量事故状况的描述；质量事故发展变化；有关质量事故的观测记录、事故现场状态的照片或录像
2	有关合同及合同文件	工程承包合同、设计委托合同、设备与器材购销合同、监理合同及分包合同等
3	有关的技术文件和档案	主要是有关的设计文件、技术文件、档案和资料
4	相关的建设法规	包括《中华人民共和国建筑法》和与工程质量及质量事故处理有关的法规，以及勘察、设计、施工、监理等单位资质管理和从业者资格管理方面的法规，建筑市场方面的法规，建筑施工方面的法规，关于标准化管理方面的法规等

2. 工程质量事故处理程序

工程质量事故发生后，应当予以及时、合理的处理。工程质量事故一般按照以下程序进行处理，如图 5-14 所示。

（1）事故发生，进行调查

质量事故发生后，应暂停有质量缺陷部位及其相关部位的施工，施工项目负责人按法定的时间和程序，及时上报事故的状况，积极组织事故调查。事故调查应力求及时、客观、全面、准确，以便为事故的分析与处理提供正确的依据。调查结果要整理撰写成事故调查报告，其主要内容包括：事故项目及各参建单位概况；事故发生经过和事故救援情况；事故造成的人员伤亡和直接经济损失；事故项目有关质量检测报告和技术分析报告；事故发生的原因和事故性质；事故责任的认定和事故责任者的处理建议；事故防范和整改措施。事故调查报告应当附具有关证据材料，事故调查组成员应当在事故调查报告上签名。

（2）原因分析

在事故情况调查的基础上，依据工程具体情况对调查所得的数据、资料进行详细深入的分析，去伪存真，找出事故发生的主要原因。

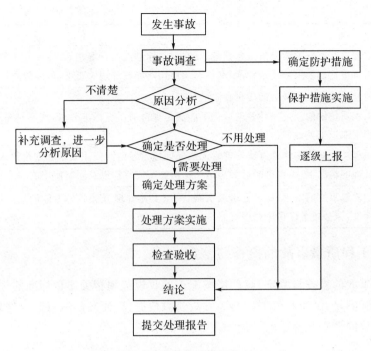

图 5-14　质量事故处理程序

（3）制订相应的事故处理方案

在原因分析的基础上，广泛听取专家及有关方面的意见，经科学论证，合理制订事故处理方案。方案体现安全可靠、技术可行、不留隐患、经济合理、具有可操作性、满足建筑功能和使用要求的原则。

（4）事故处理

根据制订的质量事故处理方案，对质量事故进行认真的处理。处理的内容主要包括事故的技术处理和责任处罚。

（5）后续检查验收

事故处理完毕，应当组织有关人员对处理结果进行严格检查、鉴定及验收，由监理工程师编写质量事故处理报告，提交建设单位，并上报有关主管部门。

3. 工程质量事故的基本处理方案

工程质量事故的处理方案一般有不做处理、修补处理、加固处理、返工处理、限制使用及报废处理 6 类。具体如表 5-26 所示。

表 5-26　工程质量事故基本处理方案

处理方案	含　义
不做处理	某些工程质量问题虽然达不到规定的要求或标准，但其情况不严重，对工程或结构的使用及安全影响很小，经过分析、论证、法定检测单位鉴定和设计单位等认可后可不专门进行处理。一般可不做专门处理的情况有以下几种：不影响结构安全、生产工艺和使用要求的；后道工序可以弥补的质量缺陷；法定检测单位鉴定合格的；出现的质量缺陷，经检测鉴定达不到设计要求，但经原设计单位核算，仍能满足结构安全和使用功能的

续表

处理方案	含义
修补处理	当工程某些部分的质量虽未达到规定的规范、标准或设计要求,存在一定的缺陷,但经过修补后可以达到要求的质量标准,又不影响使用功能或外观的要求,可采取修补处理的方法
加固处理	主要是针对危及承载力的质量缺陷的处理
返工处理	当工程质量缺陷经过修补处理后仍不能满足规定的质量标准要求,或不具备补救可能性则必须采取返工处理
限制使用	在工程质量缺陷按修补方法处理后无法保证达到规定的使用要求和安全要求,而又无法返工处理的情况下,不得已时可做出诸如结构卸荷或减荷以及限制使用的决定
报废处理	出现质量事故的工程,通过分析或实践,采取上述处理方法后仍不能满足规定的质量要求或标准,则必须予以报废处理

5.4.4　工程质量事故的检查与鉴定

　　工程质量事故的检查与鉴定,应严格按施工验收规范和相关质量标准的规定进行,必要时还应通过实际测量、试验和仪器检测等方法获取数据,以便准确地对事故处理的结果做出鉴定。质量事故的检查与鉴定的结论如表 5-27 所示。

表 5-27　质量事故的检查与鉴定的结论

序号	检查与鉴定的结论
1	事故已排除,可继续施工
2	隐患已消除,结构安全有保证
3	经处理,能够满足使用要求
4	基本上满足使用要求,但使用时应有附加的限制条件
5	对耐久性的结论
6	对建筑物外观影响的结论
7	对短期难以做出结论者,可提出进一步观测检验的意见

　　事故处理后,必须尽快提交完整的事故处理报告,其主要内容如表 5-28 所示。

表 5-28　质量事故处理报告的主要内容

序号	主要内容
1	事故调查的原始资料、测试的数据
2	事故调查报告
3	事故原因分析、论证
4	事故处理的依据
5	事故处理的方案及技术措施
6	实施质量处理中有关的数据、记录、资料
7	检查验收记录
8	事故责任人情况
9	事故处理的结论

5.5　工程项目质量评定与验收

根据《建筑工程施工质量验收统一标准》(GB 50300—2013)，所谓验收，是指建筑工程在施工单位自行质量检查评定的基础上，参与建设活动的有关单位共同对检验批，分项、分部、单位工程的质量进行抽样复验，根据相关标准以书面形式对工程质量达到合格与否做出确认。

正确进行工程项目质量的检查评定与验收，是施工质量控制的重要手段。施工质量验收包括施工过程的质量验收及工程项目竣工质量验收两个部分。同时，在各施工过程质量验收合格后，对合格产品的成品保护工作必须足够重视，严防对已合格产品造成损害。

5.5.1　工程项目质量评定

工程项目质量评定是承包商进行质量控制结果的表现，也是竣工验收组织确定质量的主要方法和手段，主要由承包商来实施，并经第三方的工程质量监督部门或竣工验收组织确认。

工程项目质量评定验收工作，应将建设项目由小及大划分为检验批、分项工程、分部工程、单位工程，逐一进行。在质量评定的基础上，再与工程合同及有关文件相对照，决定项目能否验收。

1. 检验批

检验批是工程验收的最小单位，是分项工程乃至整个建筑工程质量验收的基础。检验批是施工过程中相同并有一定数量的材料、构配件或安装项目，由于其质量基本均匀一致，因此可作为检验的基础单位，并按批验收。构成一个检验批的产品，需要具备以下两个基本条件：①生产条件基本相同，包括设备、工艺过程、原材料等；②产品的种类型号相同。

检验批是质量验收的最小单位，是分项工程乃至整个工程项目质量评定的基础，检验批的质量合格应符合下列规定：

(1)主控项目和一般项目的质量经抽样检验合格；

(2)具有完整的施工操作依据、质量检查记录。

检验批的合格质量主要取决于对主控项目和一般项目的检验结果。主控项目是对检验批的基本质量起决定性影响的检验项目，因此必须全部符合有关专业工程验收规范的规定。这意味着主控项目不允许有不符合要求的检验结果，即这种项目的检查具有否决权。鉴于主控项目对基本质量的决定性影响，必须从严要求。

2. 分项工程

分项工程质量验收合格应符合下列规定：

(1)分项工程的验收在检验批的基础上进行。在一般情况下，两者具有相同或相近的性质，只是批量的大小不同而已。因此，将有关的检验批汇集构成分项工程。

(2)分项工程所含的检验批均应符合合格质量的规定。分项工程所含的检验批的质量验收记录应完整。

3. 分部工程

分部工程的验收在其所含各分项工程验收的基础上进行，分部(子分部)工程质量验收合格应符合下列规定：

（1）分部（子分部）工程所含分项工程的质量均应验收合格；

（2）质量控制资料应完整；

（3）地基与基础、主体结构和设备安装等分部工程有关安全及功能的检验和抽样检测结果应符合有关规定；

（4）观感质量验收应符合要求。

4．单位工程

单位工程质量验收合格应符合下列规定：

（1）单位（子单位）工程所含分部（子分部）工程的质量均应验收合格；

（2）质量控制资料应完整；

（3）单位（子单位）工程所含分部（子分部）工程有关安全和功能的检测资料应完整；

（4）主要功能项目的抽查结果应符合相关专业质量验收规范的规定；

（5）观感质量验收应符合要求。

5.5.2　工程项目竣工验收

工程项目竣工验收是工程建设的最后一个程序，是全面检查工程建设是否符合设计要求和施工质量的重要环节；也是检验承包合同执行情况，促进建设项目及时投产和交付使用，发挥投资积极效果的环节；同时，通过竣工验收，总结建设经验，全面考核建设成果，为施工单位今后的建设工作积累经验。

工程项目竣工验收是施工质量控制的最后一个环节，是对施工过程质量控制结果的全面检查。未经竣工验收或竣工验收不合格的工程，不得交付使用。

1．项目竣工验收的基本要求

根据《建筑工程施工质量验收统一标准》（GB 50300—2013），建筑工程施工质量应按下列要求进行验收：

（1）建筑工程质量应符合《建筑工程施工质量验收统一标准》（GB 50300—2013）和相关专业验收规范的规定；

（2）建筑工程施工应符合工程勘察、设计文件的要求；

（3）参加工程施工质量验收的各方人员应具备规定的资格；

（4）工程质量的验收均应在施工单位自行检查评定的基础上进行；

（5）隐蔽工程在隐蔽前应由施工单位通知有关单位进行验收，并应形成验收文件；

（6）涉及结构安全的试块、试件以及有关材料，应按规定进行见证取样检测；

（7）检验批的质量应按主控项目和一般项目验收；

（8）对涉及结构安全和使用功能的重要分部工程应进行抽样检测；

（9）承担见证取样检测及有关结构安全检测的单位应具有相应资质；

（10）工程的观感质量应由验收人员通过现场检查，并应共同确认。

2．竣工验收的程序

工程项目的竣工验收可分为验收前准备、竣工预验收和正式验收三个环节。整个验收过程由建设单位进行组织协调，涉及项目主管部门、设计单位、监理单位及施工总分包各方。在一般情况下，大中型和限额以上项目由国家计委或其委托项目主管部门或地方政府部门组织验收委员会验收;小型和限额以下项目主管部门组织验收委员会验收。

（1）验收前准备

施工单位全面完成合同约定的工程施工任务后,应自行组织有关人员进行质量检查评定。自检合格后,向建设单位提交工程竣工验收申请报告,要求组织工程竣工预验收。

施工单位的竣工验收准备包括工程实体和相关工程档案资料两方面。工程实体方面指土建与设备安装、室内外装修、室内外环境工程等已全部完工,不留尾项。相关工程档案资料主要包括技术档案、工程管理资料、质量评定文件、工程竣工报告、工程质量保证资料。

（2）竣工预验收

建设单位收到工程竣工验收报告后,由建设单位组织,施工(含分包单位)、设计、勘察、监理等单位参与,进行工程竣工预验收。其内容主要是对各项文件、资料认真审查,检查各项工作是否达到了验收的要求,找出工作的不足之处并进行整改。

（3）正式验收

项目主管部门收到正式竣工验收申请和竣工验收报告后进行审查,确认符合竣工验收条件和标准时,及时组织正式验收。正式验收主要包含以下内容:

①由建设单位组织竣工验收会议,建设、勘察、设计、施工、监理单位分别汇报工程合同履约情况及工程施工各环节施工满足设计要求,质量符合法律、法规和强制性标准的情况;

②检查审核设计、勘察、施工、监理单位的工程档案资料及质量验收资料;

③实地查验工程外观质量,对工程的使用功能进行抽查;

④对工程施工质量管理各环节工作、对工程实体质量及质保资料情况进行全面评价,形成经验收组人员共同确认签署的工程竣工验收意见;

⑤竣工验收合格,形成附有工程施工许可证、设计文件审查意见、质量检测功能性试验资料、工程质量保修书等法规所规定的其他文件的竣工验收报告;

⑥有关主管部门核发验收合格证明文件。

5.5.3　成品保护

成品保护是指在施工过程中,由于工序和工程进度的不同,有些分项工程已经完成,而其他分项工程尚在施工,或是在施工过程中,某些部位已完成,而其他部位正在施工,在这种情况下,施工单位必须采取妥善措施对已完工程予以保护,以免其受到来自后续施工以及其他方面的污染或损坏,影响整体工程质量。

1. 成品保护的要求

在施工单位向业主或建设单位提出竣工验收申请或向监理工程师提出分部、分项工程的中间验收时,提请验收工程的所有组成部分均应符合并达到合同文件规定的或施工图等技术文件所要求的质量标准。

2. 成品保护的方法

在工程实践中,必须重视成品保护工作。对工程项目的成品保护,首先要加强教育,建立全员施工成品保护观念的环节。同时,合理安排施工顺序,防止后道工序污损前道工序。在此基础上,可采取防护、包裹、覆盖、封闭等保护措施,如表 5-29 所示。

表 5-29 成品保护的方法

保护方法	解释	举例说明
防护	针对具体的被保护对象,根据其特点,提前采取各种防护措施	梁板钢筋绑扎成型后,作业人员不能在钢筋网上踩踏、堆置重物,以免钢筋弯曲、移位或变形;楼梯踏步可采用废旧的木模板保护,墙体及柱阳角用胶带纸粘贴 PVC 板做护角保护
包裹	将被保护物包裹起来,以防损伤或污染	木门油漆施工前应对五金用纸胶带进行保护,门锁用塑料布捆绑保护;门窗框安装后,包裹门窗框的塑料保护膜要保持完好,不得随意拆除
覆盖	用其他材料覆盖在需要保护的成品表面,防止其堵塞或损伤	对地漏、落水管排水口等安装后加以覆盖,以防异物落入而被堵塞;产品在油漆和安装后,用塑料布把油漆好的产品全部遮盖起来,以免其他杂质污染
封闭	采取局部封闭的办法对成品进行保护	房间内装修完成后,应加锁封闭,防止人们随意进入

5.6 案例分析

【例 5-1】 某公共建筑工程,建筑面积 22000m^2,地下 2 层,地上 5 层,层高 3.2m,钢筋混凝土框架结构,大堂 1~3 层中空,大堂顶板为钢筋混凝土井字梁结构。现场浇筑混凝土,浇筑后养护 28 天,发现结构某处出现混凝土部分开裂。经分析,发现如下问题:

(1)配合比设计不当,水灰比过大;

(2)粗骨料粒径过小;

(3)骨料含泥量超标;

(4)泵送设备出现故障,导致泵送时间过长;

(5)施工时拆模过早;

(6)养护过迟;

(7)养护过程中作业人员未能及时在混凝土浇筑面上浇水;

(8)养护过程寒潮侵袭。

影响工程质量的因素有哪几类? 以上问题各属于哪类影响工程质量的因素?

【解】 影响工程质量的因素有人、材料、机械设备、方法、环境五大类。上述问题分别属于:

(1)人的因素。设计水灰比过大,使得后期混凝土收缩大,引起开裂。

(2)材料的因素。在混凝土的组成材料中粗骨料是制约水泥石收缩的主要成分,粒径较小的粗骨料使得混凝土的抗拉强度降低,易出现裂缝。

(3)材料的因素。骨料含泥量应控制在小于 1%,砂的含泥量应控制在小于 2%,以降低混凝土的收缩强度,提高混凝土的抗拉强度。

(4)机械设备的因素。泵送时间太长会引起混凝土泌水离析,使得成型后混凝土不均匀致密,导致后期混凝土开裂。

(5)方法的因素。过早拆模导致混凝土强度不足,使得构件在自重或施工荷载作用下产生裂缝。

(6)方法的因素。过迟养护,由于受风吹日晒,混凝土板表面游离水分蒸发过快,水泥缺乏必备的水化水,而产生急剧的体积收缩,导致开裂。

(7)人的因素。混凝土浇筑面若不及时浇水养护,表面水分迅速蒸发,很容易产生收缩裂缝。

(8)环境的因素。混凝土具有热胀冷缩的性质,外界温度变化引起的温度变形,会导致混凝土开裂。

【例 5-2】 某车间厂房,建筑面积为 7200m²,跨度为 30m,安装预应力屋面板时,边跨南端开间的屋面上 4 块预应力大型屋面板突然断裂塌落,造成 3 人死亡、2 人重伤、直接经济损失 16 万元。事故发生后调查发现构件公司提供的屋面板质量不符合要求,建设单位未办理质量监督和图纸审核手续就仓促开工,施工过程中不严格遵守规范和操作规程,管理索乱。

(1)该事故属于几级事故?为什么?

(2)试分析该工程质量事故发生的原因。

(3)工程质量事故处理的基本要求是什么?

【解】

(1)该事故属于较大质量事故。造成 3 人以上(含 3 人)10 人以下死亡,或者 10 人以上 50 人以下重伤,或者 1000 万元以上 5000 万元以下直接经济损失的事故为较大质量事故,该事故死亡 3 人,为较大质量事故。

(2)该起工程质量事故发生的原因是:建筑制品屋面板质量不合格;违背建设程序,建设单位未办理质量监督和图纸审核手续就仓促开工;施工和管理问题,施工过程中不严格遵守规范和操作规程,管理索乱。

(3)工程质量事故处理的基本要求:

① 处理应达到安全可靠,不留隐患,满足生产、使用要求,施工方便,经济合理的目的;

② 重视消除事故原因;

③ 注意综合治理;

④ 确定处理范围;

⑤ 正确选择处理时间和方法;

⑥ 加强事故处理的检查验收工作;

⑦ 认真复查事故的实际情况;

⑧ 确保事故处理期的安全。

本章习题

一、单项选择题

1. 施工质量保证体系运行的 PDCA 循环原理是(   )

A. 计划、检查、实施、处理   B. 计划、实施、检查、处理

C. 检查、计划、实施、处理   D. 检查、计划、处理、实施

2. 在质量管理八项原则中,要求企业领导应重视数据、信息分析,为决策提供依据,这体现了质量管理的（　　）原则。

A. 领导作用 　　　　　　　　　　B. 持续改进

C. 基于事实的决策方法 　　　　　D. 基于数据的决策方法

3. 项目质量保证体系中,项目质量目标分解的基本依据是（　　）

A. 企业质量总目标 　　　　　　　B. 工程承包合同

C. 项目施工质量计划 　　　　　　D. 项目施工特点

4. 某公司生产一批预制板,现欲检测这批预制板总体质量,判断生产过程是否正常,可采取下列哪种数据统计方法（　　）

A. 排列图法 　　　B. 因果分析法 　　　C. 直方图法 　　　D. 控制图法

5. 施工质量控制的基本出发点是控制（　　）

A. 人的因素 　　　B. 材料的因素 　　　C. 机械设备的因素 D. 方法的因素

6. 某工程在施工过程中,地下水位较高,若在雨季进行基坑开挖,遇到连续降雨或排水困难,就会引起基坑塌方或地基受水浸泡影响承载力,这属于（　　）对工程质量的影响。

A. 现场自然环境因素 　　　　　　B. 施工质量管理环境因素

C. 施工作业环境因素 　　　　　　D. 方法的因素

7. 施工过程的质量控制,必须以（　　）为基础和核心。

A. 最终产品质量控制 　　　　　　B. 工序的质量控制

C. 实体质量控制 　　　　　　　　D. 质量控制点

8. 下列施工质量控制中,属于事前控制的是（　　）

A. 设计交底 　　　　　　　　　　B. 重要结构实体检测

C. 隐蔽工程验收 　　　　　　　　D. 施工质量检查验收

9. 在工程验收过程中,经具有资质的法定检测单位对个别检验批检测鉴定后,发现其不能够达到设计要求。但经原设计单位核算后认为能满足结构安全和使用功能的要求。对此,正确做法是（　　）

A. 可予以验收 　　　　　　　　　B. 不能通过验收

C. 由建设单位决定是否通过验收 　D. 需要返工

10. 某钢结构安装工程发生整体倾覆事故,正在施工的工人10人死亡,38人重伤,造成直接经济损失1200万元。按照事故造成的严重程度,该事故可判定为（　　）

A. 一般质量事故 　　　　　　　　B. 较大质量事故

C. 重大质量事故 　　　　　　　　D. 特别重大质量事故

11. 某工程在混凝土施工过程中,称重设备发生事故,导致工人向混凝土中掺入超量聚羧酸盐系高效减水剂,引发质量事故。该事故判定为（　　）

A. 指导责任事故 　　　　　　　　B. 社会、经济原因引发的事故

C. 技术原因引发的事故 　　　　　D. 管理原因引发的事故

12. 某桩基工程,浇筑的混凝土桩在地上可见部分有蜂窝、麻面,但经过桩基检测,桩身未见异常,承载力也满足设计要求,该桩基应该（　　）

A. 加固处理 　　　B. 修补处理 　　　C. 返工处理 　　　D. 不做处理

13. 施工过程中,工程质量验收的最小单位是（　　）

A. 分项工程　　　　B. 单位工程　　　　C. 分部工程　　　　D. 检验批

14. 建设工程项目竣工验收由(　　)组织。

A. 总监理工程师　　　　　　　　　B. 建设单位

C. 专业监理工程师　　　　　　　　D. 该项目的政府主管部门

二、多项选择题

1. 一个工程项目的质量应该体现在(　　)

A. 质量方面指挥和控制组织的协调活动

B. 工程项目本身的质量

C. 与工程项目有关的活动或过程的工作质量

D. 质量管理活动体系运行的质量

E. 策划、组织、计划等活动的总和

2. 施工质量管理的特点有(　　)。

A. 影响因素多　　　　　B. 预约性　　　　　C. 质量波动大

D. 质量隐蔽性　　　　　E. 终检局限大

3. 质量管理体系文件的构成一般包括(　　)。

A. 质量计划　　　　　　B. 建立质量体系的参考文件

C. 质量手册　　　　　　D. 程序文件　　　　　E. 质量记录

4. PDCA 循环中,各类检查的内容包括(　　)。

A. 采取应急措施,解决当前的质量问题和缺陷

B. 检查是否执行了计划的行动方案

C. 检查实际条件是否发生了变化

D. 查明没有按计划执行的原因

E. 检查施工质量是否达到标准要求,对此进行评价和确认

5. 在排列图法中,下列关于 A 类问题的说法中,正确的有(　　)

A. 累计频率在 0~80% 区间的问题

B. 应按常规适当加强管理

C. 为次重要问题

D. 为进行重点管理的问题

E. 为最不重要的问题

6. 影响施工质量的因素包括(　　)

A. 人的因素　　　　　　B. 机械设备的因素　　　　C. 材料的因素

D. 方法的因素　　　　　E. 环境的因素

7. 现场质量检查的方法主要有(　　)。

A. 理化法　　　　　　　B. 目测法　　　　　　　C. 实测法

D. 试验法　　　　　　　E. 无损检测法

8. 施工质量控制的基本形式有(　　)。

A. 事前质量控制　　　　B. 竣工验收　　　　　　C. 事后质量控制

D. 事前质量预控　　　　E. 事中质量控制

9. 施工机械设备质量控制通常是从(　　)方面进行。

A. 机械设备的选型

B. 主要性能参数指标的确定

C. 机械设备制造要求

D. 机械设备运输方式

E. 使用操作要求

10. 质量事故处理的依据应当包括（　　　）

A. 有关质量事故的观测记录、照片等

B. 有关合同及文件

C. 施工记录、施工日志等

D. 事故造成的经济损失大小

E. 相关的法律法规

11. 已完施工成品保护的措施一般包括（　　　）。

A. 封闭　　　　　B. 覆盖　　　　　C. 包裹　　　　　D. 遮挡　　　　　E. 防护

三、思考题

1. 简述 PDCA 循环原理。

2. 质量控制常用的统计分析方法有哪些？

3. 设计阶段的质量控制包括哪些内容？

4. 工序质量实施要点是什么？

5. 工程质量事故发生的原因一般包括哪些方面？

6. 发生质量事故后，应当按照什么程序进行处理？

7. 工程项目竣工验收的基本要求是什么？

第6章　土木工程项目费用管理

学习要点和学习指导

本章叙述了工程项目费用中常用的基本概念;介绍了工程项目费用及其构成、建设单位和施工单位的工程项目费用管理,以及如何编制工程项目成本计划和如何进行工程项目成本控制。

通过本章的学习,学生应掌握工程项目成本计划编制、工程项目成本控制、反映工程项目成本和进度整体控制状况的挣值法和其应用、工程项目成本分析、实际成本与计划成本的比较与分析的因素分析法、降低工程项目成本的途径与措施;能对土木工程项目费用管理案例进行具体分析。

6.1　概　述

土木工程项目关于价值消耗方面的术语较多,人们常有一些习惯的用法,从不同的角度有不同的名称,且常常有不同的含义。如投资计划和控制,一般都是从业主,从投资者角度出发;成本计划和控制,通常承包商用得较多;费用和费用计划的意义更为广泛,各种对象都可使用。上述这三个方面都以工程上的价值消耗为依据,实质上有统一性。无论从业主或从承包商的角度,其计划和控制方法是相同的。由于本书主要讨论计划和控制方法,所以在这里将它们统一起来,使用土木工程项目费用管理。

土木工程项目费用管理,是在保证工期和质量满足要求的情况下,利用组织措施、经济措施、技术措施、合同措施等把费用控制在计划范围内,并进一步寻求最大限度的费用节约。

6.1.1　工程项目费用

1. 工程项目建设投资

工程项目费用,从业主的角度来讲,即工程项目建设投资,是以货币形式表现的基本建设工作量,是反映建设项目投资规模的综合性指标,是工程项目价值的体现。工程项目费用一般是指进行某项工程建设花费的全部费用,即该工程项目有计划地固定资产再生产和形成相应的无形资产与铺底流动资金的一次性费用总和。

2. 工程项目成本

工程项目费用,从承包商的角度来讲,即施工项目成本,是建筑施工企业为完成施工项目的建筑安装工程任务所消耗的各项生产费用的总和,包括施工过程中所耗费的生产资料转移价值和以工资补偿费形式分配给劳动者个人消费的那部分价值。

按照工程项目成本管理的需要,从成本发生的时间划分,施工项目成本的主要形式如表 6-1 所示。

表 6-1 施工项目成本的主要形式(按成本发生的时间)

成本类别	内容
预算成本	反映各地区建筑业的平均成本水平
计划成本	施工中采用技术组织措施和实现降低成本计划要求所确定的工程成本,反映施工企业成本水平
实际成本	施工项目在报告期内实际发生的各项费用的总和,反映施工企业成本水平

6.1.2 工程项目费用及其构成

1. 工程项目建设投资的构成

工程项目费用从工程项目投资的角度是由固定资产投资(一般也称工程造价)和流动资金两部分构成。其中固定资产投资组成如图 6-1 所示。

固定资产投资包括建筑安装工程费、设备及工器具购置费、工程建设其他费用、预备费、建设期贷款利息和固定资产投资方向调节税。

流动资金是指生产经营性项目投产后,用于购买原材料、燃料和支付工资及其他经营费用等所需的周转资金。

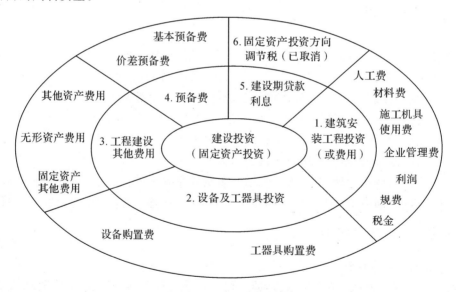

图 6-1 固定资产投资组成

2. 建筑安装工程费的构成——按照费用构成要素划分

按照《住房城乡建设部、财政部关于印发〈建筑安装工程费用项目组成〉的通知》建标〔2013〕44 号文,建筑安装工程费用分别按费用构成要素划分和按造价形式划分。

建筑安装工程费按照费用构成要素划分:由人工费、材料费(包含工程设备,下同)、施工机具使用费、企业管理费、利润、规费和税金构成。其中人工费、材料费、施工机具使用费、企业管理费和利润包含在分部分项工程费、措施项目费、其他项目费中。建筑安装工程费用的构成(按费用构成要素划分)如图 6-2 所示。

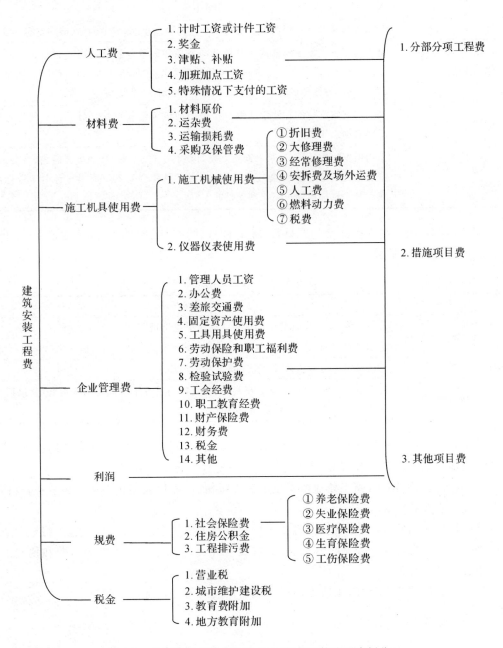

图 6-2　建筑安装工程费用的构成(按费用构成要素划分)

其中,建筑安装工程费各构成要素的含义及包括的内容如下:

(1)人工费:按工资总额构成规定,支付给从事建筑安装工程施工的生产工人和附属生产单位工人的各项费用,如表 6-2 所示。

表 6-2　人工费的组成内容

项目	内容
计时工资或计件工资	是指按计时工资标准和工作时间或对已做工作按计件单价支付给个人的劳动报酬
奖金	是指因超额劳动和增收节支支付给个人的劳动报酬,如节约奖、劳动竞赛奖等
津贴、补贴	是指为了补偿职工特殊或额外的劳动消耗和因其他特殊原因支付给个人的津贴,以及为了保证职工工资水平不受物价影响支付给个人的物价补贴,如流动施工津贴、特殊地区施工津贴、高温(寒)作业临时津贴、高空津贴等
加班加点工资	是指按规定支付的在法定节假日工作的加班工资和在法定日工作时间外延时工作的加点工资
特殊情况下支付的工资	是指根据国家法律、法规和政策规定,因病、工伤、产假、计划生育假、婚丧假、事假、探亲假、定期休假、停工学习、执行国家或社会义务等原因按计时工资标准或计时工资标准的一定比例支付的工资

(2)材料费:施工过程中耗费的原材料、辅助材料、构配件、零件、半成品或成品、工程设备的费用,如表 6-3 所示。

表 6-3　材料费的组成内容

项目	内容
材料原价	是指材料、工程设备的出厂价格或商家供应价格
运杂费	是指材料、工程设备自来源地运至工地仓库或指定堆放地点所发生的全部费用
运输损耗费	是指材料在运输装卸过程中不可避免的损耗
采购及保管费	是指组织采购、供应和保管材料、工程设备的过程中所需要的各项费用,包括采购费、仓储费、工地保管费、仓储损耗

其中,工程设备是指构成或计划构成永久工程一部分的机电设备、金属结构设备、仪器装置及其他类似的设备和装置。

(3)施工机具使用费:施工作业所发生的施工机械、仪器仪表使用费或其租赁费,具体内容及含义如表 6-4 所示。

施工机械使用费:以施工机械台班耗用量乘以施工机械台班单价表示,施工机械台班单价应由折旧费、大修理费、经常修理费、安拆费及场外运费、人工费、燃料动力费和税费七项费用组成。

仪器仪表使用费:工程施工所需使用的仪器仪表的摊销及维修费用。

表 6-4　施工机具使用费的组成内容

项目		内容
施工机械使用费	折旧费	指施工机械在规定的使用年限内,陆续收回其原值的费用
	大修理费	指施工机械按规定的大修理间隔台班进行必要的大修理,以恢复其正常功能所需的费用
	经常修理费	指施工机械除大修理以外的各级保养和临时故障排除所需的费用,包括为保障机械正常运转所需替换设备与随机配备工具附具的摊销和维护费用,机械运转中日常保养所需润滑与擦拭的材料费用及机械停滞期间的维护和保养费用等
	安拆费及场外运费	安拆费指施工机械(大型机械除外)在现场进行安装与拆卸所需的人工、材料、机械和试运转费用以及机械辅助设施的折旧、搭设、拆除等费用;场外运费指施工机械整体或分体自停放地点运至施工现场或由一施工地点运至另一施工地点的运输、装卸、辅助材料及架线等费用
	人工费	指机上司机和其他操作人员开支的各项费用
	燃料动力费	指施工机械在运转作业中所消耗的各种燃料及水、电费等
	税费	指施工机械按照国家规定应缴纳的车船使用税、保险费及年检费等
仪器仪表使用费		是指工程施工所需使用的仪器仪表的摊销及维修费用

(4)企业管理费:建筑安装企业组织施工生产和经营管理所需的费用,如表 6-5 所示。

表 6-5　企业管理费的组成内容

项目	内容
管理人员工资	是指按规定支付给管理人员的计时工资、奖金、津贴补贴、加班加点工资及特殊情况下支付的工资等
办公费	是指企业管理办公用的文具、纸张、账表、印刷、邮电、书报、办公软件、现场监控、会议、水电、烧水和集体取暖降温等费用
差旅交通费	是指职工因公出差、调动工作的差旅费、住勤补助费,市内交通费和误餐补助费,职工探亲路费、劳动力招募费,职工退休、退职一次性路费,工伤人员就医路费,工地转移费以及管理部门使用的交通工具的油料、燃料等费用
固定资产使用费	是指管理和试验部门及附属生产单位使用的属于固定资产的房屋、设备、仪器等的折旧、大修、维修或租赁费
工具用具使用费	是指企业施工生产和管理使用的不属于固定资产的工具,器具,家具,交通工具和检验、试验、测绘、消防用具等的购置、维修和摊销费
劳动保险和职工福利费	是指由企业支付的职工退职金、按规定支付给离休干部的经费,集体福利费、夏季防暑降温补贴、冬季取暖补贴、上下班交通补贴等
劳动保护费	是企业按规定发放的劳动保护用品的支出,如工作服、手套、防暑降温饮料以及在有碍身体健康的环境中施工的保健费用等

续表

项目	内容
检验试验费	是指施工企业按照有关标准规定,对建筑以及材料、构件和建筑安装物进行一般鉴定、检查所发生的费用,包括自设试验室进行试验所耗用的材料等费用。不包括新结构、新材料的试验费,对构件做破坏性试验及其他特殊要求检验试验的费用和建设单位委托检测机构进行检测的费用,对此类检测发生的费用,由建设单位在工程建设其他费用中列支。但对施工企业提供的具有合格证明的材料进行检测不合格的,该检测费用由施工企业支付
工会经费	是指企业按《中华人民共和国工会法》规定的全部职工工资总额比例计提的工会经费
职工教育经费	是指按职工工资总额的规定比例计提,企业为职工进行专业技术和职业技能培训、专业技术人员继续教育、职工职业技能鉴定、职业资格认定以及根据需要对职工进行各类文化教育所发生的费用
财产保险费	是指施工管理用财产、车辆等的保险费用
财务费	是指企业为施工生产筹集资金或提供预付款担保、履约担保、职工工资支付担保等所发生的各种费用
税金	是指企业按规定缴纳的房产税、车船使用税、土地使用税、印花税等
其他	包括技术转让费、技术开发费、投标费、业务招待费、绿化费、广告费、公证费、法律顾问费、审计费、咨询费、保险费等

(5)利润:施工企业完成所承包工程获得的盈利。

(6)规费:按国家法律、法规规定,由省级政府和省级有关权力部门规定必须缴纳或计取的费用,如表6-6所示。

表6-6　规费的组成内容

规费组成		内容
社会保险费	养老保险费	企业按照规定标准为职工缴纳的基本养老保险费
	失业保险费	企业按照规定标准为职工缴纳的失业保险费
	医疗保险费	企业按照规定标准为职工缴纳的基本医疗保险费
	生育保险费	企业按照规定标准为职工缴纳的生育保险费
	工伤保险费	企业按照规定标准为职工缴纳的工伤保险费
住房公积金		企业按规定标准为职工缴纳的住房公积金
工程排污费		按规定缴纳的施工现场工程排污费

注:其他应列而未列入的规费,按实际发生计取。

(7)税金:国家税法规定的应计入建筑安装工程造价内的营业税、城市维护建设税、教育费附加以及地方教育附加。

3. 建筑安装工程费的构成——按照工程造价形成划分

建筑安装工程费按照工程造价形成由分部分项工程费、措施项目费、其他项目费、规费、税金构成,分部分项工程费、措施项目费、其他项目费包含人工费、材料费、施工机具使用费、企业管理费和利润。

（1）分部分项工程费：各专业工程的分部分项工程应予列支的各项费用。各类专业工程的分部分项工程划分见现行国家或行业计量规范。

专业工程：按现行国家计量规范划分的房屋建筑与装饰工程、仿古建筑工程、通用安装工程、市政工程、园林绿化工程、矿山工程、构筑物工程、城市轨道交通工程、爆破工程等各类工程。

分部分项工程：按现行国家计量规范对各专业工程划分的项目，如房屋建筑与装饰工程划分的土石方工程、地基处理与桩基工程、砌筑工程、钢筋及钢筋混凝土工程等。

（2）措施项目费：为完成建设工程施工，发生于该工程施工前和施工过程中的技术、生活、安全、环境保护等方面的费用，如表 6-7 所示。

表 6-7　措施项目费的组成内容

项目		内容
安全文明施工费	环境保护费	施工现场为达到环保部门要求所需要的各项费用
	文明施工费	施工现场文明施工所需要的各项费用
	安全施工费	施工现场安全施工所需要的各项费用
	临时设施费	施工企业为进行工程施工所必须搭设的生活和生产用的临时建筑物、构筑物等，包括搭设、维修、拆除、清理费或摊销费等
夜间施工增加费		因夜间施工所发生的夜班补助、夜间施工降效、夜间施工照明设备摊销及照明用电等费用
二次搬运费		因施工场地条件限制，材料、构配件等一次运输不能到达堆放地点，必须进行二次或多次搬运发生的费用
冬雨季施工增加费		在冬季或雨季施工需增加的临时设施，防滑、排除雨雪，人工及施工机械效率降低等费用
已完工程及设备保护费		对已完工程及设备采取必要保护措施所发生的费用
工程定位复测费		工程施工过程中进行全部施工测量放线和复测工作的费用
特殊地区施工增加费		在沙漠、高海拔地区、高寒地区、原始森林等特殊地区施工增加的费用
大型机械设备进出场及安拆费		机械整体或分体自停放场地运至施工现场或由一个施工地点运至另一个施工地点，所发生的机械进出场运输及转移费用。机械在施工现场进行安装、拆卸所需的人工费、材料费、机械费、试运转费和安装所需的辅助设施的费用
脚手架工程费		施工需要的各种脚手架搭、拆、运输费用以及脚手架购置费的摊销（或租赁）费用

注：措施项目及其内容详见各类专业工程的现行国家或行业计量规范。

（3）其他项目费

其他项目费的组成内容如表 6-8 所示。

表 6-8　其他项目费的组成内容

项目	内容
暂列金额	建设单位在工程量清单中暂定并包括在工程合同价款中的一笔款项。用于施工合同签订时尚未确定或者不可预见的所需材料、工程设备、服务的采购,施工中可能发生的工程变更、合同约定调整因素出现时的工程价款调整以及发生的索赔、现场签证确认等的费用
计日工	在施工过程中,施工企业完成建设单位提出的施工图纸以外的零星项目或工作所需的费用
总承包服务费	总承包人为配合、协调建设单位进行的专业工程发包,对建设单位自行采购的材料、设备等进行保管以及施工现场管理、竣工资料汇总等所需的费用

(4)规费:按国家法律、法规规定,由省级政府和省级有关权力部门规定必须缴纳或计取的费用。

(5)税金:国家税法规定的应计入建筑安装工程造价内的营业税、城市维护建设税、教育费附加以及地方教育附加。

4. 施工项目成本的构成

施工项目成本是指施工项目在施工的全过程中(为完成施工项目的建筑安装工程任务)所发生的全部施工费用支出的总和。参照建筑安装工程费的组成及现行规定,施工项目成本由人工费、材料费、施工机具使用费、企业管理费和措施项目费构成。

6.1.3　工程项目费用管理

1. 建设单位的工程项目费用管理——工程项目投资管理

从建设单位或业主的角度看,工程项目费用管理贯穿于工程建设全过程。在项目投资决策阶段、设计阶段、招标发包阶段、施工阶段及竣工验收阶段,建设单位通过综合运用技术、经济、合同、法律等方法和手段,对工程项目费用进行合理确定和有效控制,使得人力、物力、财力能够得到有效的使用,并取得良好的经济效益和社会效益。针对各阶段特定的费用管理任务,需要分阶段编制费用估算,以适应项目各阶段费用管理的要求。建设工程项目各阶段费用管理内容如图 6-3 所示,费用估算分类如表 6-9 所示。

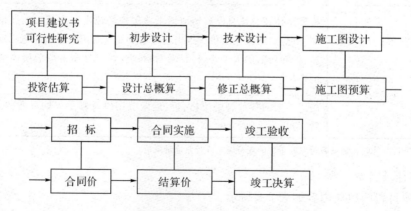

图 6-3　建设工程项目各阶段费用管理内容

表 6-9　费用估算的分类

费用估算	含义
投资估算	投资估算是在整个投资决策过程中,依据现有的资料和一定的方法,对建设项目的投资额进行的估计。建设单位的投资估算管理者根据建设项目投资估算的内容构成,对固定资产投资和流动资金进行估算
设计概算	设计概算是设计单位在初步设计或扩大初步设计阶段,根据设计图样及说明书、设备清单、概算定额或概算指标、各项费用取费标准、类似工程预(决)算文件等,用科学的方法计算和确定建筑安装工程全部建设费用的经济文件
施工图预算	施工图预算是根据施工图、预算定额、各项取费标准、建设地区的自然及技术经济条件等资料编制的建筑安装工程预算造价文件,是关系建设单位和建筑企业经济利益的技术经济文件
工程价款结算	工程价款结算是指承包商在工程实施过程中,依据承包合同中关于付款条款的规定和已完成的工程量,并按照规定程序向建设单位(业主)收取工程价款的一项经济活动。施工企业提出的统计进度月报表经监理工程师确认、业主主管部门认可后,可作为工程进度款支付的依据
竣工结算	竣工结算是承包商在所承包的工程按照合同规定的内容全部完工之后,向发包方进行的最终工程价款结算
竣工决算	竣工决算是反映建设项目实际造价和投资效果的文件,是竣工验收报告的重要组成部分

2. 施工单位的工程项目费用管理——工程项目成本管理

从承包商角度看,土木工程项目费用管理即建设工程项目施工成本管理,从工程投标报价开始,直至项目竣工结算完成,贯穿于项目实施的全过程。工程项目成本管理是指施工企业以实现项目目标为目的,以项目经理部为中心,在项目施工过程中,对所发生的成本支出,有组织、有系统地进行预测、计划、控制、核算、考核、分析等一系列工作的总称。工程项目成本管理是以正确反映工程项目施工生产的经济成果,不断降低工程项目成本为宗旨的一项综合性管理工作。工程项目成本管理的任务如图 6-4 和表 6-10 所示。

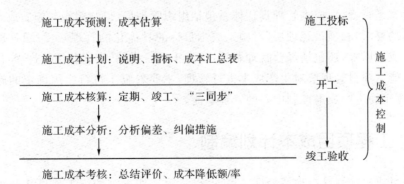

图 6-4　工程项目成本管理的任务

表 6-10　工程项目成本管理的任务

项目	内容
施工成本预测	是根据成本信息和施工项目的具体情况,运用一定的专门方法,对未来的成本水平及其可能的发展趋势做出科学的估计,是工程施工以前对成本进行的估算。施工项目成本预测通常是对施工项目计划工期内影响其成本变化的各个因素进行分析,比照近期已完工施工项目或预完工施工项目的成本,预测这些因素对工程成本中有关项目的影响程度,预测出工程的单位成本或总成本
施工成本计划	是以货币形式编制施工项目在计划期内的生产费用、成本水平、成本降低率以及为降低成本所采取的主要措施和规划的书面方案,是建立施工项目成本管理责任制、开展成本控制和核算的基础,是项目降低成本的指导文件,是设立目标成本的依据
施工成本控制	是指在施工过程中,对影响施工成本的各种因素加强管理,并采取各种有效措施,将施工中实际发生的各种消耗和支出严格控制在成本计划范围内,贯穿于项目从投标阶段开始直至竣工验收的全过程。通过随时揭示并及时反馈,严格审查各项费用是否符合标准,计算实际成本和计划成本之间的差异并进行分析,进而采取多种措施,消除施工中的损失浪费现象
施工成本核算	包括两个环节:一是按照规定的成本开支范围对施工费用进行归集和分配,计算出施工费用的实际发生额;二是根据成本核算对象,采用适当的方法,计算出该施工项目的总成本和单位成本。施工成本一般以单位工程为核算对象,为施工项目管理提供成本信息
施工成本分析	是在施工成本核算的基础上,对成本的形成过程和影响成本升降的因素进行分析,以寻求进一步降低成本的途径,包括有利偏差的挖掘和不利偏差的纠正
施工成本考核	是在施工项目完成后,对施工项目成本形成中的各责任者,按施工项目成本目标责任制的有关规定,将成本的实际指标与计划、定额、预算进行对比和考核,评定施工项目成本计划的完成情况和各责任者的业绩,并以此给予相应的奖励和处罚。施工成本考核是衡量成本降低的实际成果,也是对成本指标完成情况的总结和评价

根据成本运行规律,成本管理责任体系包括组织管理层(反映组织对施工成本目标即责任成本目标的要求)和项目经理层(对施工成本目标的具体化的管理)。组织管理层的成本管理除生产成本以外,还包括经营管理费用,贯穿于项目投标、实施和结算过程,体现效益中心的管理职能。项目管理层对生产成本进行管理,主要着眼于执行组织确定的施工成本管理目标,发挥现场生产成本控制中心的管理职能。

6.2　工程项目成本计划编制

工程项目成本计划是在项目经理负责下,以货币形式编制的施工项目从开工到竣工计划必须支出的施工生产费用。

6.2.1　工程项目成本计划的编制依据和内容

1. 工程项目成本计划的编制依据

工程项目成本计划包括从开工到竣工所必需的施工成本,是以货币形式预先规定项目进行中的施工生产耗费的计划总水平,是实现降低成本费用的指导性文件。工程项目成本计划工作是成本管理和项目管理的一个重要环节,是企业生产经营计划工作的重要组成部分,是对生产耗费进行分析和考核的重要依据,是建立企业成本管理责任制、开展经济核算的基础,是挖掘降低成本潜力的有效手段,也是检验施工企业技术水平和管理水平的重要手段。工程项目成本计划的编制依据如表 6-11 所示。

表 6-11　工程项目成本计划的编制依据

组成	内容
承包合同	合同文件包括合同文本、招标文件、投标文件、设计文件等。合同中的工程内容、数量、质量、工期和支付条款都将对工程的成本计划产生重要影响
项目管理实施规划	其中工程项目施工组织设计文件是核心的项目实施技术方案与管理方案,是在充分调查和研究现场条件及有关法规条件的基础上制定的,不同实施条件下的技术方案和管理方案将导致工程成本的不同
可行性研究报告	可行性研究报告和相关设计文件
价格信息	生产要素的价格信息
消耗定额	反映企业管理水平的消耗定额以及类似工程的成本资料等

2. 工程项目成本计划的编制内容

工程项目成本计划的编制内容如表 6-12 所示。

表 6-12　工程项目成本计划的编制内容

组成	内容
编制说明	对工程的范围、投标竞争过程及合同条件、承包人对项目经理提出的责任成本目标、施工成本计划编制的指导思想和依据等的具体说明
施工成本计划的指标	该指标都应经过科学的分析预测确定,可以采用对比法、因素分析法等方法来进行测定。施工成本计划在一般情况下有以下三类指标: (1)成本计划的数量指标,如按人工、材料、机械等各主要生产要素计划成本指标 (2)成本计划的质量指标,如施工项目总成本降低率,可采用 $$设计预算成本计划降低率 = \frac{设计预算总成本计划降低额}{设计预算总成本}$$ $$责任目标成本计划降低率 = \frac{责任目标总成本计划降低额}{责任目标总成本}$$ (3)成本计划的效益指标,如工程项目成本降低额 设计预算成本计划降低额 = 设计预算总成本 − 计划总成本 责任目标成本计划降低额 = 责任目标总成本 − 计划总成本

续表

组成	内容
单位工程计划成本汇总表	按工程量清单列出单位工程计划成本汇总表
单位工程成本计划表	按成本性质划分单位工程成本汇总表,根据清单项目的造价分析,分别对人工费、材料费、施工机具使用费、企业管理费、措施费、规费和税金进行汇总,形成单位工程成本计划表

成本计划的编制是施工成本预控的重要手段,因此应在工程开工前进行,以便将计划成本目标分解落实,为各项成本的执行提供明确的目标、控制手段和管理措施。

6.2.2　工程项目成本计划的编制方法

在项目经理的负责下,编制工程项目成本计划的核心是确定目标成本,这是成本管理所要达到的目的。施工项目成本计划的编制方法主要有以下几种:

1. 按施工成本构成编制施工成本计划

施工成本可以按成本构成分解为人工费、材料费、施工机具使用费、措施项目费和企业管理费等,编制按施工成本构成分解的施工成本计划。

2. 按施工项目构成编制施工成本计划

大中型工程项目通常是由若干个单项工程构成的,而每个单项工程包括多个单位工程,每个单位工程又是由若干个分部分项工程所构成。因此,首先要把项目总施工成本分解到单项工程和单位工程中,再进一步分解到分部工程和分项工程中。

在完成施工项目成本目标分解之后,接下来就要具体地分配成本,编制分项工程的成本支出计划,从而得到详细的成本计划表,如表 6-13 所示。

表 6-13　分项工程成本计划

分项工程编码	工程内容	计量单位	工程数量	计划成本	本分项总计
(1)	(2)	(3)	(4)	(5)	(6)

在编制成本支出计划时,要在项目总的方面考虑总的预备费,也要在主要的分项工程中安排适当的不可预见费,避免在编制具体成本计划时,发现个别单位工程或工程量表中某项内容的工程量计算有较大出入,使原来的成本预算失实,并在项目实施过程中对其尽可能地采取一些措施。

3. 按施工进度编制施工成本计划

按照施工进度编制施工成本计划,通常可利用网络图进一步扩充而得到。在建立网络图时,一方面确定完成各项工作所需花费的时间,另一方面确定完成这一工作的合适的施工成本支出计划。在实践中,将工程项目分解为既能方便地表示时间,又能方便地表示施工成本支出计划的工作是不容易的。因此,在编制网络计划时,不仅要充分考虑进度控制对项目划分的要求,还要考虑确定施工成本支出计划对项目划分的要求,做到两者兼顾。

通过对施工成本按时间进行分解,在网络计划的基础上,可获得项目进度计划的横道图,并编制成本计划。其表示方法有两种:一种是在时标网络图上按月编制的成本计划,如

图 6-5 所示；另一种是利用时间-成本累积曲线（S曲线）表示，如图 6-6 所示，绘制步骤如表 6-14 所示。

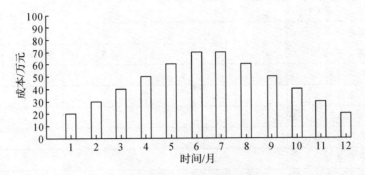

图 6-5 时标网络图上按月编制的成本计划

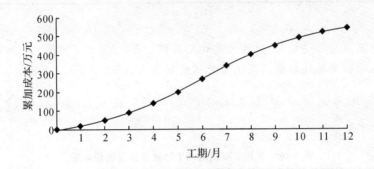

图 6-6 时间-成本累积曲线（S曲线）

表 6-14 S曲线的绘制步骤

绘制步骤	内容
编制横道图	确定工程项目进度计划，编制进度计划的横道图
编制成本支出计划	根据每单位时间内完成的实物工程量或投入的人力、物力和财力，计算单位时间的成本，在时标网络图上按时间编制成本支出计划
计算规定时间 t 计划累计支出的成本额	其计算方法为：各单位时间计划完成的成本额累加求和 $$Q_t = \sum_{n=1}^{t} q_n$$ 其中：Q_t——某时间 t 内计划累计支出成本额； q_n——单位时间 n 的计划支出成本额； t——某规定计划时刻
绘制 S 形曲线	按各规定时间的 Q_t 值，绘制 S 形曲线

注：每条S曲线都对应某一特定的工程进度计划，因为在进度计划的非关键路线中存在许多有时差的工序或工作，因而S曲线必然包络在由全部工作都按最早开始时间和全部工作都按最迟必须开始时间的曲线所组成的"香蕉图"内。一般而言，所有工作都按最迟开始时间开始，对节约资金贷款利息是有利的，但同时也降低了项目按期竣工的保证率，因此项目经理必须合理地制订成本支出计划，达到既节约成本支出又能控制项目工期的目的。

【例 6-1】 某施工项目数据资料表如表 6-15 所示，绘制该项目的时间-成本累积曲线。

表 6-15　某施工项目数据资料表

序号	项目名称	最早开始时间/月份	工期/月	成本强度/(万元·月$^{-1}$)
1	场地平整	1	1	30
2	基础施工	2	3	20
3	主体工程施工	4	5	40
4	砌筑工程施工	8	3	30
5	屋面工程施工	10	2	45
6	楼地面工程	11	2	30
7	室内设施安装	11	1	40
8	室内装饰	12	1	25
9	室外装饰	12	1	10
10	其他工程	—	1	10

【解】

(1)确定施工项目进度计划,编制进度计划的横道图,如图 6-7 所示。

(2)在工程项目进度计划横道图上按时间绘制成本计划,如图 6-8 所示。

(3)计算规定时间 t 计划累计支出的成本额。根据公式 $Q_t = \sum_{n=1}^{t} q_n$,可得如表 6-16 所示的结果。

表 6-16　某施工项目时间 t 计划累计支出成本额

月份	1	2	3	4	5	6	7	8	9	10	11	12
累加	30	50	70	130	170	210	250	320	350	425	500	565

注:表中"累加"即"累计支出成本额",单位为万元。

(4)绘制 S 曲线,如图 6-9 所示。

6.3　工程项目成本控制与核算

施工阶段的工程项目成本控制即施工项目成本控制,指项目在施工过程中,对影响施工项目成本的各种因素加强管理,并采取各种有效措施,将施工中实际发生的各种消耗和支出严格控制在成本计划范围内。施工项目成本控制过程原理可遵循图 6-10。

6.3.1　成本控制的步骤

在确定了施工项目成本计划之后,必须定期地进行施工成本计划值与实际值的比较,当实际值偏离计划值时,分析产生偏差的原因,采取适当的纠偏措施,以确保施工项目成本控制目标的实现。施工项目成本控制的步骤如表 6-17 所示。

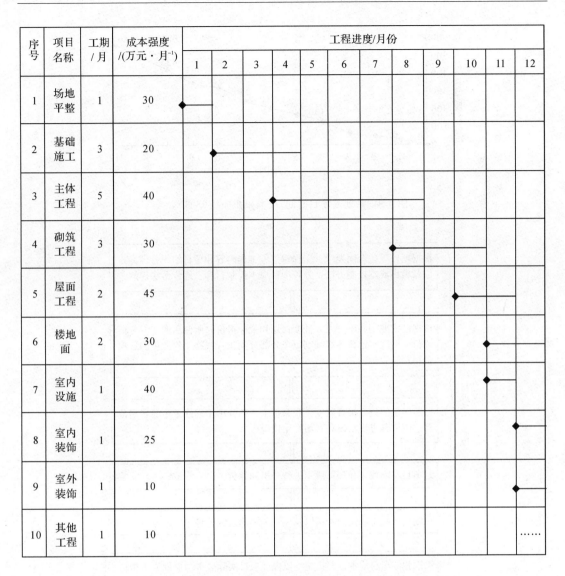

序号	项目名称	工期/月	成本强度/(万元·月⁻¹)	工程进度/月份											
				1	2	3	4	5	6	7	8	9	10	11	12
1	场地平整	1	30												
2	基础施工	3	20												
3	主体工程	5	40												
4	砌筑工程	3	30												
5	屋面工程	2	45												
6	楼地面	2	30												
7	室内设施	1	40												
8	室内装饰	1	25												
9	室外装饰	1	10												
10	其他工程	1	10												……

图 6-7　某施工项目进度计划横道图

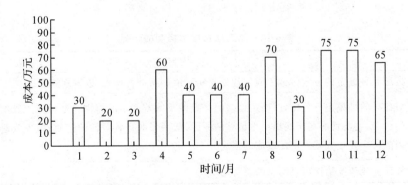

图 6-8　某施工项目横道图上按时间编制的成本计划

600
500
400
300
200
100
0
成本/万元
0
30
50
70
130
170
210
250
320
350
425
500
565
1 2 3 4 5 6 7 8 9 10 11 12
时间/月

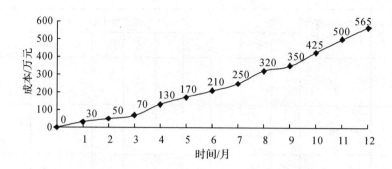

图 6-9　某施工项目时间-成本累积曲线(S 曲线)

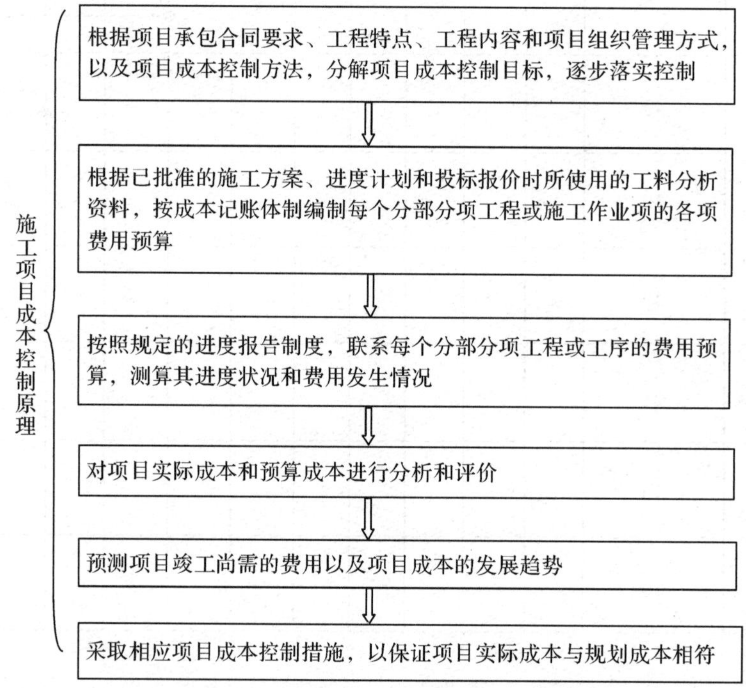

施工项目成本控制原理
根据项目承包合同要求、工程特点、工程内容和项目组织管理方式，以及项目成本控制方法，分解项目成本控制目标，逐步落实控制
根据已批准的施工方案、进度计划和投标报价时所使用的工料分析资料，按成本记账体制编制每个分部分项工程或施工作业项的各项费用预算
按照规定的进度报告制度，联系每个分部分项工程或工序的费用预算，测算其进度状况和费用发生情况
对项目实际成本和预算成本进行分析和评价
预测项目竣工尚需的费用以及项目成本的发展趋势
采取相应项目成本控制措施，以保证项目实际成本与规划成本相符

图 6-10　施工项目成本控制原理

表 6-17　施工项目成本控制的步骤

步骤	内容
比较	按照某种确定的方式将施工成本计划与实际值逐项进行比较，以发现施工成本是否已超支
分析	对比较的结果进行分析，以确定偏差的严重性及偏差产生的原因。这是施工成本控制工作的核心，主要目的在于找出产生偏差的原因，从而采取有针对性的措施，减少或避免相同原因的再次发生或减少由此造成的损失
预测	按照完成情况估计项目所需的总费用

步骤	内容
纠偏	当工程项目的实际施工成本出现了偏差,应当根据工程的具体情况、偏差分析和预测的结果,采取适当的措施,以期达到使施工成本偏差尽可能小的目的。纠偏是施工成本控制中最具实施性的一步,实现成本的动态控制和主动控制
检查	对工程的进展进行跟踪和检查,及时了解工程进展状况以及纠偏措施的执行情况和效果,为今后的工作积累经验

6.3.2　成本控制的对象与内容

成本控制的对象与内容如表 6-18 所示。

表 6-18　成本控制的对象与内容

控制对象	内容
施工项目成本形成的过程(对项目成本实行全面、全过程控制)	在工程投标阶段,应根据工程概况和招标文件,进行项目成本的预测,提出投标决策意见
	在施工准备阶段,应结合设计图纸的相关资料,编制实施性施工组织设计,通过多方案的技术经济比较,从中选择经济合理、先进可行的施工方案,编制成本计划,对项目成本进行事前控制
	在施工阶段,根据施工图预算、施工预算、劳动定额、材料消耗定额和费用开支标准等,对实际发生的成本费用进行控制
	在竣工交付使用及保修期阶段,应对竣工验收过程发生的费用和保修费用进行控制
施工项目的职能部门、施工队和生产班组	成本控制的具体内容是日常发生的(发生在各个职能部门、施工队和生产班组)各种费用和损失。项目的职能部门、施工队和生产班组应对自己承担的责任成本进行自我控制;同时接受项目经理和企业有关部门的指导、监督、检查和考评,是最直接、最有效的项目成本控制
分部分项工程	为了把成本控制工作做得扎实、细致,落到实处,还应以分部分项工程作为项目成本的控制对象 在正常情况下,项目应该根据分部分项工程的实物量,参照施工预算定额及成本相关计划,编制包括工、料、机消耗数量、单价、金额在内的施工预算,作为对分部分项工程成本进行控制的依据
对外经济合同	目前,施工项目的对外经济业务都要以经济合同为纽带建立关系,以明确双方的权利和义务。在签订上述经济合同时,除了要根据业务要求规定时间、质量、结算方式和履(违)约奖罚等条款外,还必须强调要将合同的数量、单价、金额控制在预算范围内

6.3.3 成本控制的技术与方法

1. 施工成本的过程控制方法

施工阶段是控制建设工程项目成本发生的主要阶段,它通过确定成本目标并按计划成本进行施工、资源配置,对施工现场发生的各种成本费用进行有效控制,其具体的控制方法如下:

(1)人工费的控制

人工费的控制实行"量价分离"的方法,将作业用工及零星用工按定额工日的一定比例综合确定用工数量与单价,通过劳务合同进行控制。其中,人工费的影响因素如图 6-11 所示,控制人工费的方法如表 6-19 所示。

人工费的影响因素{
社会平均工资水平
生产消费指数:生产消费指数的提高会导致人工单价的提高
劳动力市场供需变化
政府推行的实惠保障和福利政策也会影响人工单价的变动
经会审的施工图、施工定额、施工组织设计等决定人工的消耗量

图 6-11 人工费的影响因素

表 6-19 控制人工费的方法

方法	内容
制定先进合理的企业内部劳动定额,严格执行劳动定额,并将安全生产、文明施工及零星用工下达到作业队进行控制	全面推行全额计件的劳动管理办法和单项工程集中承包的经济管理办法,以不突破施工图预算人工费指标为控制目标,对各班组实行工资包干制度。认真执行按劳分配的原则,使职工个人所得与劳动贡献一致,充分调动广大职工的劳动积极性,从根本上杜绝出工不出力的现象。把工程项目的进度、安全、质量等指标与定额管理结合起来,提高劳动者的综合能力,实行奖励制度
提高生产工人的技术水平和作业队的组织管理水平	提高生产工人的技术水平和作业队的组织管理水平,根据施工进度、技术要求,合理搭配各工种工人的数量,减少和避免无效劳动。不断改善劳动组织,创造良好的施工环境,改善工人的劳动条件,提高劳动效率。合理调节各工序人数松紧情况,安排劳动力时,尽量做到技术工不做普通工的工作,高级工不做低级工的工作,避免技术上的浪费
加强职工的技术培训和多种施工作业技能的培训	加强职工的技术培训和多种施工作业技能的培训,不断提高职工的业务技术水平和熟练操作程度,培养一专多能的技术工人,提高作业功效,提高技术装备水平和工程化生产水平,提高企业的劳动生产率
实行弹性需求的劳务管理制度	施工生产各环节上的业务骨干和基本的施工力量要保持相对稳定。对短期需要的施工力量,要做好预测、计划管理,通过企业内部的劳务市场及外部协作队伍进行调剂。严格做到项目部的定员随工程进度要求波动,进行弹性管理。要打破行业、工种界限,提倡一专多能,提高劳动力的利用效率

（2）材料费的控制

材料费的控制同样按照"量价分离"原则，在保证符合设计要求和质量标准的前提下，合理使用材料，有效控制材料物资的消耗，控制材料用量和材料价格。材料费的控制如图 6-12 所示。

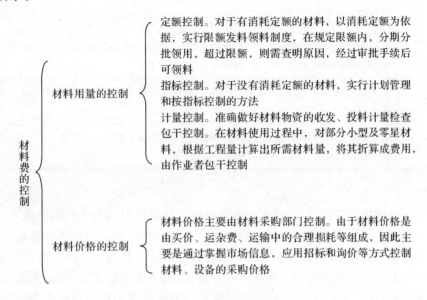

图 6-12　材料费的控制

（3）施工机械使用费的控制

合理选择和使用施工机械设备对成本控制具有十分重要的意义。由于不同的起重运输机械各有不同的用途和特点，因此，在选择起重运输机械时，应根据工程特点和施工条件确定采用各种不同起重运输机械的组合方式。采用的组合方式应满足施工需要，项目管理者还要考虑费用的高低和综合经济效益。

施工机械使用费主要由台班数量和台班单价两方面决定，为有效控制施工机械使用费支出，主要从以下几个方面进行控制，如表 6-20 所示。

表 6-20　施工机械使用费的控制内容

控制内容	含义
控制台班数量	根据施工方案和现场实际，选择适合项目施工特点的施工机械，制订设备需求计划，合理安排施工生产，充分利用现有机械设备，提高机械设备的利用率
	保证施工机械设备的作业时间，安排好生产工序的衔接，尽量避免停工窝工，尽量减少施工中所消耗的机械台班数量
	核定设备台班产量定额，实行超产奖励办法，加快施工生产进度，提高机械设备单位时间的生产效率和利用率
	加强设备租赁计划管理，减少不必要的设备闲置和浪费

续表

控制内容	含义
控制台班单价	加强现场设备的维修、保养工作,降低大修、经常性修理等各项费用的开支,提高机械设备的完好率,最大限度地提高机械设备的利用率
	加强机械操作人员的培训工作,不断提高操作技能,提高生产效率
	加强配件的管理,建立健全配件领发料制度,严格按定额控制油料消耗,达到修理有记录、消耗有定额、统计有报表、损耗有分析的目的
	降低材料成本,严把施工机械配件和工程材料采购关,尽量做到工程项目所进材料质优价廉
	成立设备管理领导小组,负责设备调度、检查、维修、评估等具体事宜。对主要部件及其保养情况建立档案,分清责任

2. 挣值法

在施工项目成本控制过程中,仅仅依靠实际值与计划值的偏差无法判断成本是否超支或有节余,因此,需引入成本/进度综合度量指标,此即为挣值法。挣值法也称赢得值法,是一种能全面衡量工程成本/进度整体状况的偏差分析方法。挣值法的实质是用价值指标代替实物工程量来测定工程进度的一种项目监控方法,是美国国防部于 1967 年首次确立的。到目前为止,国际上先进的工程公司已普遍采用挣值法进行工程项目成本、进度综合分析控制。

(1)挣值法的基本参数

挣值法的基本参数为已完工作预算成本、计划完成工作预算成本和已完工作实际成本,如表 6-21 所示。

表 6-21　挣值法的基本参数

基本参数	内容
已完工作预算成本(budgeted cost for work performed, BCWP)	BCWP 是指在某一时间已经完成的工作(或部分工作),以批准认可的预算为标准所需要的资金总额,由于业主正是根据这个值为承包人完成的工作量支付相应的费用,也就是承包人获得(挣得)的金额,故称赢得值或挣值 BCWP=实际已完成工作量×预算单价
计划完成工作预算成本(budgeted cost for work scheduled, BCWS)	BCWS 是指在某一时刻应当完成的工作(或部分工作),以预算为标准所需要的资金总额,一般来说,除非合同有变更,BCWS 在工程实施过程中应保持不变 BCWS=计划完成工作量×预算单价
已完工作实际成本(actual cost for work performed, ACWP)	ACWP 即到某一时刻为止,已完成的工作(或部分工作)所实际花费的总金额 ACWP=实际已完成工作量×实际单价

（2）评价指标

根据挣值法的三个基本参数，计算确定挣值法的四个评价指标：成本偏差、进度偏差、成本绩效指数和进度绩效指数，如表 6-22 所示。

表 6-22　挣值法的评价指标

评价指标	含义
成本偏差 （cost variance，CV）	成本偏差（CV）＝已完工作预算成本（BCWP）－已完工作实际成本（ACWP） 当 CV＜0 时，表示项目运行的实际成本超出预算成本； 当 CV＞0 时，表示项目实际运行成本节约； 当 CV＝0 时，表示项目运行实际成本与预算成本一致
进度偏差 （schedule variance，SV）	进度偏差（SV）＝已完工作预算成本（BCWP）－计划完成工作预算成本（BCWS） 当 SV＜0 时，表示项目实际进度落后于计划进度，项目进度延误； 当 SV＞0 时，表示项目运行实际进度提前； 当 SV＝0 时，表示项目运行实际进度与计划进度一致
成本绩效指数 （cost performed index，CPI）	$CPI=\dfrac{已完工作预算成本}{已完工作实际成本}=\dfrac{BCWP}{ACWP}$ 当 CPI＜1 时，表示项目运行实际成本高于预算成本； 当 CPI＞1 时，表示项目运行实际成本低于预算成本； 当 CPI＝1 时，表示项目运行实际成本与预算成本一致
进度绩效指数 （schedule performed index，SPI）	$SPI=\dfrac{已完工作预算成本}{计划完成工作预算成本}=\dfrac{BCWP}{BCWS}$ 当 SPI＜1 时，表示项目运行实际进度比计划进度拖后； 当 SPI＞1 时，表示项目运行实际进度比计划进度提前； 当 SPI＝1 时，表示项目运行实际进度与计划进度一致

（3）偏差分析的表达方式

挣值法偏差分析可采用不同的表达方式，如文字描述、表格法、横道图法、曲线法或网络计划法等。

①表格法

表格法是进行偏差分析常用的一种方法。它将项目编号、名称、各成本参数以及成本偏差数综合归纳入一张表格中，并且直接在表格中进行比较。表格法具有灵活、适用性强的特点，并可根据实际需要进行增减项。

【例 6-2】　某项目进展到第 17 周后，对前 16 周的工作进行了统计检查，有关情况列于表 6-23 中。

（1）挣值法使用的三项成本值是什么？

（2）补充完整表 6-23，并进行挣值法三项成本值的汇总。

（3）计算 16 周末的 CV 和 SV，并分析成本和进度状况。

（4）计算 16 周末的 CPI 和 SPI，并分析成本和进度状况。

表 6-23　某项目检查记录表

单位:万元

工作代号	计划完成工作预算成本	已完工作量/%	实际发生成本	挣值
A	240	100	260	
B	250	100	250	
C	500	100	500	
D	280	100	280	
E	360	100	300	
F	540	50	400	
G	680	100	600	
H	700	100	700	
I	240	50	130	
J	150	60	100	
K	1200	40	600	
合计		—		

【解】

(1)挣值法的三个成本值:已完工作预算成本(BCWP)、计划完成工作预算成本(BCWS)和已完工作实际成本(ACWP)。

(2)根据检查记录表,将计划完成工作预算成本(BCWS)与已完工作量对应工作项相乘,计算确定第16周周末每项工作的 BCWP;16 周周末总的 BCWP 为 3970 万元,16 周周末 ACWP 为 4120 万元,BCWS 为 5140 万元,如表 6-24 所示。

表 6-24　某项目前 16 周三项成本值汇总表

单位:万元

工作代号	计划完成工作预算成本	已完工作量/%	实际发生成本	挣值
A	240	100	260	240
B	250	100	250	250
C	500	100	500	500
D	280	100	280	280
E	360	100	300	360
F	540	50	400	270
G	680	100	600	680
H	700	100	700	700
I	240	50	130	120
J	150	60	100	90
K	1200	40	600	480
合计	5140	—	4120	3970

（3）计算 16 周末的 CV 和 SV：

根据公式，CV＝BCWP－ACWP＝3970－4120＝－150（万元）＜0，说明成本超支 150 万元。

SV＝BCWP－BCWS＝3970－5140＝－1170（万元）＜0，说明进度延误 1170 万元。

（4）计算 16 周末的 CPI 和 SPI：

根据公式，CPI＝BCWP/ACWP＝3970/4120＝0.964＜1，说明成本超支 3.6%。

SPI＝BCWP/BCWS＝3970/5140＝0.772＜1，说明进度延误 22.8%。

②横道图法

横道图法是用不同的横道标识已完工作预算成本（BCWP）、计划完成工作预算成本（BCWS）和已完工作实际成本（ACWP），横道的长度与其金额成正比。横道图法具有形象直观、一目了然的优点，能够准确表达出费用的绝对偏差，而且能让人一眼感受到偏差的严重性，但这种方法反映的信息量少，一般在项目的较高管理层应用。

【例 6-3】　某工程项目计划进度与实际进度如图 6-13 所示，表中实线表示计划进度（进度线上方的数据为每周计划投资），虚线表示实际进度（进度线上方的数据为每周实际投资），假定各分项工程每周计划完成和实际完成的工程量相等，且进度匀速进展。

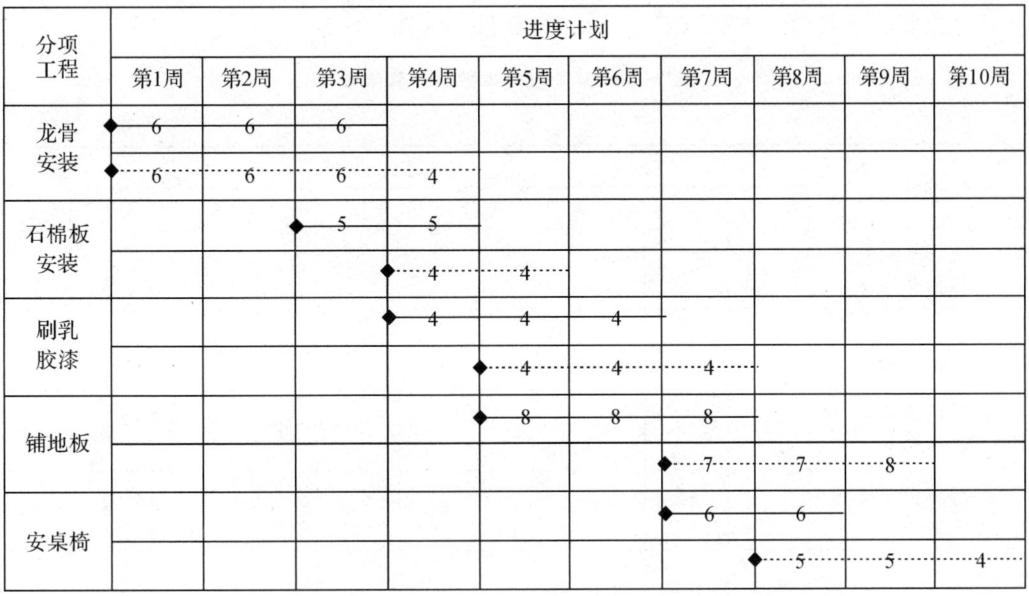

图 6-13　某工程项目计划进度与实际进度

（1）计算每周成本数据，并将结果填入表 6-25。

表 6-25　某工程成本数据

单位：万元

项目	成本数据									
	第 1 周	第 2 周	第 3 周	第 4 周	第 5 周	第 6 周	第 7 周	第 8 周	第 9 周	第 10 周
每周计划完成工作预算成本										

续表

项目	成本数据									
	第1周	第2周	第3周	第4周	第5周	第6周	第7周	第8周	第9周	第10周
计划完成工作预算成本累计										
每周已完工作实际成本										
已完工作实际成本累计										
每周已完工作预算成本										
已完工作预算成本累计										

（2）分析第5周周末和第8周周末的成本偏差和进度偏差。

【解】

（1）依据此工程计划进度与实际进度，知每周成本数据的结果，填入表6-26。

表 6-26　某工程成本数据计算结果

单位:万元

项目	成本数据									
	第1周	第2周	第3周	第4周	第5周	第6周	第7周	第8周	第9周	第10周
每周计划完成工作预算成本	6	6	11	9	12	12	14	6		
计划完成工作预算成本累计	6	12	23	32	44	56	70	76		
每周已完工作实际成本	6	6	6	8	8	4	11	12	13	14
已完工作实际成本累计	6	12	18	26	34	38	49	61	74	78
每周已完工作预算成本	4.5	4.5	4.5	9.5	9	4	12	12	12	4
已完工作预算成本累计	4.5	9	13.5	23	32	36	48	60	72	76

每周已完工作预算成本，以龙骨安装工程为例，其实际投资为：$6+6+6+4=22$（万元），4周完成，计划投资为3周完成$6+6+6=18$（万元），故每周已完工作预算成本＝投资计划/实际进度＝$18/4=4.5$（万元）。

（2）第5周周末成本偏差与进度偏差：

成本偏差（CV）＝已完工作预算成本（BCWP）－已完工作实际成本（ACWP）＝$32-34=-2$（万元）<0，即成本超支2万元。

进度偏差(SV)＝已完工作预算成本(BCWP)－计划完成工作预算成本(BCWS)＝32－44＝－12(万元)＜0,即进度拖后 12 万元。

第 8 周周末成本偏差与进度偏差:

成本偏差(CV)＝已完工作预算成本(BCWP)－已完工作实际成本(ACWP)＝60－61＝－1(万元)＜0,即成本超支 1 万元。

进度偏差(SV)＝已完工作预算成本(BCWP)－计划完成工作预算成本(BCWS)＝60－76＝－16(万元)＜0,即进度拖后 16 万元。

③网络计划法

网络计划在施工进度的安排上具有较强的逻辑性,且可随时进行优化和调整,因而,基于网络图对每道工序的成本进行动态控制更为有效。

【例 6-4】　某工程项目施工合同于 2011 年 12 月签订,约定的合同工期为 20 个月,2012年 1 月正式开始施工,施工单位按合同要求编制了混凝土结构工程施工进度时标网络计划,如图 6-14 所示,并经专业监理工程师审核批准。

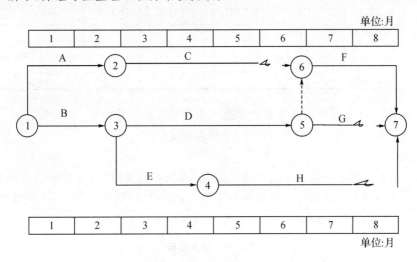

图 6-14　某工程项目时标网络计划

该项目的各项工作均按最早开始时间安排,且各工作每月所完成的工程量相等。各工作的计划工程量和实际工程量如表 6-27 所示。工作 D、E、F 的实际工作持续时间与计划工作持续时间相同。

表 6-27　某工程项目计划工程量和实际工程量

单位:m³

工作	A	B	C	D	E	F	G	H
计划工程量	8800	9200	5700	10000	6000	5000	3000	3600
实际工程量	8800	9200	5700	9000	5000	4800	3000	5800

合同约定,混凝土结构工程综合单价为 1500 元/m³,按月结算。结算价按项目所在地混凝土结构工程价格指数进行调整,项目实施期间各月的混凝土结构工程价格指数如表 6-28 所示。

表 6-28　混凝土结构工程价格指数表

单位:%

时间	2011-12	2012-01	2012-02	2012-03	2012-04	2012-05	2012-06	2012-07	2012-08	2012-09
价格指数	100	115	105	110	120	110	110	120	110	110

施工期间,由于建设单位原因,工作 H 的开始时间比计划的开始时间推迟 1 个月,并且工作 H 工程量的增加使该工作的工作持续时间延长了 1 个月。

(1)请按施工进度计划编制资金使用计划(即计算每月和累计计划工作预算成本),并简要写出其步骤。计算结果填入表 6-29,并完成表 6-29 中其他项。

表 6-29　某工程项目费用数据

单位:万元

项目	费用数据								
	第 1 周	第 2 周	第 3 周	第 4 周	第 5 周	第 6 周	第 7 周	第 8 周	第 9 周
每月计划工作预算成本									
累计计划工作预算成本									
每月已完工作预算成本									
累计已完工作预算成本									
每月已完工作实际成本									
累计已完工作实际成本									

(2)计算工作 H 各月的已完工作预算成本和已完工作实际成本。

(3)列式计算 8 月末的费用偏差(CV)和进度偏差(SV)。

【解】

(1)将各工作计划工作量与单价相乘后,除以该工作持续时间,得到各工作每月计划工作预算成本;再将时标网络计划中各工作分别按月纵向汇总得到每月计划工作预算成本;然后逐月累加得到各月累计计划工作预算成本。计算结果如表 6-30 所示。

表 6-30　计算结果

单位:万元

项目	费用数据								
	第 1 周	第 2 周	第 3 周	第 4 周	第 5 周	第 6 周	第 7 周	第 8 周	第 9 周
每月计划工作预算成本	1350	1350	1110	1110	840	555	1005	375	
累计计划工作预算成本	1350	2700	3810	4920	5760	6315	7320	7695	
每月已完工作预算成本	1350	1350	997.5	997.5	622.5	555	1027.5	577.5	217.5
累计已完工作预算成本	1350	2700	3697.5	4695	5317.5	5872.5	6945	7522.5	7740
每月已完工作实际成本	1552.5	1417.5	1097.25	1197	684.75	610.5	1233	635.25	239.25
累计已完工作实际成本	1552.5	2970	4067.25	5264.25	5949	6559.5	7792.5	8427.75	8667

$\boxed{\text{每月计划工作预算成本}}$　以第 1 个月为例,每月计划工作预算成本包括 A 和 B 工作(从时标网络图可看出)。

A 工作第 1 个月计划工作预算成本 $= 8800 \times \dfrac{1500}{2} \div 10000 = 660$(万元);

B 工作第 1 个月计划工作预算成本 $= 9200 \times \dfrac{1500}{2} \div 10000 = 690$(万元);

所以，第 1 个月每月计划工作预算成本＝660＋690＝1350（万元）。

每月已完工作预算成本 以 3 月为例，通过时标网络计划图和工程实际进展，第 3 个月施工的工作有 C、D、E 三项工作。所以，第 3 个月已完工作预算成本为 3 项工作对应成本之和。

其中，C 工作已完工作预算成本＝C 工作实际工作量×$\dfrac{预算单价}{C 工作持续时间}$＝$\dfrac{5700}{3}$×1500÷10000＝285（万元）；

同理，D 工作已完工作预算成本＝$\dfrac{9000}{4}$×1500÷10000＝337.5（万元）；

E 工作已完工作预算成本＝$\dfrac{5000}{2}$×1500÷10000＝375（万元）；

合计第 3 个月已完工作预算成本＝285＋337.5＋375＝997.5（万元）。

每月已完工作实际成本 以 1 月为例，通过时标网络计划图和工程实际进展，可知第 1 个月施工的工作为 A、B 两项工作。所以，第 1 个月已完工作实际成本为此两项工作对应成本之和。

其中，A 工作已完工作实际成本＝$\dfrac{A 工作实际工作量}{A 工作实际持续时间}$×实际单价

$$＝\dfrac{8800}{2}×1500×\dfrac{115\%}{100\%}÷10000＝759（万元）；$$

同理，B 工作已完工作实际成本＝$\dfrac{9200}{2}$×1500×$\dfrac{115\%}{100\%}$÷10000＝793.5（万元）；

合计第 1 个月已完工作实际成本＝759＋793.5＝1552.5（万元）。

（2）H 工作 6—9 月每月实际完成工作量为 5800÷4＝1450（m^3/月）；

H 工作 6—9 月已完工作预算成本均为 1450×1500÷10000＝217.5（万元）；

H 工作已完工作实际成本：

6 月份：217.5×110％＝239.25（万元）；

7 月份：217.5×120％＝261（万元）；

8 月份：217.5×110％＝239.25（万元）；

9 月份：217.5×110％＝239.25（万元）。

（3）8 月末的成本偏差和进度偏差

成本偏差（CV）＝已完工作预算成本－已完工作实际成本
　　　　　　　＝7522.5－8427.75＝－905.25（万元）＜0，即超支 905.25 万元。

进度偏差（SV）＝已完工作预算成本－计划工作预算成本
　　　　　　　＝7522.5－7695＝－172.5（万元）＜0，即进度拖后 172.5 万元。

④曲线法

曲线法分析成本偏差，即在由时间和成本组成的坐标系中，绘制 BCWP、BCWS 和 ACWP 三条曲线（见图 6-15），进行对比分析。在实际执行过程中，最理想的状态是 ACWP、BCWS、BCWP 三条曲线靠得很近、平稳上升，表示项目按预定计划目标进行。

如果三条曲线离散度不断增加，则预示可能发生关系到项目成败的重大问题。挣值法偏差分析与纠编措施如表 6-31 所示。

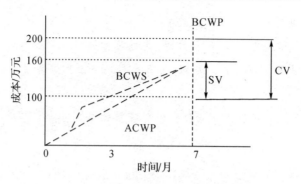

图 6-15　三种成本参数曲线

表 6-31　挣值法偏差分析与纠偏措施

图形	参数关系	分析及措施
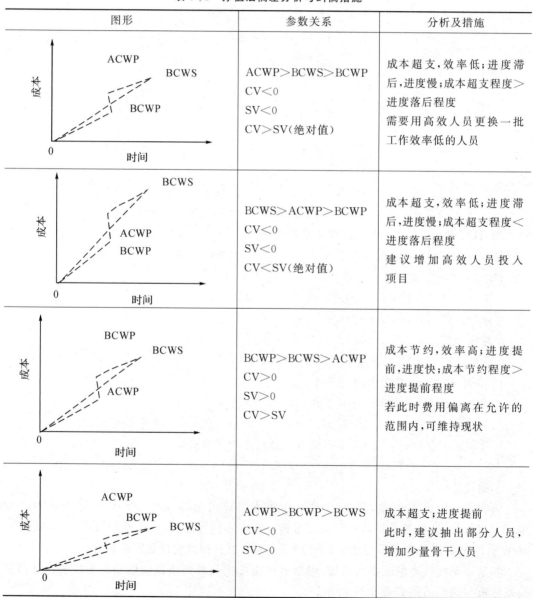	ACWP＞BCWS＞BCWP CV＜0 SV＜0 CV＞SV（绝对值）	成本超支,效率低;进度滞后,进度慢;成本超支程度＞进度落后程度 需要用高效人员更换一批工作效率低的人员
	BCWS＞ACWP＞BCWP CV＜0 SV＜0 CV＜SV（绝对值）	成本超支,效率低;进度滞后,进度慢;成本超支程度＜进度落后程度 建议增加高效人员投入项目
	BCWP＞BCWS＞ACWP CV＞0 SV＞0 CV＞SV	成本节约,效率高;进度提前,进度快;成本节约程度＞进度提前程度 若此时费用偏离在允许的范围内,可维持现状
	ACWP＞BCWP＞BCWS CV＜0 SV＞0	成本超支;进度提前 此时,建议抽出部分人员,增加少量骨干人员

续表

图形	参数关系	分析及措施
	BCWP＞ACWP＞BCWS CV＞0 SV＞0 CV＜SV	成本节约,效率高;进度提前,进度快;成本节约程度＜进度提前程度 此时,可抽出部分人员,放慢进度
	BCWS＞BCWP＞ACWP CV＞0 SV＜0	成本节约;进度滞后 此时,需要采取赶工措施,迅速增加人员投入

3. 价值工程法

价值工程(value engineering,VE)又称价值分析(value analysis,VA)、功能成本分析,是以产品或作业的功能分析为核心,以提高产品或作业的价值为目的,对项目进行事前成本控制的一种方法。价值工程法在设计阶段应用较多,探究工程设计的技术合理性,探索有无改进的可能性,在提高功能的基础上降低成本。价值工程法同样适用于项目的施工阶段,进行施工方案的技术经济分析,降低施工成本。

(1)价值工程的定义

价值工程中价值的含义是产品的一定功能与获得这种功能所支出的成本之比,即

$$价值＝\frac{功能}{成本}$$

式中,功能指研究对象(产品)所具有的能够满足某种需要的属性或效用;成本指产品在寿命期内所花费的全部费用,包括生产成本和使用成本。价值工程是一项有组织的管理活动,涉及面广,过程复杂,必须按照一定的程序进行。价值工程的工作步骤如表 6-32 所示。

表 6-32　价值工程的工作步骤

工作步骤	含　义
对象选择	明确研究目标,选择影响产品成本和功能的关键因素
制订工作计划	组成价值工程领导小组,拟出工作计划
收集信息	收集与研究对象相关的信息资料

续表

工作步骤	含义
功能分析 （核心工作）	明确功能的本质和要求,弄清研究对象各项功能之间的关系以及功能评价标准,调整功能间的比重,使研究对象功能结构更合理
功能评价	计算研究对象的成本和功能评价值,分析各项功能与成本之间的匹配程度,以明确功能改进区域及改进思路,为方案创新做准备
方案创新及评价	在前述功能分析和评价的基础上,提出不同的方案,从技术、经济等方面综合评价各方案的优劣,从而选出最佳方案
方案实施与检查	制订实施计划,组织实施,并跟踪检查,对实施后取得的技术经济效果进行成果鉴定

（2）价值工程分析对象

按价值工程公式分析提高价值的途径,据此选择的价值分析的对象如表 6-33 所示。当价值工程方法用于多方案评价选优时,遵循的原则是 V 越大越好;当价值工程方法用于成本控制时,价值系数低的（即投入的成本远远超过获得的功能的）,应是成本改进的对象,改善或优化的方向是 $V=1$,即投入的成本和获得的功能相匹配,有效降低成本。

表 6-33　价值工程分析对象及提高价值的途径

提高价值的途径	价值工程分析对象
功能提高,成本不变	数量大、应用面广的构配件
功能不变,成本降低	成本高的工程和构配件
功能提高,成本降低	结构复杂的工程和构配件
降低辅助功能,大幅度降低成本	体积与质量大的工程和构配件;对产品功能提高起关键作用的构配件
成本稍有提高,大大提高功能	使用中维修费用高、耗能量大或使用期的总费用较大的工程和构配件

　　注:选择价值系数低、降低成本潜力大的工作作为价值分析对象(在施工中容易保证质量的工程和构配件;施工难度大、多花费材料和工时的工程和构配件等)。

（3）价值系数的计算

价值工程法的目的是实现产品或作业的功能与成本之间的最佳比例,故需要对产品或作业的功能描述、整理以及功能计算问题等,采取一些方法进行定量计算,然后与成本进行比较,计算出价值系数,计算步骤如表 6-34 所示。

表 6-34　价值系数的计算步骤

计算步骤	计算公式
评分法计算各个分部分项工程的功能系数	功能系数$(F)=\dfrac{分部分项工程得分}{施工项目总得分}$
计算各个分部分项工程的成本系数	成本系数$(C)=\dfrac{分部分项工程成本}{施工项目总成本}$
计算各个分部分项工程的价值系数	价值系数$(V)=\dfrac{功能系数\,F}{成本系数\,C}$

【**例 6-5**】　某施工单位承接了某项工程的总包施工任务,该工程由 A、B、C、D 四项工作组成,施工场地狭小。为了进行成本控制,项目经理部对各项工作进行了分析,其结果如表 6-35 所示。

表 6-35　价值分析有关的数据

工作	功能评分	预算成本/万元
A	18	680
B	35	1360
C	27	1200
D	20	760

(1)计算表 6-36 中 A、B、C、D 四项工作的评价系数、成本系数和价值系数(计算结果保留小数点后两位)。

表 6-36　价值工程各系数计算

工作	功能评分	预算成本/万元	评价系数	成本系数	价值系数
A	18	680			
B	35	1360			
C	27	1200			
D	20	760			

(2)在 A、B、C、D 四项工作中,施工单位应首选哪项工作作为降低成本的对象? 说明理由。

【**解**】

(1)各工作评价系数、成本系数和价值系数计算结果如表 6-37 所示。

表 6-37　价值工程各系数计算结果

工作	功能评分	预算成本/万元	评价系数	成本系数	价值系数
A	18	680	0.18	0.17	1.06
B	35	1360	0.35	0.34	1.03
C	27	1200	0.27	0.30	0.90
D	20	760	0.20	0.19	1.05
合计	100	4000	1.00	1.00	—

(2)施工单位应首选 C 工作作为降低成本的对象。

理由:C 工作价值系数低,降低成本潜力大。

6.3.4　工程项目成本核算

工程项目成本核算是把一定时期内企业施工过程中所发生的费用,按其性质分类归集、汇总、核算,计算出该时期生产经营费用发生总额和分别计算出每种产品的实际成本和单位成本的管理活动。工程项目成本核算所提供的各种成本信息,是成本预测、成本计划、成本控制、成本分析和成本考核等成本管理的各环节的依据。工程项目成本核算包括两个环节：一是按照规定的成本开支范围对施工费用进行归集和分配，计算出施工费用的实际发生额；二是根据成本核算对象，采用适当的方法，计算出该施工项目的总成本和单位成本。

1. 工程项目成本核算对象

工程项目成本核算对象是指在计算工程成本中，确定、归集和分配生产费用的具体对象，即生产费用承担的客体。成本计算对象的确定，是设立工程成本明细分类账户、归集和分配生产费用以及正确计算工程成本的前提。施工成本一般以单位工程为核算对象，也可按照承包工程项目的规模、工期、结构类型、施工组织和施工现场等情况，结合成本管理要求，灵活划分成本核算对象。

2. 工程项目成本核算内容和工作流程

项目经理部在承建工程项目并收到设计图纸以后，一方面要进行现场"三通一平"等施工前期准备工作；另一方面还要组织力量分头编制施工图预算、施工组织设计，降低成本计划和控制措施。最后将实际成本与预算成本、计划成本对比考核：通过实际成本与预算成本的对比，考核施工项目成本的降低水平；通过实际成本与计划成本的对比，考核工程项目成本的管理水平。

实施工程项目全过程成本核算，具体可分为定期的成本核算和竣工工程成本核算。其中，形象进度表达的工程量、统计施工产值的工程量和实际成本归集所依据的工程量均应是相同的数值，即工程项目形象进度、产值统计、实际成本归集三同步，三者的取值范围应是一致的。工程项目成本核算工作流程如图 6-16 所示。

工程项目成本核算工作流程 {
　①项目开工后记录各分项工程中消耗的人工费、材料费、机械台班使用费等，这是成本管理的基础工作
　②本期内工程完成状况的量度。对已完工程的量度按实际计算确定。当跨期分项工程出现时，可以按照工作包中工序的完成进度计算
　③工程工地管理费及总部管理费实际开支的汇总、核算和分摊。为了明确项目经理部的经济责任，分清成本费用的可控区域，正确合理地反映项目管理的经济效益，企业和项目在管理费用上分开核算
　④各分项工程以及总工程的各个费用项目核算及盈亏核算，提出工程成本核算报表
}

图 6-16　工程项目成本核算工作流程

对竣工工程的成本核算，应区分为竣工工程的现场成本和竣工工程的完全成本，分别由项目经理部和企业财务部门进行核算分析，以分别考核项目管理绩效和企业经营效益。

3. 施工项目成本核算方法

施工项目成本核算方法常用的有三种，如表 6-38 所示。

表 6-38　施工项目成本核算方法

核算方法	内容
会计核算	依靠会计方法为主要手段,通过设置账户、复式记账、填制和审核凭证、登记账簿、成本计算、财产清查和编制会计报表等一系列系统的组织方法,来记录企业的一切生产经营活动,然后据以提出用货币来反映的有关各种综合性经济指标的一些数据。资产、负债、所有者权益、营业收入、成本、利润等会计六要素指标主要是通过会计来核算
业务核算	是各业务部门根据业务工作的需要而建立的核算制度。它包括原始记录和计算登记表,如单位工程及分部分项工程进度登记、质量登记、功效及定额计算登记、物资消耗定额记录、测试记录等
统计核算	是利用会计核算资料和业务核算资料,把企业生产经营活动客观现状的大量数据,按统计方法加以系统整理,表明其规律性

施工项目成本核算通过以上"三算"的方法,获得项目成本的第一手资料,并将项目总成本和各个成本项目进行实际值和计划目标值的互相对比,用于观察分析成本升降情况。

6.4　工程项目成本分析与考核

工程项目成本分析是在成本形成过程中,对施工项目成本进行的对比评价和总结工作。它主要是利用施工项目的成本核算资料,与计划成本、预算成本以及类似项目的实际成本进行比较,了解成本的变动情况,分析主要技术经济指标对成本的影响,系统地研究成本变动的因素,检查成本计划的合理性,深入揭示成本变动的规律,寻找降低施工项目成本的途径,以便有效地进行成本控制。

工程项目成本考核是在施工项目完成后,对施工项目成本形成中的各责任者,按施工项目成本目标责任制的有关规定,将成本的实际指标与计划指标进行对比和考核,评定施工项目成本计划的完成情况和各责任者的业绩,并以此给以相应的奖励和处罚。

6.4.1　实际成本信息资料积累

施工项目实际成本信息资料等工程造价资料的积累,一般包括工程项目、单项工程和单位工程成本信息资料,主要是对工程进展情况和成本计划执行情况进行跟踪检查,收集有关费用支出和工程量完成情况的信息。

施工项目实际成本信息资料不仅包括"量"和"价"的方面,还包括工程建设基本情况、工程建筑结构特征、工程技术条件、建设条件等,注重收集资料的完整性。内容包括:对成本有主要影响的技术经济条件,如项目技术标准、工程工期和施工地点等;主要的工程量,主要材料量和主要设备的名称、型号、规格、数量等;投资估算、概算、预算、竣工结算、竣工决算及造价指数等;工程结构特征、主要工程量、主要材料的用量和单价、人工工日用量和人工费以及相应的造价等。

6.4.2　实际成本与计划成本的比较与分析

工程项目成本管理者根据收集的工程项目实际成本信息资料,进行工程项目实际成本与计划成本的比较和分析。

1. 施工成本分析的基本方法

施工成本分析的基本方法主要有比较法、因素分析法、差额计算法和比率法等。

（1）比较法

比较法又称指标对比分析法，即通过技术经济指标的对比，检查目标的完成情况，分析产生差异的原因，进而挖掘内部潜力的方法。其形式主要有：

①实际指标与目标指标对比。以此检查目标完成情况，分析影响目标完成的积极因素和消极因素，以便及时采取措施，保证成本目标的实现。

②本期实际指标与上期实际指标对比。此对比可以反映各项技术经济指标的变动情况，以及施工管理水平的提高程度。

③与同行业平均水平、先进水平对比。此对比可以反映本项目的技术管理和经济管理与行业的平均水平和先进水平的差距，进而采取措施提高本项目水平。

【例 6-6】　某项目当年节约"三材"的目标为 18 万元，实际节约 20 万元，上年节约 16 万元，本企业先进水平为节约 22 万元。试将当年实际数与当年目标数、上年实际数、企业先进水平对比。

【解】　对比情况如表 6-39 所示。

表 6-39　成本分析对比

单位：万元

指标	本年目标数	上年实际数	企业先进水平	本年实际数	差异数（对比）		
					与目标	与上年	与先进
"三材"节约额	18	16	22	20	+2	+4	−2

由表 6-39 可知，"三材"节约额实际数比目标数和上年实际数均有增加，但是本企业水平比先进水平还少 2 万元，尚有潜力可挖。

（2）因素分析法

因素分析法又称连锁置换法或连环代替法。此方法可用来分析各种成本因素对成本的影响程度。在进行分析时，首先要假定众多成本因素中的一个因素发生了变化，而其他因素则不变，然后逐个替换，分别计算其结果，并确定各个成本因素的变化对成本的影响程度。因素分析法的计算步骤如下：

①确定分析对象，并计算出实际与目标数的差异；

②确定该指标是由哪几个因素组成的，并按其相互关系进行排序（排序规则是：先实物量，后价值量；先绝对值，后相对值）；

③以目标数为基础，将各因素的目标数相乘，作为分析替代的基数；

④将各个因素的实际数按照上面的排列顺序进行替换计算，并将替换后的实际数保留下来；

⑤将每次替换计算所得的结果，与前一次的计算结果相比较，两者的差异即为该因素对成本的影响程度；

⑥各个因素的影响程度之和，应与分析对象的总差异相等。

【例 6-7】　商品混凝土目标成本为 463500 元，实际成本为 490048 元，比目标成本增加 26548 元，资料如表 6-40 所示，分析成本增加的原因。

表 6-40　商品混凝土目标成本与实际成本对比

项目	单位	目标	实际	差额
产量	m³	600	620	+20
单价	元	750	760	+10
损耗率	%	3	4	+1
成本	元	463500	490048	+26548

【解】

(1)分析对象是商品混凝土的成本,实际成本与目标成本的差额为 26548 元,该指标是由产量、单价、损耗率三个因素组成的,详见表 6-40。

(2)以目标数 463500 元(463500＝600×750×1.03)为分析替代的基础。

第一次替代产量因素,以 620 替代 600:

$$620×750×1.03＝478950(元)$$

第二次替代单价因素,以 760 替代 750,并保留上次替代后的值:

$$620×760×1.03＝485336(元)$$

第三次替代损耗率因素,以 1.04 替代 1.03,并保留上两次替代后的值:

$$620×760×1.04＝490048(元)$$

(3)计算差额:

第一次替代与目标数的差额＝478950－463500＝15450(元);

第二次替代与第一次替代的差额＝485336－478950＝6386(元);

第三次替代与第二次替代的差额＝490048－485336＝4712(元)。

(4)产量增加使成本增加了 15450 元,单价提高使成本增加了 6386 元,而损耗率上升使成本增加了 4712 元。

(5)各因素的影响程度之和为 15450＋6386＋4712＝26548 元,和实际成本与目标成本的总差额相等。

为了使用方便,企业也可以通过运用因素分析表来求出各因素变动对实际成本的影响程度,如表 6-41 所示。

表 6-41　商品混凝土成本变动因素分析

顺序	连环替代计算	差异	因素分析
目标数	600×750×1.03		
第一次替代	620×750×1.03	15450	由于产量增加 20m³,成本增加 15450 元
第二次替代	620×760×1.03	6386	由于单价提高 10 元,成本增加 6386 元
第三次替代	620×760×1.04	4712	由于损耗率上升 1%,成本增加 4712 元
合计	15450＋6386＋4712＝26548	26548	

(3)差额计算法

差额计算法是因素分析法的一种简化形式,它利用各个因素的目标值与实际值的差额来计算其对成本的影响程度。

【例 6-8】　某施工项目某月的实际成本降低额比目标数提高了 6 万元,如表 6-42 所示。使用差额分析法分析成本降低额超过目标数的原因,以及成本降低率对成本降低额的影响程度。

表 6-42　差额计算分析

项目	计划降低	实际降低	差异
预算成本	400 万元	450 万元	+50 万元
成本降低率	3%	4%	+1%
成本降低额	12 万元	18 万元	+6 万元

【解】

预算成本增加对成本降低额的影响程度:$(450-400)\times 3\% = 1.5$(万元)。

成本降低率提高对成本降低额的影响程度:$(4\%-3\%)\times 450 = 4.5$(万元)。

合计:$1.5+4.5 = 6$(万元)。其中,成本降低率的提高是主要原因,根据有关资料可进一步分析成本降低率提高的原因。

(4)比率法

比率法是用两个以上指标的比例进行分析的方法。它的基本特点是先把对比分析的数值变成相对数,再观察其相互之间的关系。常用的比率法有以下几种:

①相关比率。由于项目经济活动的各个方面是相互联系、相互依存又相互影响的,因而将两个性质不同而又相关的指标加以对比,求出比率,并以此来考察经营成果的好坏。

②构成比率。通过构成比率,可以考察成本总量的构成情况以及各成本项目占成本总量的比例,同时可看出量、本、利的比例关系(即预算成本、实际成本和降低成本的比例关系),从而为寻求降低成本的途径指明方向。构成比率法样表如表 6-43 所示。

表 6-43　构成比率法样表

成本项目	预算成本		实际成本		降低成本		
	金额/万元	比重/%	金额/万元	比重/%	金额/万元	占本项的比重%	占总量的比重%
人工费							
材料费							
机械使用费							
...							

③动态比率。将同类指标不同时期的数值进行对比,求出比率,用以分析该指标的发展方向和发展速度。动态比率的计算通常采用基期指数(或稳定比指数)和环比指数两种方法。动态比率法样表如表 6-44 所示。

表 6-44　动态比率法样表

指标	第一季度	第二季度	第三季度	第四季度
降低成本/万元	66.50	69.20	72.50	76.40
基期指数/%		104.06	109.02	114.89
环比指数/%		104.06	104.77	109.66

注:基期指数假定第一季度=100%;环比指数上一季度=100%。

2. 综合成本的分析方法

综合成本的分析方法是指涉及多种生产要素,并受多种因素影响的成本费用,如分部分项工程成本分析、月(季)度成本分析、年度成本分析、竣工成本的综合分析等。由于这些成本都是随着项目施工的进展而逐步形成的,与生产经营有着密切的关系,因此,做好上述成本的分析工作,无疑将促进项目的生产经营管理,提高项目的经济效益。

(1)分部分项工程成本分析,是施工项目成本分析的基础,其对象为已完成分部分项工程。分析方法是进行预算成本、目标成本和实际成本的"三算"对比,分别计算实际偏差,分析偏差产生的原因,为今后的分部分项工程成本寻求节约途径。

(2)月(季)度成本分析,是施工阶段定期的、经常性的中间成本分析。

(3)年度成本分析。由于项目的施工周期一般较长,进行年度成本的核算和分析,为今后的成本管理提供经验和教训。

(4)竣工成本的综合分析。凡是有几个单位工程而且是单独进行成本核算(即成本核算对象)的施工项目,其竣工成本分析应以各单位工程竣工成本分析资料为基础,再加上项目经理部的经营效益(对外分包等)进行综合分析。

6.4.3　项目成本考核

施工项目成本考核是贯彻项目成本责任制的重要手段,也是项目管理激励机制的体现。施工成本考核的目的是通过衡量项目成本降低的实际成果,对成本指标完成情况进行总结和评价。

项目成本考核的内容应包括责任成本完成情况考核和成本管理工作业绩考核。施工成本考核的做法是分层进行,企业对项目经理部进行成本管理考核,项目经理部对项目内部各岗位及各作业层进行成本管理考核。因此,企业和项目经理部都应建立健全项目成本考核的组织,公正、公平、真实、准确地评价项目经理部及管理人员的工作业绩和问题。

项目成本考核应按照下列要求进行:企业对施工项目经理部进行考核时,应以确定的责任目标成本为依据;项目经理部应以控制过程的考核为重点,控制过程的考核应与竣工考核相结合;各级成本考核应与进度、质量、成本等指标完成情况相联系;项目成本考核的结果应形成文件,为奖罚责任人提供依据。

6.5　降低工程项目成本的途径与措施

降低工程项目成本的途径应该是既增收又节支,如表 6-45 所示。

表 6-45　降低工程项目成本的途径

途径	含义
认真会审图纸,积极提出修改意见	从方便施工、有利于加快施工进度和保证工程质量等方面综合考虑,提出积极的修改意见,在取得用户和设计单位的同意后,修改设计图纸,同时办理增减账
加强合同预算管理,降低工程成本	深入研究合同内容,正确编制施工图预算,根据工程变更资料,及时办理增减账

续表

途径	含义
制订先进的、经济合理的施工方案	施工方案主要包括四项内容:施工方法的确定、施工机具的确定、施工顺序的安排和流水施工的组织
落实技术组织措施	在项目经理的领导下明确分工:由工程技术人员定措施,材料人员供材料,现场管理人员和班组负责执行,财务成本员结算节约效果,最后由项目经理对有关人员进行奖罚
组织均衡施工,加快施工进度	按照编制的进度计划,组织均衡施工,将施工成本控制在计划范围内
降低材料成本	材料成本在整个项目成本中比重最大(一般可达70%),因此,节约材料成本成为降低项目成本的关键:节约采购成本,严格执行材料消耗定额,正确核算材料消耗水平,加强现场管理
提高机械利用率	结合施工方案的制订,从机械性能、操作运行和台班成本等因素综合考虑,选择最适合项目施工特点的施工机械;做好工序、工种机械施工的组织工作,最大限度地发挥机械效能;做好平时的机械维修保养工作
运用激励机制,调动职工增产节约的积极性	对关键工序施工的关键班组要实行重奖;对材料操作损耗特别大的工序,可由生产班组直接承包

为取得施工成本管理的理想成效,应从多方面采取措施实施管理,通常可以将这些措施归纳为组织措施、技术措施、经济措施和合同措施,如表 6-46 所示。

表 6-46　施工项目成本控制措施

措施	含义
组织措施	实行项目经理责任制,落实施工成本管理的组织结构和人员,明确各级施工成本管理人员的任务和职能分工、权力和责任 编制施工成本控制工作计划,确定合理详细的工作流程
技术措施	包括进行技术经济分析,确定最佳的施工方案;结合施工方法,进行材料使用的比选,在满足功能要求的前提下,降低材料消耗的费用;确定合适的施工机械、设备使用方案等
经济措施	编制资金使用计划,确定、分解施工成本管理目标;对施工成本管理目标进行风险分析,并制定防范性对策;及时准确地记录、收集、整理、核算实际发生的成本;对各种变更及时做好增减账,通过偏差分析和未完工工程预测,发现一些潜在的问题
合同措施	选用合适的合同结构;在合同的条款中,仔细考虑一切影响成本和效益的因素,采取必要的风险对策;在合同执行过程中,要密切注意对方合同执行的情况,同时要密切关注自己履行合同的情况

6.6　案例分析

【**例 6-9**】　某公司中标的建筑工程的网络计划如图 6-17 所示,计划工期 12 周,其持续时间和成本等如表 6-47 所示。工程进行到第 9 周时,D 工作完成了 2 周,E 工作完成了 1周,F 工作已完成。

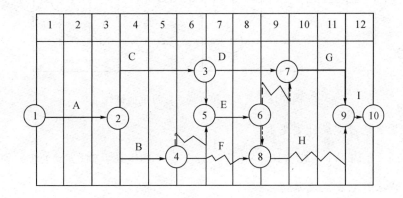

图 6-17　某公司中标的建筑工程的网络计划

表 6-47　某工程网络计划的持续时间和成本

工作名称	A	B	C	D	E	F	G	H	I	合计
持续时间/周	3	2	3	3	2	1	2	1	1	
计划完成成本/万元	12	10	8	12	16	18	34	20	36	166
计划支出成本/万元	14	12	10	10	18	16	25	20	18	143
功能评分/分	10	12	13	14	8	14	12	8	9	100

(1)绘制实际进度前锋线。

(2)如果后续工作按计划进行,试分析 D、E、F 三项工作对计划工期产生了什么影响?

(3)如果要保证工期不变,第 9 周后需要压缩哪项工作?

(4)若第 9 周末实际支出成本 68 万元,试计算并分析第 9 周末成本偏差和进度偏差。

(5)计算 A、B、C、D、E、F、G、H、I 9 项工作的评价系数、成本系数和价值系数(计算结果保留小数点后两位)。

(6)在上述的 9 项工作中,施工单位应首选哪项工作作为降低成本的对象? 说明理由。

【**解**】

(1)第 9 周实际进度前锋线如图 6-18 所示。

(2)三项工作对进度的影响:

①D 工作是关键工作,D 工作延误 1 周将使工期延长 1 周;

②E 工作是非关键工作,E 工作延误 1 周,但 E 有 1 周的总时差,不影响工期;

③F 工作按计划进行不影响工期。

(3)为保证工期不变,第 9 周后将 G 工作持续时间压缩 1 周。

(4)成本偏差和进度偏差:

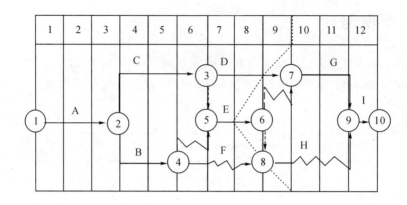

图 6-18　某工程第 9 周实际进度前锋线

①第 9 周末已经完成计划成本:

$$BCWP=12+10+8+\frac{2}{3}\times12+\frac{1}{2}\times16+18=64(万元)$$

②第 9 周末计划完成成本:

$$BCWS=12+10+8+12+16+18+20=96(万元)$$

③第 9 周末实际支出成本:ACWP=68(万元)

$$CV=BCWP-ACWP=64-68=-4\ 万元<0\ 成本超支$$

$$SV=BCWP-BCWS=64-96=-32\ 万元<0\ 进度延误$$

(5)工作 A、B、C、D、E、F、G、H、I 的评价系数、成本系数和价值系数如表 6-48 所示。

(6)施工单位应首选 H 工作作为降低成本的对象。理由是:H 工作价值系数最低,降低成本潜力最大。

表 6-48　本工程有关计算系数

工作名称	功能评分	计划支出成本/万元	评价系数	成本系数	价值系数
A	10	14	0.10	0.10	1.00
B	12	12	0.12	0.08	1.50
C	13	10	0.13	0.07	1.86
D	14	10	0.14	0.07	2.00
E	8	18	0.08	0.13	0.62
F	14	16	0.14	0.11	1.27
G	12	25	0.12	0.17	0.71
H	8	20	0.08	0.14	0.57
I	9	18	0.09	0.13	0.69
合计	100	143	1.00	1.00	—

本章习题

一、单项选择题

1. 施工成本管理的每一个环节都是相互联系和相互作用的，其中（　　）是成本决策的前提。

A. 成本预测　　　　B. 成本计划　　　　C. 成本核算　　　　D. 成本考核

2. 若施工企业能依据的定额齐全，则在编制施工作业计划时宜采用的定额是（　　）。

A. 概算指标　　　　B. 概算定额　　　　C. 预算定额　　　　D. 施工定额

3. 时间-成本累积曲线的特征是（　　）。

A. 每个工程只有一条时间-成本累积曲线

B. 每一条时间-成本累积曲线都对应某一特定的工程进度计划

C. 时间-成本累积曲线是按最早开始时间编制所形成的曲线

D. 时间-成本累积曲线必然包络在由关键工作都按最早开始时间开始和关键工作都按最迟必须开始时间开始的曲线所组成的"香蕉图"内

4. 某打桩工程施工到第三个月月底，出现了工程的费用偏差小于 0，进度偏差大于 0 的状况。则至第三个月底该打桩工程的已完工作实际成本（ACWP）、计划完成工作预算成本（BCWS）和已完工作预算成本（BCWP）的关系可以表示为（　　）。

A. BCWP＞ACWP＞BCWS　　　　B. BCWS＞BCWP＞ACWP

C. ACWP＞BCWP＞BCWS　　　　D. BCWS＞ACWP＞BCWP

5. 价值工程中价值的含义是产品的（　　）

A. 使用价值　　　　B. 交换价值　　　　C. 效用价值

D. 一定功能与获得这种功能所支出的费用之比

二、多项选择题

1. 关于施工总承包费用控制特点的说法，正确的有（　　）。

A. 投标人的投标报价依据较充分

B. 不利于业主对总造价的早期控制

C. 在施工过程中发生设计变更，可能发生索赔

D. 业主的合同管理工作量大大增加

E. 合同双方的风险较低

2. 分部分项工程成本分析过程中，计算偏差和分析偏差产生的原因，首先需进行对比的"三算"是（　　）。

A. 预算成本　　　　B. 业务成本　　　　C. 目标成本

D. 实际成本　　　　E. 统计成本

3. 关于运用动态控制原理控制施工成本的方法，正确的有（　　）

A. 相对于工程合同价而言，施工成本规划的成本值是实际值

B. 施工成本的计划值和实际值的比较，可以是定性的比较

C. 如果原定施工成本目标无法实现，则应采取特别措施及时纠偏，以免产生严重的不良后果

D. 在进行成本目标分解时,要分析和论证其实现的可能性

E. 成本计划值和实际值比较的成果是成本跟踪和控制报告

4. 在施工成本控制的步骤中,分析是在比较的基础上。对比较结果进行的分析,目的有(   )。

A. 发现成本是否超支　　　B. 确定纠偏的主要对象　　　C. 确定偏差的严重性

D. 找出产生偏差的原因　　　E. 检查纠偏措施的执行情况

5. 提高产品价值的途径为(   )

A. 在提高功能水平的同时,降低成本

B. 在保持成本不变的情况下,提高功能水平

C. 在提高功能水平的同时,提高成本

D. 在保持功能水平不变的情况下,降低成本

E. 成本稍有增加,功能水平大幅度提高

三、思考题

1. 简述施工成本的概念及构成。

2. 工程项目成本管理的内容有哪些?

3. 施工阶段目标成本的编制程序是什么?

4. 什么是工期-累计计划成本曲线?如何绘制?

5. 简述施工项目成本控制的原理。

6. 施工成本控制的程序及主要内容是什么?

7. 什么是挣值分析法?如何进行挣值分析?

8. 降低工程成本的主要途径有哪些?

9. 成本分析的方法有哪些?

四、案例分析题

1. 某建筑工程施工进度计划网络如图 6-19 所示。

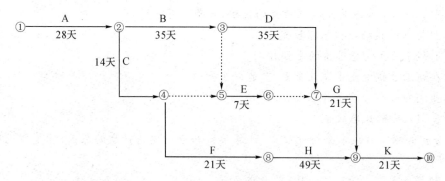

图 6-19　某建筑工程施工进度计划网络

施工中发生了以下事件。

事件 1:A 工作因设计变更停工 10 天;

事件 2:B 工作因施工质量问题返工,延长工期 7 天;

事件 3:E 工作因建设单位供料延期,推迟 3 天施工;

事件 4:在设备管道安装气焊作业时,火星溅落到正在施工的地下室设备用房聚氨脂防

水涂膜层上,引起火灾。

在施工进展到第 120 天后,施工项目部对第 110 天前的部分工作进行了统计检查。统计数据如表 6-49 所示。

表 6-49　某建筑工程施工统计数据

单位:万元

工作代号	计划完成工作预算成本	已完成工作量/%	实际发生成本	挣得值
1	540	100	580	
2	820	70	600	
3	1620	80	840	
4	490	100	490	
5	240	0	0	
合计				

(1)本工程计划总工期和实际总工期各为多少天?

(2)施工总承包单位可否就事件 1~事件 3 获得工期索赔? 分别说明理由。

(3)计算截止到第 110 天的合计 BCWP 值。

(4)计算第 110 天的 CV 值,并做 CV 值结论分析。

(5)计算第 110 天的 SV 值,并做 SV 值结论分析。

2. 某工程计划进度与实际进度横道图比较如图 6-20 所示,图中实线表示计划进度(进度线上方的数据为每周预算成本),虚线表示实际进度(进度线上方的数据为每周实际成本),假定各分项工程每周计划完成和实际完成的工作量相等,且进度匀速进展。

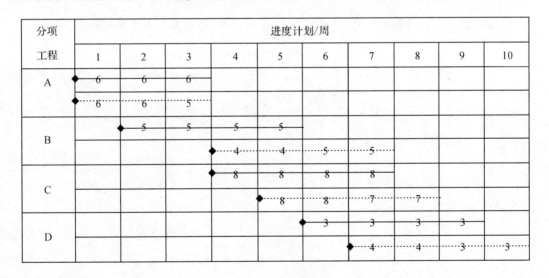

图 6-20　某工程计划进度与实际进度横道图比较

(1)计算每周投资数据,并将结果填入表 6-50 中。

表 6-50 投资数据

项目	投资数据									
	第 1 周	第 2 周	第 3 周	第 4 周	第 5 周	第 6 周	第 7 周	第 8 周	第 9 周	第 10 周
每周计划完成工作预算成本										
计划完成工作预算成本累计										
每周已完工作实际成本										
已完工作实际成本累计										
每周已完工作预算成本										
已完工作预算成本累计										

（2）分析第 5 周和第 8 周末的成本偏差和进度偏差。

（3）某工程浇筑一层结构商品混凝土,目标成本为 364000 元,实际成本为 383760 元,比目标成本增加 19760 元,资料如表 6-51 所示。

表 6-51 商品混凝土目标成本与实际成本对比

项目	单位	目标	实际	差额
产量	m³	500	520	+20
单价	元	700	720	+20
损耗率	%	4	2.5	-1.5
成本	元	364000	383760	+19760

试述因素分析法的基本理论,并根据表 6-51 的资料,分析其成本增加的原因。

第7章　工程项目健康安全与环境管理

学习要点和学习指导

本章主要叙述工程项目健康安全与环境管理的概念；介绍了安全事故的定义、分类及安全保障措施，安全事故预防与处理程序，以及工程项目环境管理体系的建立程序与环境保护防治措施。

通过本章的学习，学生应理解工程项目健康安全与环境管理基本概念；了解职业健康安全与环境管理的目的和任务；掌握工程项目健康安全管理体系和工程项目环境管理体系的建立程序；熟悉工程项目健康安全事故的分类和处理方法、工程项目环境保护的措施；具备工程项目施工安全和控制的基本能力，能进行安全文明施工和现场环境保护方案的编制。

随着经济的高速增长和科学技术的飞速发展，人们为了追求物质文明，生产力得到了极大提高，许多新技术、新材料、新能源涌现，使一些传统的产品和生产工艺逐渐消失，新的产业和生产工艺不断产生。在这背后，却出现了许多不文明的现象，尤其是在市场竞争日益加剧的情况下，人们往往专注于追求低成本、高利润，而忽视了劳动者的劳动条件和环境的改善，甚至以牺牲劳动者的职业健康安全和破坏人类赖以生存的自然环境为代价，职业健康安全与环境的问题越来越突出。为了保证劳动者在劳动生产过程中的健康安全和保护人类的生存环境，必须加强职业健康安全与环境管理。

7.1　概　述

目前，由于有关法律更趋严格，为促进良好职业健康安全实践的经济政策和环保措施更多地出台，相关方越来越关注职业健康安全与环境管理问题。各类组织越来越重视依照其职业健康安全方针和目标来控制职业健康安全风险，以实现并证实其良好职业健康安全绩效。加强建设工程项目环境管理的目的是保护生态环境，使社会的经济发展与人类的生存环境相协调。

7.1.1　健康安全与环境管理的概念

1. 职业健康安全与劳动保护

职业健康安全是国际上通用的词语，通常是指影响作业场所内的员工、临时工作人员、合同工作人员、合同方人员、访问者和其他人员健康安全的条件和因素。劳动保护通常是指保护劳动者在劳动生产过程中的健康和安全，包括改善劳动条件，预防工伤事故及职业病，实现劳逸结合和对女工、未成年工的特殊保护等方面采取的各种管理和技术措施。职业健康安全和劳动保护在名称上虽然不同,但其工作内容大致相同,可以认为是同一概念的两种不同的命名。

2. 环境

必须通过对"主体"的界定来确定环境的定义。比如,《中华人民共和国环境保护法》认为环境是指"影响人类生存和发展的各种天然和经过人工改造的自然因素的总体,包括大气、水、海洋、土地、矿藏、森林、草原、野生生物、自然遗迹、人文遗迹、自然保护区、风景名胜区、城市和乡村等"。这是一种把各种自然因素(包括天然和经过人工改造的)界定为"主体"的对环境的定义。《环境管理体系 要求及使用指南》(GB/T 24001—2016)认为环境是指"组织运行活动的外部存在,包括空气、水、土地、自然资源、植物、动物、人,以及它(他)们之间的相互关系"。这个定义是以组织运行活动为主体,其外部存在主要是指人类认识到的、直接或间接影响人类生存的各种自然因素及它(他)们之间的相互关系。

3. 职业健康安全与环境管理

根据《职业健康安全管理体系》(GB/T 28001—2011)和《环境管理体系 要求及使用指南》(GB/T 24001—2016),职业健康安全管理和环境管理都是项目管理体系的一部分,其管理的主体是项目,管理的对象是一个项目的活动、产品或服务中能与职业健康安全发生相互作用的不健康、不安全条件和因素及能与环境发生相互作用的要素。因此,在职业健康安全管理中,应建立项目健康安全的方针和目标,识别与项目运行活动有关的危险源及其风险,通过风险评价,对不可接受的风险采取措施进行管理和控制。在环境管理中,应建立环境管理的方针和目标,识别与项目运行活动有关的环境因素,通过环境影响评价,对能够产生重大环境影响的环境因素采取措施进行管理和控制。

应当特别指出的是,项目运行活动中的环境因素给环境造成的影响不一定都是有害的,有些环境因素会对环境造成有益影响。无论是对环境影响有害或有益的重大环境因素,都应采取措施进行管理和控制;而职业健康安全一般只对有害因素(不安全因素、不利于健康的因素)进行管理和控制。

7.1.2 职业健康安全与环境管理的目的

1. 建设工程项目职业健康安全管理的目的

建设工程项目职业健康安全管理的目的是防止和减少生产安全事故,保护产品生产者的健康与安全,保障人民群众的生命和财产免受损失。控制影响工作场所内员工、临时工作人员、合同方人员、访问者和其他有关部门人员健康和安全的条件和因素,考虑和避免因管理不当对员工健康和安全造成的危害,是职业健康安全管理的有效手段和措施。

2. 建设工程项目环境管理的目的

建设工程项目环境管理的目的是保护生态环境,使社会的经济发展与人类的生存环境相协调。控制作业现场的各种粉尘、废水、废气、固体废弃物以及噪声、振动对环境的污染和危害,考虑能源节约和避免资源的浪费,充分体现节能减排的社会责任。

7.1.3　职业健康安全与环境管理的任务

1. 职业健康安全与环境管理的任务

职业健康安全与环境管理的任务是组织(企业)为达到建设工程的职业健康安全与环境管理的目的而进行的组织、计划、控制、领导和协调的活动,包括制定、实施、实现、评审和保持职业健康安全与环境方针所需的组织机构、计划活动、职责、惯例、程序、过程和资源。不同的组织(企业)根据自身的实际情况制定方针,为实施、实现、评审和保持(持续改进)其方针需要进行以下管理工作:

(1)建立组织机构;

(2)安排计划活动;

(3)明确各项职责及其负责的机构或单位;

(4)说明应遵守的有关法律法规和习惯;

(5)规定进行活动或过程的途径;

(6)确定实现的过程(任何使用资源输入转化为输出的活动可视为一个过程);

(7)提供人员、设备、资金和信息等资源,对于职业健康安全与环境密切相关的工作任务,可一同完成。

2. 工程项目各个阶段的职业健康安全与环境管理的主要任务

(1)建设工程项目决策阶段

建设项目进行可行性研究时,应有劳动安全、职业卫生、环境保护方面的论证内容,并将论证内容作为专篇编入可行性研究报告。

建设单位应按照有关建设工程的法律法规和强制性标准的要求,办理各种有关安全与环境保护方面的审批手续。对需要进行环境影响评价或安全预评价的建设工程项目,建设单位应组织或委托有相应资质的单位进行建设工程项目环境影响评价和安全预评价。

(2)工程设计阶段

设计单位应按照法律法规和工程建设强制性标准的要求,进行环境保护设施和安全设施的设计,防止设计考虑不周导致生产安全事故的发生或对环境造成不良影响。在进行工程设计时,设计单位应当考虑施工安全和防护需要,对涉及施工安全的重点部分和环节在设计文件中注明,并对防范生产安全事故提出指导意见。对于采用新结构、新材料、新工艺的建设工程和特殊结构的建设工程,设计单位应在设计中提出保障施工作业人员安全和预防生产安全事故的措施建议。在工程总概算中,应明确工程安全环保设施费用、安全施工和环境保护措施费等。设计单位和注册建筑师等执业人员应当对其设计负责。

(3)工程施工阶段

建设单位在申请领取施工许可证时,应当提供建设工程有关安全施工措施的资料。对于依法批准开工报告的建设工程,建设单位应当自开工报告批准之日起 15 日内,将保证安全施工的措施报送建设工程所在地的县级以上人民政府建设行政主管部门或者其他有关部门备案。对于应当拆除的工程,建设单位应当在拆除工程施工 15 日前,将拆除施工单位资质等级证明,拟拆除建筑物、构筑物及可能涉及毗邻建筑的说明,拆除施工组织方案,堆放、清除废弃物的措施的资料报送建设工程所在地的县级以上的地方人民政府主管部门或者其他有关部门备案。

施工单位应当具备安全生产的资质条件,建设工程实行总承包的,由承包单位对施工现场的安全生产负总责并自行完成工程主体结构的施工。分包合同中应当明确各自的安全生产方面的权利、义务。总承包和分包单位对分包工程的安全生产承担连带责任。分包单位应当接受总承包单位的安全生产管理,分包单位不服从管理导致生产安全事故的,由分包单位承担主要责任。施工单位应依法建立安全生产责任制度,采取安全生产保障措施和实施安全教育培训。

(4)项目验收试运行阶段

项目竣工后,建设单位应向审批建设工程项目环境影响报告书、环境影响报告或者环境影响登记表的环境保护行政主管部门申请,对环保设施进行竣工验收。环保行政主管部门应在收到申请环保设施竣工验收之日起 30 日内完成验收。项目验收合格后,才能投入生产和使用。对于需要试生产的建设工程项目,建设单位应当在项目投入试生产之日起 3 个月内向环保行政主管部门申请对其项目配套的环保设施进行竣工验收。

7.1.4 建设工程职业健康安全与环境管理的特点

依据建设工程产品的特性,建设工程职业健康安全与环境管理有以下特点:

(1)建筑产品的固定性和生产的流动性及受外部环境影响因素多,决定了职业健康安全与环境管理的复杂性;

(2)建筑产品生产的单件性决定了职业健康安全与环境管理的多变性;

(3)产品生产过程的连续性和分工性决定了职业健康安全与环境管理的协调性;

(4)产品的委托性决定了职业健康安全与环境管理的不符合性;

(5)产品生产的阶段性决定了职业健康安全与环境管理的持续性;

(6)产品的时代性、社会性与多样性决定了环境管理的经济性。

7.2 工程项目健康安全管理体系

工程项目健康安全管理是工程管理的重要组成部分,是建筑工程施工质量保障的前提,建立健康安全管理体系首先必须从责任认定制度出发,将安全管理工作落实到实处,在此基础上为施工人员提供安全的保障设施,然后强化施工人员的安全理念,最后建立有效的安全信息反馈机制,这四个层面形成了有效的整体,从而完善了整体管理结构。

7.2.1 工程项目健康安全管理体系的建立程序

建筑施工企业必须坚持"安全第一、预防为主"的安全生产方针,完善安全生产组织管理体系、检查评价体系,制订安全措施计划,加强施工安全管理,实施综合治理。

1. 领导决策

组织建立职业健康安全管理体系需要领导者的决策,特别是最高管理者的决策。只有在最高管理者认识到建立职业健康安全管理体系必要性的基础上,组织才有可能在其决策下开展这方面的工作。另外,职业健康安全管理体系的建立,需要资源的投入,这就需要最高管理者对改善组织的职业健康安全行为做出承诺,从而使得职业健康安全管理体系的实施与运行得到充足的资源。

2. 成立工作组

当组织的最高管理者决定建立职业健康安全管理体系后,首先要从组织上给予落实和保证,通常需要成立一个工作组。

工作组的主要任务是负责建立职业健康安全管理体系。工作组的成员来自组织内部各个部门,工作组的成员将成为组织今后职业健康安全管理体系运行的骨干力量,工作组组长最好是将来的管理者代表,或者是管理者代表之一。根据组织的规模、管理水平及人员素质,工作组的规模可大可小,可专职或兼职,可以是一个独立的机构,也可挂靠在其他部门。

3. 人员培训

工作组在开展工作之前,应接受职业健康安全管理体系标准及相关知识的培训。同时,组织体系运行需要的内审员,也要进行相应的培训。

4. 掌握建筑工程危险源辨识方法

危险源是指可能导致人员伤害或疾病、物质财产损失、工作环境破坏的情况或这些情况组合的根源或状态的因素。危险因素与危害因素同属于危险源。根据危险源在安全事故发生发展过程中的机理,危险源一般可分两大类,即第一类危险源和第二类危险源。通常系统中存在的、可能发生意外释放的能量或危险物质被称作第一类危险源,导致约束、限制能量措施失效或破坏的各种不安全因素被称为第二类危险源。

危险源辨识就是从组织活动中识别出可能造成人员伤害或疾病、物质财产损失、工作环境破坏的危险或危害因素,并判定其可能导致的事故类别和事故发生的直接原因的过程。危险源辨识的方法很多,常用的方法有现场调查法、工作任务分析法、安全检查表法、危险与可操作性研究法、事件树分析法和故障树分析法等。

5. 安全保障措施

(1)防尘措施

施工现场应采取有效的防尘、降尘措施,如洒水、覆盖等,防止施工扬尘对附近敏感点的影响。

施工前对必须接触防尘操作的施工人员进行技术交底及必要的防护知识培训,配备口罩、耳罩、防尘眼镜等防护用品;对接触粉尘的劳动者进行一次尘肺病普查;有活动性肺结核、严重慢性呼吸道疾病、显著影响肺功能的肺部疾患、严重的心血管系统疾病患者严禁从事接触粉尘工作。

(2)防毒措施

对有毒原材料、半成品等采取严格控制保管措施,严格执行领取登记制度,杜绝有毒物质向外流放、扩散。

施工前对必须接触有毒操作施工及保管人员进行技术交底及必要的防护知识培训。为接触有毒操作的人员配备防止毒物挥发的防毒面罩、防护手套等防护用品以及紧急救助药品,并确保操作人员会正确使用。对接触有毒操作的施工人员或保管人员每月进行一次专项体检,最大限度地减小危害。一旦发现中毒现象,立刻隔离相关人员送往医院,并且展开原因调查,采取相应措施将危害减至最小。

(3)防噪声措施

施工前对必须接触超限值噪声操作施工人员进行技术交底及必要的防护知识培训;为接触超限值噪声操作施工人员配备耳塞、减震手套等防护用品;接触噪声操作人员采取轮换工作制度,3h 轮换作业。

施工线路两侧对超标的噪声敏感建筑物区别不同情况,分别采取拆迁、改变建筑物使用功能、设置隔声屏障、安装通风隔声窗等控制环境噪声污染措施,确保达到相应声环境功能区要求。对噪声敏感建筑物集中区段及远期可能超标的敏感目标实施监测,并及时增补和完善防治噪声污染措施。选用低噪声施工机械设备,合理安排施工时间,防止噪声扰民。

(4)通风措施

职工宿舍保证良好的通风,除食堂以外任何房间严禁使用煤气设备,冬季取暖有条件时采用集中供暖,条件不能达到时控制使用燃煤取暖或煤气取暖时间。

(5)照明措施

施工区设置良好的照明设备,进行夜间施工时必须保证充足的照明条件;职工宿舍内有良好的照明设施,保障施工人员夜间生活照明;配备必要的发电装置,保证施工过程中紧急情况下的照明供应需要。

(6)防风、防寒、降温措施

生活及生产房屋均采用保暖性能好的砖瓦房屋,临时房屋要搭设牢固,四周用细钢筋固定在地锚上防风。临时房屋周围建立第二道防风防沙线,采用彩钢板围墙式隔离、封闭、围护,彩钢板均采用铁丝连接成墙,有效预防风沙。

在冬季给生活及生产房屋供暖,冬季施工要配备必需的防冻设施和劳动保护用品,如防寒帽、防寒服、防寒手套。

在夏季炎热天气,适当调整施工时间,避开高温,防止中暑情况发生;室外高温天气施工配备草帽等遮阳物品;为高温条件下施工人员保证足够的饮水供应,提供清凉的饮品。

(7)饮食卫生

食品采购、加工人员经食品卫生部门培训合格,持证上岗,掌握食品的优劣标准,保证卫生。食品储存有专用库房,主、副食库分开。储存粮食的容器离地面 30cm 以上,距墙20cm;副食品分类存放在副食架上,炊、食、饮用具定期消毒。厨房、食堂配备防蝇纱窗、纱罩,严格分开切生、熟食物的刀、板,熟鱼、熟肉在开饭前 30min 内做好,如放置超过 2h,重新加热。

加强食品卫生监督和管理,防止食物中毒和发生肠道传染病。饮食从业人员定期体检,传染病患者或病原携带者立即调离工作岗位。保持清洁、干燥、通风、凉爽、无蝇、无鼠,储存室安装防鼠板。

(8)施工生活区的卫生管理

生活区应定期消毒、杀灭病媒生物,保持整洁卫生,防止传播疾病;各驻地摆放封闭式垃圾桶,定期用垃圾运输车运至环保部门指定地点统一处理,严禁随地丢弃生活垃圾。

施工人员培养良好的个人卫生习惯,减少发病,保障健康。积极开展爱国卫生运动,在施工工地和生活区创造清洁优美的生产、生活环境。

(9)健康教育

在进驻工地前,对全体工作人员进行健康教育。开设进点职工健康教育课,使每个人都了解施工环境内的地理、气候特点,熟悉传染病、流行性疾病的特点及预防措施;积极宣传防寒保暖、防紫外线和开展各项活动时的卫生要求,使每个人掌握适应性锻炼的方法。

在施工期间,通过适当的文体活动,缓解工作中紧张、疲劳、单调等对心理情绪的不良影响，做好心理卫生工作。

(10)传染病的预防

在项目经理部成立由项目经理任组长的"传染病防治领导小组"，在施工现场设立卫生所，配专职医生，专门负责施工人员的健康观察和一般疾病治疗，以及传染病的防治和施工队人员体温的收集、汇总、抽查，并积极与当地卫生防疫部门建立联系，共同构建防疫体系。

6. 应急准备与响应

施工现场管理人员应负责识别各种紧急情况，编制应急响应措施计划，准备相应的应急响应资源，发生安全事故时应及时进行应急响应。应急响应措施应有机地与施工安全措施相结合，以尽可能减少相应的事故影响和损失。特别应该注意防止在应急响应活动中可能发生的次生伤害。

7. 施工项目安全检查

施工项目安全检查的目的是消除安全隐患、防止事故、改善防护条件及提高员工安全意识，是安全管理工作的一项重要内容。安全检查可以分为日常性检查、专业性检查、季节性检查、节假日前后的检查和不定期检查。

施工项目安全检查的重点是违章指挥和违章作业，应做到主动测量，实施风险预防。安全检查的主要内容如表 7-1 所示。

表 7-1　安全检查的主要内容

序号	类型	内容
1	意识检查	检查企业的领导和员工对安全施工工作的认识
2	过程检查	检查工程的安全生产管理过程是否有效，包括安全生产责任制、安全技术措施计划、安全组织机构、安全保证措施、安全技术交底、安全教育、持证上岗、安全设施、安全标志、操作规程、违规行为、安全记录等
3	隐患检查	检查施工现场是否符合安全生产、文明施工的要求
4	整改检查	检查对过去提出问题的整改情况
5	事故检查	检查对安全事故的处理是否达到查明事故原因、明确责任，并对责任者做出处理，明确和落实整改措施等要求。同时还要检查对伤亡事故是否及时报告、认真调查、严肃处理

7.2.2　工程项目健康安全事故的分类和处理方法

工程项目健康安全事故分两大类型，即职业伤害事故与职业病。其中职业伤害事故又可分为物体打击、车辆伤害、机械伤害、起重伤害、触电、淹溺、灼烫、火灾、高处坠落、坍塌、冒顶穿帮、透水、放炮、火药爆炸、瓦斯爆炸、锅炉爆炸、容器爆炸、其他爆炸、中毒和窒息、其他伤害等 20 类。职业病为尘肺、职业性放射性疾病、职业中毒、物理因素所致职业病、生物因素所致职业病、职业性皮肤病、职业性眼病、职业性耳鼻喉口腔疾病、职业性肿瘤、其他职业病等 10 大类共 115 种。职业健康安全事故的分类如表 7-2 所示。

表 7-2 职业健康安全事故的分类

大类	分类依据	类型
职业伤害事故	按照事故发生的原因(《企业职工伤亡事故分类》)	物体打击、车辆伤害、机械伤害、起重伤害、触电、淹溺、灼烫、火灾、高处坠落、坍塌、冒顶穿帮、透水、放炮、火药爆炸、瓦斯爆炸、锅炉爆炸、容器爆炸、其他爆炸、中毒和窒息、其他伤害
	按事故后果的严重程度	轻伤事故:轻度损伤,休息 1~105 个工作日; 重伤事故:器官、功能等严重损伤,损失 105 个工作日以上的失能伤害; 死亡事故:一次死亡 1~2 人; 重大伤亡事故:一次死亡 3 人以上(含 3 人); 特大伤亡事故:一次死亡 10 人以上(含 10 人); 急性中毒事故:生产性毒物中毒事故,发病快,一般不超过 1 个工作日
职业病	《职业病目录》	尘肺、职业性放射疾病、职业中毒、物理因素所致职业病、生物因素所致职业病、职业性皮肤病、职业性眼病、职业性耳鼻喉口腔疾病、职业性肿瘤、其他职业病

1. 职业健康安全保障措施

为了加强项目安全生产工作,贯彻落实各项安全生产法规和生产措施,有效控制各类事故发生,减少伤亡和经济损失,实现安全生产,保障职工生命和财产安全,项目部应成立专职安全部。

(1)项目重要岗位、设施、设备、场所实施定人、定岗政策,由安全部组织进场前或开始某道工序施工前的安全交底工作,并且在安全交底中明确人员姓名及相关岗位责任,由项目经理定期组织安全、消防检查。

(2)安全部应针对可能发生的事故和紧急、异常情况,制订具体的处置突发事件(如基坑开挖、基坑降水、支架坍塌等)和抢险抗灾工作的应急预案,内容应包括报警、联络、报告方式、指挥者、施救方案等,并发放至各部门及各班组,组织人员分批学习。

(3)安全部应组织有关应急小组对部分应急预案进行模拟演习,并对应急演练的情况进行记录、总结和评价,填写应急演习记录,提出方案改进措施。

(4)安全部应组织日常检查,并对项目的环境与职业健康安全情况进行重点检查,形成记录,发现异常情况及时处理。

(5)安全部应组织成立职工学校,邀请安监、质监、环保、派出所、监理、业主及总公司相关部门适时举行培训讲座,提高职工安全意识、环保意识、工程质量意识,保证项目安全生产,文明施工。

(6)安全部应组织员工进行健康体检,由区级或以上医院进行检查并出具检查报告,掌握职工健康状况,建立健康档案,对身体健康不符合工程需要的员工坚决劝退,并对其在经济上予以一定的援助,切实体现人性化管理。

施工安全事故处理的原则:事故原因不清楚不放过;事故责任者和员工没有受到教育不放过;安全事故调查没完成不放过;没有制定防范措施不放过。

施工安全事故处理的程序:施工单位发生生产安全事故,应当按照国家有关事故报告和调查处理的规定,及时、如实地向负责安全生产监督管理的部门、建设行政主管部门或者其他有关部门报告;特种设备发生事故的,还应同时向特种安全监督部门报告。实行总承包的建设工程,由总承包单位负责上报事故。接到报告的部门应当按照国家有关规定,如实上报。有关部门和单位根据事故的性质、严重程度和影响大小按照规定组成调查组实施调查,调查的结果应该形成书面报告并按规定上报、公布。

2. 职业病的管理

职业病是由于从事职业活动而产生的疾病。职业病的管理已经成为企业社会责任的有机组成部分。

(1)职业病报告

地方各级卫生行政部门指定相应的职业病防治机构或卫生防疫机构负责职业病统计和报告工作。职业病报告实行以地方为主,逐级上报的办法。

一切企、事业单位发生的职业病,都应该按规定要求向当地卫生监督机构报告,由卫生监督机构统一汇总上报。

(2)职业病处理

根据国家有关职业病的法律规定,职业病处理的要求如下:

职工被确诊有职业病后,其所在单位应根据职业病诊断机构的意见,安排其医治或疗养。在医治或疗养后被确认不宜继续从事原有害作业或工作的,应自确认之日起的两个月内将其调离原工作岗位,另行安排工作;对于因工作需要暂不能调离的生产、工作的技术骨干,调离期限最长不得超过半年。

患有职业病的职工变动工作单位时,其职业病待遇应由原单位负责或两个单位协调处理,双方商妥后方可办理调转手续,并将其健康档案、职业病诊断证明及职业病处理情况等材料全部移交新单位。调出、调入单位都应将情况报告所在地的劳动卫生职业病防治机构备案。

员工到新单位后,新发生的职业病不论与现工作有无关系,其职业病待遇由新单位负责。劳动合同制工人、临时工终止或解除劳动合同后,在待业期间新发现的职业病,与上一个劳动合同期工作有关时,其职业病待遇由原终止或解除劳动合同单位负责。如原单位已与其他单位合并,由合并后的单位负责;如原单位已撤销,应由原单位的上级主管机关负责。

7.3　工程项目环境管理体系

工程项目环境管理就是用现代管理的科学知识,通过努力改进劳动和工作环境,有效地规范生产活动,进行全过程的环境控制,使劳动生产在减少或避免对环境造成不利影响的前提下顺利进行而采取的一系列管理活动。它包括经营管理者对工程项目环境管理体系进行的策划、组织、指挥、协调、控制和改进等工作,目的是使项目的实施能满足环境保护的需要,促进项目顺利发展,为实现国民经济健康平稳和可持续发展做出贡献。

7.3.1　工程项目环境管理体系的特点

环境管理是指按照法律法规、各级主管部门和企业环境方针的要求,制定程序、资源、过程和方法,管理环境因素的过程,包括控制现场的各种粉尘、废水、废气、固体废弃物、噪声、振动等对环境的污染和危害,节约建设资源等。工程项目环境管理主要体现在项目设计方案和施工环境的控制。项目设计方案在施工工艺的选择方面对环境的间接影响比较明显,施工过程则是直接影响工程项目环境的主要因素。

7.3.2　工程项目环境管理体系的建立程序

根据《中华人民共和国环境保护法》和《建设项目环境保护管理条例》的规定,在中华人民共和国领域内的工业、能源、交通、机场、水利、农业、林业、商业、卫生、文教、科研、旅游、市政等对环境有影响的一切建设项目,在项目建议书至建设竣工投产过程中,建设单位及有关部门必须依各自职责按照程序开展环境保护工作,办理审批手续。

1. 建设项目环境保护管理条例适用范围

中华人民共和国领域和中华人民共和国管辖的其他海域内建设对环境有影响的建设项目均适用此条例。其中建设项目指一切基本建设项目、技术改造项目和区域开发建设项目,包括涉外项目(中外合资、中外合作、外商独资建设项目)。

2. 建设项目环境保护分类管理

国家根据建设项目对环境的影响程度,按照下列规定对建设项目的环境保护实行分类管理:

(1)建设项目对环境可能造成重大影响的,应当编制环境影响报告书,对建设项目产生的污染和对环境的影响进行全面、详细的评价;

(2)建设项目对环境可能造成轻度影响的,应当编制环境影响报告表,对建设项目产生的污染和对环境的影响进行分析或者专项评价;

(3)建设项目对环境影响很小,不需要进行环境影响评价的,应当填报环境影响登记表。

3. 建设项目五个主要阶段的环境管理及程序

(1)项目建议书阶段或预可行性研究阶段的环境管理

①建设单位结合选址,对建设项目建成投产后可能造成的环境影响,进行简要说明(或环境影响初步分析);

②环保部门参加厂址现场踏勘;

③省级环境保护部门签署意见,纳入项目建议书作为立项依据。

(2)可行性研究设计任务书阶段的环境管理

①国家环保局及行业主管部门根据国家计委及有关部门立项批复,督促建设单位执行环境影响报告书(表)审查制度。

②建设单位征求国家环保局意见,确定报告书或报告表。委托持甲级评价证书的单位编制环境影响报告表或评价大纲(环评实施方案)。

③建设单位向国家环保局申报环境影响评价大纲(环评实施方案),抄送行业主管部门,同时附立项文件环评经费概算,国家环保局根据情况确定审查方式(组织专家评审会,专家现场考察及征求有关部门意见),提出审查意见。

④根据国家环保局对"大纲"审查的意见和要求(主要包括评价范围、选用的标准、确定的保护目标、环境要素的取舍和评价经费等)及确定的大纲内容,评价单位与建设单位签订合同,开展评价工作,编制环境影响报告书。

⑤建设项目如有重大变动,建设单位及评价单位应及时向环保部门报告。

⑥建设单位将编制完成的"报告书(表)",按审批权限上报主管部门的环保机构,抄报国家环保局和项目所在地省、市环保部门。

⑦主管部门组织报告书(表)预审,将预审意见和修改确定的两套环评报告书报国家环保局审批。省级环保部门应同时向国家环保局报送审查意见。国家环保局在接到预审意见之日起,两个月内批复或签署意见,逾期不批复或未签署意见,可视其上报方案已被确认。

⑧国家环保局可委托省级环保部门审查"大纲"或审批"报告书"。

⑨国家环保局参加对环境有重大影响的项目可行性研究报告评估。

(3)设计阶段的环境管理

一般建设项目按两个阶段进行设计,即初步设计和施工图设计。对于技术上复杂而又缺乏设计经验的项目,经行业主管部门确定,可能增加技术设计阶段;为解决总体开发方案和建设部署等重大问题,有些行业的项目可包括总体规划设计或总体设计。

①初步设计阶段的环境管理

a. 建设项目初步设计必须按照《建设项目环境保护设计规定》编制环境保护篇章,具体落实环境影响报告书及其审批意见所确定的各项环境保护措施和投资概算;

b. 建设单位在设计会审前向政府环保部门报送设计文件;

c. 特大型(重点)建设项目按审查权限由国家环保局或国家环保局委托省级政府环保部门参加设计审查,一般建设项目由省级政府环保部门参加设计审查,必要时环保部门可单独审查环保篇章。

②施工图设计阶段的环境管理

a. 根据初步设计审查的审批意见,建设单位会同设计单位,在施工图中落实有关环保工程的设计及其环保投资。

b. 环保部门组织监督检查。

c. 建设单位报批开工报告。经批准后,建设项目列入年度计划,其中应包纳相应环保投资。

(4)施工阶段的环境管理

①建设单位会同施工单位做好环保工程设施的施工建设、资金使用情况等资料、文件的整理建档工作备查。以季报的形式将环保工程进度情况上报政府环保部门。

②环保部门检查环保报批手续是否完备,环保工程是否纳入施工计划及建设进度和资金落实情况,提出意见。

③建设单位与施工单位负责落实环保部门对施工阶段的环保要求以及施工过程中的环保措施:主要是保护施工现场周围的环境,防止对自然环境造成不应有的破坏;防止和减轻粉尘、噪声、震动等对周围生活居住区的污染和危害,建设项目竣工后,施工单位应当修整和恢复在建设过程中受到破坏的环境。

(5)试生产和竣工验收阶段的环境管理

①建设单位向主管部门和政府环保部门提交试运转申请报告;

②经批准后,环保工程与主体工程同时投入试运行,做好试运转记录,并应由当地环保监测机构进行监测;

③建设单位向行业主管部门和政府环保部门提交环保工程预验收申请报告,附试运转

监测报告；

　　④省级政府环保部门组织环保工程的预验收；

　　⑤建设单位根据环保部门在预验收中提出的要求，认真组织实施，预验收合格后，方可进行正式竣工验收；

　　⑥对于特大型（重点）建设项目，国家环保局参加或委托省级政府环保部门参加正式竣工验收并办理建设项目环保工程验收合格证。

4. 涉外项目管理

涉外项目除按上述程序办理有关审批手续外，应执行国务院对外经济开放地区环境管理有关规定。在签订项目合同时应明确当事人各方在环境保护方面的义务和责任，执行"三同时"制度，落实防治措施，合同中不得有违反国家和地方环保法律、法规的内容。

7.4　工程项目环境保护

7.4.1　工程项目施工前的环保要求

（1）现场施工人员均经过与施工相关的安全环保专业知识培训，职工定期参加环保法规知识培训考核，在符合安全规范要求的前提下方可以施工。

（2）施工现场建立环境保护管理体系，责任落实到人，并保证有效运行。

（3）对施工现场防治扬尘、噪声、固体废物和废水等进行检查。工程的施工组织设计中必须有防治扬尘、噪声、固体废物和废水等的有效措施，并在施工作业中认真组织实施。

（4）施工现场的施工区域与办公、生活区划分清晰，并应采取相应的隔离措施。

（5）施工现场必须采用封闭围挡，高度不得小于1.8m。

（6）施工现场出入口标有企业名称或企业标识。主要出入口明显处设置"七牌一图"。

（7）在工程的施工组织设计中应有防治大气、水土、噪声污染和改善环境卫生的有效措施。

（8）施工现场必须建立环境保护、环境卫生管理和检查制度，做好检查记录。

（9）施工现场的主要道路必须进行硬化处理，土方集中堆放。

7.4.2　工程项目施工中的环保要求

1. 生产、生活垃圾的统一管理

在生活、办公区设置若干活动垃圾箱，派专人管理和清理。生活区垃圾统一处理，禁止在工地焚烧残留的废物。

设立卫生包干区，设立临时垃圾堆场，及时清理垃圾和边角余料。加强临设的日常维护与管理，竣工后及时拆除，恢复平整状态。土建墙面上配合施工时，采用专用切割设备，做到开槽开孔规范，定位准确，不乱砸乱打，野蛮施工。同时将产生的土建垃圾及时清理干净。

施工现场不准乱堆垃圾及杂物，应在适当地点设置临时堆放点，专人管理，集中堆放，并定期外运。清运渣土垃圾及流体物品，要采取遮盖防尘措施，运送途中不得撒落。

为防止施工尘灰污染，在夏季施工临时道路地面洒水。施工现场材料多、垃圾多、人流大、车辆多，材料要及时卸货，并按规定堆放整齐，施工车辆运送中如有散落，派专人打扫。

凡能夜间运输的材料,应尽量在夜间运输,天亮前打扫干净。

工程竣工后,施工单位在规定的时间内拆除工地围栏、安全防护设施和其他临时措施,做到"工完料净、工完场清",及时清理工地及四周环境。

2. 材料堆放、机具停放的统一管理

材料根据工程进度陆续进场。各种材料分门别类,堆放整齐,标志清楚,预制场地做到内外整齐、清洁、施工废料及时回收,妥善处理。工人在完成一天的工作时,及时清理施工场地,做到工完场清。各类易燃易爆品入库保管,乙炔和氧气使用时,两瓶间距大于 5m,存放时封闭隔离;划定禁烟区域,设置有效的防火器材。禁止随意占用现场周围道路,妨碍交通,若不得不临时占用,应首先征得市交通部门许可。施工用设备定期维修保养,现场排列整齐美观,并将机具设备停放整齐。

对大型设备、配件进行运输时,应考虑吊装通道,并及时组织就位安装,不得损坏其他单位或分包单位的产品。

对于现场使用的机械设备,要按平面固定点存放,遵守机械安全规程,经常保持维护清洁。机械的标记、编号明显,安全装置可靠。

3. 防治固体废弃物污染

(1)固废的分类

按照《中华人民共和国固体废物污染环境防治法》中的相关规定,施工中产生的固体废弃物通常可分为以下三大类:

①可回收利用的废物,包括施工材料的下脚料、包装物、废金属桶、废 PVC 管件、废纸、废纸箱等;

②危险废物,包括废电池(废铅酸蓄电池、充电电池、扣式电池)、废硒鼓、废墨盒、废色带、废荧光灯管、废化学品包装物等;

③一般工业固体废弃物,包括废塑料包装袋、废工程土、废炉渣。

(2)固废的标识

施工单位应根据以上的分类方法和本单位的实际情况,将废弃物分类收集、合理处置,存放在指定地点。

(3)固废的搬运

施工单位应指定专人将项目中产生的固废送到固废统一存放场所,分类存放。在搬运过程中,要注意严防固废的撒漏、挥发、倾倒,杜绝二次污染发生。

(4)固废的存放

相关责任部门要指定固废统一存放场所,设置固废箱,并由专人管理。要分类存放各种固废,并有明显标识。存放场所要做好渗漏处理,要做到防雨淋、防流失、防恶臭,保持周围环境清洁。

(5)固废的处置和回收

对确有利用价值的固废应进行综合利用或者对外销售,尽可能地减少资源的浪费。施工过程中产生的固体废弃物,如工程土建筑垃圾、渣土,若备用时应集中堆放,其堆放高度不得超过 2.5m,并进行苫盖。在清除现场建筑垃圾时必须采用容器装卸,运输车辆必须加盖并依据建设部《城市建筑垃圾管理规定》要求,将建筑垃圾交与经环卫部门核准的运输单位,在市容和环卫管理部门指定的运输路线和处置场所运卸渣土。

4. 禁止污水、废水乱排放

施工现场与临设区保持道路畅通，并设置雨水排水明沟，使现场排水得到保障。在办公区、临设区及施工现场设置饮水设备，保证职工饮用水的清洁卫生。施工中的污水、冲洗水及其他施工用水要排入临时沉淀池沉淀处理后排放。机械排出的污水制定排放措施，不得随地流淌。

5. 有效控制噪声污染

夜间施工必须经业主或现场监理单位许可，并尽可能安装在远离临近房屋的地方，合理安排作业时间，减少夜间施工，减少噪声污染。

要减少施工噪声对临近群众的影响，对大型机械采取简易的防噪措施。尽量选用低噪声或备有消声降噪设备的施工机械。施工现场的强噪声机械（如电刨、砂轮机等）设置封闭的机械棚，以减少强噪声的扩散。

产生强噪声的成品、半成品加工、制作作业，应放在封闭工作间内完成，避免因施工现场加工制作产生的噪声。

6. 防治扬尘污染措施

严禁高空抛撒施工垃圾，防止尘土飞扬。清除建筑物废弃物时必须采取集装密闭方式进行，清扫场地时必须先洒水后清扫。对工业除锈中产生的扬尘，操作者在操作时戴防护口罩。对操作人员定期进行职业病检查。严禁在施工现场焚烧废弃物，防止烟尘和有毒气体产生。

7. 运输过程环保要求

施工作业区应配备专人负责，做到科学管理、文明施工；在基础施工期间，应尽可能采取措施加快工程进度，并将土石方及时外运到指定地点，缩短堆放的危害周期。

运输水泥、粉煤灰、白灰等细颗粒粉状材料时，要采取密封、包扎、遮盖措施，防止沿途遗撒、扬尘。卸运时，应采取措施，以减少扬尘。

车辆不带泥沙出现场。可在大门口铺一段石子，定期过筛清理；门口做一段水沟冲刷车轮；人工拍土，清扫车轮、车帮。挖土装车不超装；车辆行驶不猛拐，不急刹车，防止撒土，卸土后注意关好车厢门；场区和场外安排人清扫洒水，基本做到不撒土、不扬尘，减少对周围环境污染。

运输车辆不得超量装载，装载工程土方，土方最高点不得超过槽帮上缘 50cm，两侧边缘低于槽帮上缘 10~20cm，装载建筑渣土或者其他散装材料时不得超过槽帮上缘；运输时发现沿途有泄漏、遗撒的，必须及时清扫干净。

合理安排施工运输工作，对于施工作业中的大型构件和大量物资及弃土的运输，应尽量避开交通高峰期，以缓解交通压力。施工单位应与交通管理部门协调一致，采取响应的措施，做好施工现场的交通疏导，避免压车和交通阻塞，最大限度地控制汽车尾气的排放。

7.4.3 工程项目施工结束后的环保要求

施工过程不伤害施工范围外的植被，施工结束后按合同将表层土恢复覆盖到原有处。在居民区施工后对破坏的道板应重新铺设。在居民区施工后对破坏的草坪、花草、树木，应及时重新补种，并保证成活率。

将施工现场的污物清理干净后，应用新土进行回填，恢复地表地貌。

7.4.4　工程项目生态保护措施

对现场周边树木、草地绿化要妥善保护,未经绿化主管部门批准,不准乱砍滥伐移植树木或破坏草地。

在土方开挖或施工过程中,如发现障碍物、文物迹象,应局部或全部停工,采取有效的封闭保护措施,及时通知相关管理部门处理后,方可恢复施工。

对具有特殊意义的树木,应采取有效措施给予保护。

7.5　案例分析

【山东省文登市"06.06"景观桥坍塌事故】

1. 事故简介

2006 年 6 月 6 日,山东省文登市水上公园 15 孔人行景观桥工程在施工过程中,发生整体坍塌事故,造成 5 人死亡、1 人重伤,直接经济损失 200 余万元。

该桥设计全长 171.4m,宽 16m,为 15 孔不等跨空腹式石拱桥。该桥架于 28 根桩支撑的 14 根盖梁上,于 2005 年 3 月开始橡皮坝基础施工,2006 年 3 月开始拱桥主拱圈施工,砌筑顺序为由桥南北两端同时向桥中心推进。5 月 8 日开始搭设拱桥第 6 孔拱圈拱架、模板。5 月 24 日完成了第 6 孔拱圈砌筑。6 月 6 日上午 7 时,施工单位木工班长带领 8 名施工人员,进入第 6 孔拱圈施工现场进行拱架、模板拆除作业。其中 6 人分成两组,分别在拱架两侧同时进行架体拆除,另两名施工人员在下部予以配合。上午 9 时左右,第 6 孔拱圈顶部出现落沙,随即发生整体坍塌。

根据事故调查和责任认定,对有关责任方做出以下处理:施工单位经理、施工队长、木工班长 3 名责任人移交司法机关依法追究刑事责任;施工单位副经理、质检科科长、监理单位经理等 15 名责任人分别受到罚款、解除劳动合同、党内严重警告等党纪、政纪处分;施工、监理等有关责任单位受到相应经济处罚。

2. 原因分析

(1)直接原因

施工过程中没有对拱桥工程质量进行严格管理和控制,拱圈砌筑完成后在凝结硬化期遭遇暴雨引起拱架地基变形。拱圈局部应力发生变化,导致拱架支撑强度不足,造成拱架支撑钢管大面积弯曲变形。在这种情况下,未采取任何防范措施,冒险进行拱架拆除作业。

(2)间接原因

①施工单位无市政桥梁施工资质,违法承包市政桥梁施工工程,并将工程转包给无资质的单位施工。

②施工单位未按规定设置安全生产管理机构,未配备专职安全生产管理人员,未对施工人员进行安全生产培训教育。

③施工组织设计不符合国家有关施工标准、规范要求,且未经监理单位审查批准。拱架施工方案未进行强度、稳定性计算。

④监理单位只具有乙级房屋建筑监理资质,不具有市政桥梁工程监理资质,在这起事故中属无资质监理。

⑤监理单位未认真执行《建设工程监理规范》，未对施工单位提供的施工组织设计进行审批，对施工现场存在的重大安全生产事故隐患未及时发现并监督整改。

3. 事故教训

这起事故的发生是施工单位不具备市政桥梁施工资质，监理单位不具备市政桥梁监理资质，安全管理混乱，施工人员缺乏安全生产知识而导致的。

这起事故也再一次提醒我们，一定要加强一线施工人员的安全生产培训教育。培训内容要根据工程、工种特点进行细化，一线施工人员最需要的安全生产知识其实就是什么是隐患、怎么发现隐患、发现隐患后应该怎么办。在本起事故中，施工人员如果在出现落沙时能够及时采取措施或者及时撤离，事故造成的损失就将大大减少。

4. 专家点评

这是一起由于违反《中华人民共和国建筑法》、违背建设工程施工技术管理规范而引发的生产安全责任事故。事故暴露出在建设工程监管过程中存在重大漏洞等问题。我们应从中吸取教训，做好以下几方面的工作：

(1)遵纪守法是建设工程各方的首要任务

这起事故中存在建设单位违法组织工程招投标和发包、无资质单位违法承揽工程并冒险施工、监理单位不认真履行监理职责等诸多问题。建设单位应严格遵照《中华人民共和国建筑法》的相关规定，将建设工程发包给具有相应资质的施工单位。施工、监理单位应严格按照资质等级和范围承揽施工、监理工程项目，杜绝超资质范围承揽工程项目，严禁非法转包。

(2)施工技术措施是安全生产的基本保证

从施工图的审查来看，该设计按人行景观桥进行考虑，构造合理，符合有关规范要求。设计说明中对施工注意事项也做了比较详细的叙述。但是南侧第6孔拱圈在砌筑完毕后，在凝结硬化期恰逢暴雨，出现拱架地基变形，导致拱圈局部应力变化。施工人员在拱架拆除之前没有全面仔细检查，加上现场操作不当，导致拆除拱架时发生拱圈坍塌。

(3)标准、规范必须作为施工生产的准绳

在施工组织过程中，施工人员未充分考虑到石拱桥拱脚可能出现的次生应力影响(如拱脚或拱圈局部出现变形，可能导致原不存在的水平推力或张力发生的情况，会出现变形过大导致失稳)，在相邻孔拱圈未形成之前，不应拆除该孔拱架，应采用两套拱架施工，隔孔拆除。对于模板支撑系统的设计应进行强度、稳定性计算，施工组织设计(方案)应符合《建筑施工组织设计规范》(GB/T 50502—2009)的要求。

本章习题

一、单项选择题

1. 安全事故的处理程序是(   )。

A. 报告安全事故，对事故责任者进行处理，编写事故报告并上报

B. 报告安全事故，处理安全事故，调查安全事故，对责任者进行处理，编写报告并上报

C. 报告安全事故，调查安全事故，处理安全事故，对责任者进行处理，编写报告并上报

D. 报告安全事故，处理安全事故，调查安全事故，对责任者进行处理

2. 噪声按照振动性质可分为(　　)。

A. 气体动力噪声、工业噪声、电磁性噪声

B. 气体动力噪声、机械噪声、电磁性噪声

C. 机械噪声、电磁性噪声、建筑施工噪声

D. 机械噪声、气体动力噪声、工业噪声

3. 根据施工现场环境保护的要求,凡在人口稠密区进行强噪声作业时,施工单位须严格控制作业时间。在一般情况下,停止强噪声作业的时间为(　　)。

A. 晚 9 点到次日早 4 点

B. 晚 11 点到次日早 4 点

C. 晚 10 点到次日早 5 点

D. 晚 10 点到次日早 6 点

4. 关于施工总承包单位安全责任的说法,正确的是(　　)。

A. 总承包单位对施工现场的安全生产负总责

B. 总承包单位的项目经理是施工企业第一负责人

C. 业主指定的分包单位可以不服从总承包单位的安全生产管理

D. 分包单位不服从管理导致安全生产事故的,总承包单位不承担责任

5. 建设工程安全生产管理制度中的最基本制度是(　　)。

A. 安全监察制度　　　　　　　　　　B. 安全生产责任制度

C. 安全措施计划制度　　　　　　　　D. 安全预评价制度

6. 建设工程项目的职业健康安全管理的目的是(　　)。

A. 保护建设工程产品生产者的健康与安全

B. 控制工作场所内员工及其他进入现场人员的安全条件和因素

C. 避免因使用不当对使用者造成健康和安全的危害

D. 保护建设工程产品生产者和使用者的健康与安全

7. 利用水泥、沥青等胶结材料,将松散的废物胶结包裹起来,减少有害物质从废物中向外迁移、扩散,使得废物对环境的污染减少。此做法属于固体废弃物(　　)的处理。

A. 填埋　　　　　B. 稳定和固化　　　C. 压实浓缩　　　D. 减量化

8. 固体废弃物的主要处理方法有(　　)。

A. 回收利用、减量化处理、过滤　　　B. 回收利用、过滤、填埋

C. 减量化处理、过滤、填埋　　　　　D. 回收利用、减量化处理、填埋

二、多项选择题

1. 在建设工程项目决策阶段,工程项目职业健康安全与环境管理的任务包括(　　)。

A. 提出生产安全事故防范的指导意见

B. 办理有关安全的各种审批手续

C. 提出保障施工作业人员安全和预防生产安全事故的措施建议

D. 办理有关环境保护的各种审批手续

E. 将保证安全施工的措施报有关管理部门备案

2. 建筑产品受不同外部环境因素影响多,主要表现在(　　)。

A. 露天作业多

B. 气候条件变化的影响

C. 工程地质和水文条件的变化

D. 地理条件和地域资源的影响

E. 酸雨频繁,使土壤酸化,建筑和材料设备遭腐蚀

3. 关于建设工程现场文明施工管理的说法,正确的有(　　)。

A. 沿工地四周连续设置围挡,市区主要道路和其他涉及市容景观路段的工地围挡的高度不得低于1.8m

B. 施工现场必须实行封闭管理,设置进出口大门,制定门卫制度,严格执行外来人员进场登记制度

C. 各种材料、构件应堆放整齐,并设置明显标牌

D. 现场建立消防领导小组,落实消防责任制和责任人员

E. 工程施工的泥浆、废水直接排入下水道和排水河道

4. 根据《特种作业人员安全技术培训考核管理规定》,下列建设工程活动中,属于特种作业的有(　　)。

A. 建筑登高架设作业

B. 钢筋焊接作业

C. 卫生洁具安装作业

D. 起重机械操作作业

E. 建筑外墙抹灰作业

5. 根据《企业职工伤亡事故分类》(GB 6441—1986),下列事故中,属于与建筑业有关的职业伤害事故的有(　　)。

A. 物体打击　　B. 触电　　C. 机械伤害　　D. 火药爆炸　　E. 辐射伤害

三、简答题

1. 特种作业包括哪些?

2. 编制职业健康安全技术措施计划的主要步骤有哪些?

3. 处理职业健康安全事故的程序是什么?

4. 什么是工程项目环境管理?

5. 贯彻"预防为主"的环境政策要抓好哪几方面的工作?

第8章 工程项目沟通管理

学习要点和学习指导

本章主要叙述了工程项目沟通及其管理的概念和方法;介绍了工程项目沟通计划的编制及实施、跨文化沟通;分析了工程项目中几种沟通的方法与技巧以及工程项目沟通中常见的问题。

通过本章的学习,学生应了解项目沟通管理过程;理解沟通障碍;掌握常用的沟通方法和工程项目沟通计划的编制方法;熟悉工程项目沟通中经常出现的问题及解决方法;具备编制项目沟通计划的能力,能够在沟通过程中发现问题,解决问题,预防无效沟通、错误沟通的出现,能够在国际工程项目中进行跨文化沟通。

在工程项目管理中,沟通与协调是进行各方面管理的纽带,是在人、思想和信息之间建立的联系,它对于项目取得成功是必不可少的,而且是非常重要的。沟通与协调可使矛盾的各方意见统一,使系统结构处于均衡状态,使项目实施和运行过程顺利进行。

现代工程项目中参加的单位非常多,形成了复杂的项目组织,各单位有不同的任务、目标和利益,他们都试图指导、干预项目实施过程。项目中组织利益的冲突比企业中各部门之间的利益冲突更为激烈和不可调和,而项目管理者必须使各方协调一致、齐心协力地工作,这就显示出项目管理中沟通与协调的重要性。沟通是组织协调的手段,是解决组织成员间障碍的基本方法。协调的程度和效果常依赖于各项目参加者之间沟通的程度。

8.1 概　述

工程项目沟通管理是现代项目管理知识体系中的九大知识领域之一,包括为保证及时与合理地生成、收集、分发、储存、提取及最终利用项目信息所需要的各过程,旨在保证各项目干系人(包括项目团队、关系人、客户及发起人)及时得到信息并对信息做出相应的反应。项目沟通几乎贯穿于项目的每个环节,有效的沟通管理促成项目的成功,各项目干系人都应明白沟通会对项目产生怎样的影响,可以说,沟通的成败将决定整个项目的成败。

所谓沟通,是人与人之间的思想和信息的交换,是将信息由一个人传达给另一个人,逐渐广泛传播的过程。著名组织管理学家巴纳德认为"沟通是把一个组织中的成员联系在一起,以实现共同目标的手段"。没有沟通,就没有管理。沟通不良几乎是每个企业都存在的老毛病,企业的机构越是复杂,其沟通越是困难。往往基层的许多建设性意见未及时反馈至高层决策者,便已被层层扼杀,而高层决策的传达常常也无法以原貌展现在所有人员面前。

沟通管理是企业组织的生命线。管理的过程也就是沟通的过程。企业通过了解客户的需求,整合各种资源,创造出好的产品和服务来满足客户,从而为自己和社会创造价值和财富。企业是个有生命的有机体,而沟通则是机体内的血管,通过流动来给组织系统提供养分,实现机体的良性循环。沟通管理是企业管理的核心内容和实质。

8.1.1 项目沟通管理的概念

1. 项目沟通管理的定义

项目沟通管理是为了确保项目信息及时适当地产生、收集、传播、保存和最终处置所需实施的一系列过程。

沟通包含以下三个含义:

(1)沟通是双方的行为,而且要有中介体;

(2)沟通是一个过程;

(3)编码、译码和沟通渠道是有效沟通的关键环节。

2. 项目沟通管理的重要性

对于项目来说,要科学地组织、指挥、协调和控制项目的实施过程,就必须进行信息沟通。没有良好的信息沟通,对项目的发展和人际关系的改善都会存在制约作用。具体来说,沟通主要有以下几方面的作用:

(1)决策和计划的基础

项目班子要想做出正确的决策,必须以准确、完整、及时的信息作为基础。

(2)组织和控制管理过程的依据和手段

只有通过信息沟通,掌握项目班子内的各方面情况,才能为科学管理提供依据,才能有效地提高项目班子的组织效能。

(3)建立和改善人际关系是必不可少的条件

信息沟通,意见交流,将许多独立的个人、团体组织贯通起来,成为一个整体。畅通的信息沟通,可以减少人与人的冲突,改善人与人、人与班子之间的关系。

(4)沟通有助于决策

任何决策都会涉及干什么、怎么干、何时干等问题。当遇到这些亟待解决的问题时,管理者就需要从广泛沟通中获取大量的信息情报,然后进行决策,或建议有关人员做出决策,以便迅速解决问题。下属人员也可以主动与上级管理人员沟通,提出自己的建议,供领导者做出决策时参考,或经过沟通,取得上级领导的认可,自行决策。

项目经理是通过各种途径将意图传递给下级人员并使下级人员理解和执行。如果沟通不畅,下级人员就不能正确理解和执行领导的意图,项目就不能按经理的意图进行,最终导致项目混乱甚至项目失败。

(5)有效的沟通可以减少管理成本

项目管理中的沟通是有成本的,项目的管理有效性取决于项目管理的沟通成本,而沟通成本一般取决于项目管理组织设计中项目管理的协作性,也就是说取决于项目成员之间的沟通意愿和沟通能力。

3. 项目沟通应坚持的原则

(1)统一性原则

经由沟通管理"三部曲"建立起来的建设管理秩序本身就是为项目建设制定的统一运转管理模式,从信息的产生、传递、接收到信息的反馈的全过程是一致的。它与项目建设有关规定、说明、报告及规范操作办法一起,构成了项目沟通管理的"通用词典"。虽然"通用词典"也需要随着项目的进展与经验的积累而不断充实、调整与完善,但是,它必然成为沟通管理所遵循的统一性原则的参照体系,这样一个模板的建立,越来越体现出沟通管理统一性原则的实用价值和关键所在。

(2)沟通有效原则

所有的沟通工作都是为了使某一事件或问题的矛盾得到解决、使矛盾各方最终达成一致而开展的。对信息的接收与理解是否符合信息发送者的思维宗旨,接收者与发送者间是否存在歧义,是衡量沟通是否有效的标准。

有效的沟通起始于积极有效的聆听,在沟通中经常出现这样的情况:虽然你听到了我的话,并表示理解了,但是,你所认为的理解并不是我说话的本意。因此,有效聆听是首要的。

在项目管理实践过程中,在口头沟通和会议沟通时沟通各方要集中精力,适时提问以真正弄清概念。避免词不达意或理解偏差,造成"你讲你的,我想我的",聆听者要有耐心听清、弄懂讲话者的整个思路,不打断、不排斥不同意见,不拒绝不同观点,更不要带着偏见去听。

其次,信息发送者在表达中要使用准确、坦白的语言,尽量避免婉转客套的表达方式带来的误解。为了确定接收者是否足够准确地接收到了信息,可以请其表述其对信息的理解。

在书面沟通中,对于已被确定使用的文件格式要坚持正确运用,文字简单明了,消除不必要的论述和评论,避免模棱两可的结论和意见,使人易于理解。只有信息发送者与接收者的理解一致了,沟通才可称为有效。

(3)沟通必要原则

沟通管理也是要付出代价的,如果过度的沟通工作或繁杂的文档规定使项目管理工作效率低下,那将是得不偿失的。因此,沟通工作的时机与频率的把握至关重要,一切要以必要原则为准绳,在项目关键环节、工作结束、出现问题、统一目标时等必要的时间开展。

(4)沟通及时原则

信息的产生、传递与接收就是为使项目得到顺利进行,及时沟通可以使项目中出现的问题尽快得到解决,项目得以持续进行,这也是项目目标能够实现的重要保障。

8.1.2　项目沟通管理的方法

沟通是人与人之间传递与接收信息的过程,它对于项目取得成功是必不可少的,而且也是非常重要的。

1. 常用的沟通方法

常用的沟通方法有以下几种:

(1)正式沟通与非正式沟通;

(2)上行沟通、下行沟通与平行沟通;

(3)单向沟通与双向沟通;

(4)书面沟通与口头沟通;

(5)语言沟通与肢体沟通。

2. 改善与提高项目沟通管理的方法

沟通的有效性主要取决于发送者转交接收者信息的状态及其程度。人际沟通是否成功,取决于发送者要向接收者提供的信息与接收者通过理解而获得的意义是否相一致。为了增加沟通成功的可能性,必须保证发送者提供的信息与接收者对信息理解的最大限度的吻合性。

(1)改善项目沟通管理的方法

改善项目沟通管理的方法主要有以下几种:

①重视双向沟通,双向沟通伴随反馈过程,使发送者可以及时了解到信息在实际中如何被理解,使接收者能表达接收时的困难,从而得到帮助和解决;

②多种沟通渠道的利用,一个项目组织往往综合运用多种方式进行沟通,只有这样,才能提高沟通的整体效应;

③正确运用文字语言。

(2)提高项目沟通管理的方法

提高项目沟通管理的方法主要有以下几种:

①沟通前先澄清概念,发送者事先要系统地思考、分析和明确沟通信息,并将接收者及可能受到该项沟通之影响者予以考虑;

②只沟通必要的信息;

③明确沟通的目的,发送者必须弄清楚进行沟通的真正目的是什么,要接收者理解什么,这样沟通内容就容易规划了;

④考虑沟通时的一切环境情况,包括沟通的背景、社会环境、人的环境以及过去沟通的情况等,以便沟通的信息得以配合环境情况;

⑤计划沟通内容时应尽可能取得他人的意见;

⑥要使用精确的表达,发送者要把其想法用语言和非语言精确地表达出来,而且要使接收者从沟通的语言或非语言中得出所期望的理解;

⑦要进行信息的追踪和反馈,信息沟通后必须同时设法取得反馈,以弄清接收者是否真正了解,是否愿意遵循,是否采取了相应的行动等;

⑧沟通要言行一致;

⑨沟通时不仅要着眼于现在,还应该着眼于未来;

⑩应该成为一个"好听众",这样才能明确对方说些什么。

无论何种规模及类型的项目都有其特定的周期。项目周期的每一个阶段都是重要的甚至是关键性的,特别是大型土建工程和复杂的成套设备生产线安装过程更是如此。显而易见,为做好每个阶段的工作,以达到预期标准和效果,就必须在项目部门内、部门与部门之间,以及项目与外界之间建立沟通渠道,快速准确地传递和沟通信息,使项目内各部门达到协调一致;使项目成员明确各自的职责,并了解他们的工作对实现整个项目目标所做的贡献;通过大量的信息沟通,找出项目管理的问题及解决方案,制定政策并控制评价结果。

8.2　工程项目沟通计划的编制

项目沟通计划是项目整体计划中的一部分,它的作用非常重要,也常常容易被忽视。很多项目中没有完整的沟通计划,导致沟通非常混乱。有的项目沟通也还有效,但完全依靠客户关系或以前的项目经验,或者说完全依靠项目经理的个人能力。然而,严格来说,一种高效的体系不应该只在大脑中存在,也不应该仅仅依靠口头传授,落实到规范的计划编制中很有必要。因而,在项目初始阶段也应该包含沟通计划。

设想一下,当你被任命接替一个项目经理的职位时,最先做的应该是什么呢?召开项目组会议、约见客户、检查项目进度……都不是,你要做的第一件事就是检查整个项目的沟通计划,因为沟通计划描述了项目信息的收集和归档结构、信息的发布方式、信息的内容、每类沟通产生的进度计划、约定的沟通方式等。只有把这些理解透彻,才能把握好沟通,在此基础之上熟悉项目的其他情况。

8.2.1　编制项目沟通计划的重要性

在编制项目沟通计划时,重要的是理解组织结构和做好项目干系人分析。项目经理所在的组织结构通常对沟通需求有较大影响,比如组织要求项目经理定期向项目管理部门做进展分析报告,那么沟通计划中就必须包含这条。项目干系人的利益要受到项目成败的影响,因此他们的需求必须予以考虑。最典型也最重要的项目干系人是客户,而项目组成员、项目经理以及他的上司也是较重要的项目干系人。所有这些人员各自需要什么信息、在每个阶段要求的信息是否不同、在信息传递的方式上有什么偏好,都是需要细致分析的。比如有的客户希望每周提交进度报告,有的客户除周报外还希望有电话交流,也有的客户希望定期检查项目成果,种种情形都要考虑到,分析后的结果要在沟通计划中体现并能满足不同人员的信息需求,这样建立起来的沟通体系才会全面、有效。

8.2.2　编制项目沟通计划的关键原则

在项目中,很多人也知道去沟通,可效果却不明显,似乎总是不到位,由此引起的问题也层出不穷。其实要达到有效的沟通有很多要点和原则需要掌握,尽早沟通、主动沟通就是其中的两个原则,实践证明它们非常关键。尽早沟通要求项目经理要有前瞻性,定期和项目成员建立沟通,不仅容易发现当前存在的问题,很多潜在问题也能暴露出来。在项目中出现问题并不可怕,可怕的是问题没被发现。沟通得越晚,暴露得越迟,带来的损失越大。

项目管理小组的沟通协调管理是对项目中存在的所有活动及力量进行联结、调和的工作。沟通协调是管理机构管理工作的重要方面,做好沟通协调管理工作应有系统观念和风险意识,加强信息管理,不断总结沟通协调技巧。项目管理小组做好沟通协调工作首先应科学设置好沟通协调控制点,以预先设定的方法对有关问题进行沟通和协调。

1. 完善工程项目的计划系统

计划是做好沟通协调管理的基本保证。计划的内容主要有工期、投资(或成本)和资源三个方面,计划与各方面的协调关系有:各级计划之间的协调;计划与设计、控制手段之间的协调;各种内容计划之间的协调,如资金、材料、人力、设备以及批文的协调等。

2. 掌握项目运行的节奏

对于新的专业技术应用,在物资采购初期等,工程项目管理小组应有"试验"的意识,应适度控制有关工程的进度。这是基于系统以及风险认识的考虑,在取得一定数据或根据后上报。

3. 重复或多次保险的方法

基于对风险的认识,对于特别重要的工作,应在组织、技术等方面进行重复或多次保险。如多级审核、对重要参数的多次确认等。在物资采购、订制过程中,在与供应商签订合同、对方采购原材料、正式加工等各阶段前,对要求提供的物资数量、规格进行多次确认,就给偶然的错误及可能的变更留下余地。

4. 避免管理中的"责任环"

基于对风险的认识,项目负责人应尽量避免在管理中出现"责任环",即项目组织成员之间的相互责任关系形成环路的情况。

5. 把握沟通协调文件中的"责任尺度"

项目负责人应根据有关责任的分权性原则,对各种工作选择合理与适当的文件形式进行协调。除了合同条款外,可将协调文件按责任大小做如下排序:单独设计或者提供参数以及会议记录的整理方,承担全部责任;共同签署类,如共同设计、会签等,各方承担相应责任;通知、会议记录的接收方,承担有条件责任,即根据合同,接收文件方在一定期限内不提出异议,可视为认可。

6. 避免"跨合同"管理

合同关系是沟通协调的最基本依据。基于对风险的考虑,项目负责人应尽量避免自己的"跨合同"管理行为,严防"跨合同"管理造成的"责任环"。

7. 对合同风险的全面控制

项目负责人对合同风险应做全面的评估与控制。例如合同中关于工期的奖惩条款(包括设备供应商供货期限)设置的目的在于对方的违约不致使项目总工期以及项目总体效益受到影响。

8. 发挥"信息中心"的职能

项目负责人对信息的输入、输出、处理和存储的管理应做到程序化、制度化,使项目参与者在项目起始就清楚应从何处取得信息,清楚组织内由谁负责信息的处理和存储,清楚谁需要自己提供信息和控制点。

8.2.3 编制沟通计划的依据

编制沟通计划的依据包括沟通要求、沟通技术、制约因素和假设三个方面。

1. 沟通要求

确认项目沟通要求的信息一般包括:项目组织和各利益相关者之间的关系;该项目设计技术知识;项目本身的特点决定的信息特点;与项目组织外部的联系等。

2. 沟通技术

沟通技术根据沟通的严肃性程度分为正式沟通和非正式沟通;根据沟通的方向分为单向沟通和双向沟通,横向沟通和纵向沟通;根据沟通的工具分为书面沟通和口头沟通等。

3. 制约因素和假设

选用何种沟通技术以达到迅速、有效、快捷地传递信息主要取决于对信息要求的紧迫程度、技术的取得性、预期的项目环境。

8.2.4　编制项目沟通计划的流程

工程项目沟通计划的编制工作流程为：准备工作→确定项目沟通需求→确定沟通方式和方法→编制项目沟通计划→列出项目沟通管理计划表。

1. 准备工作

（1）收集信息

为了确定项目的沟通需求，通常需要收集项目沟通的内容，项目沟通的方式、方法和渠道，项目沟通的时间和频率，项目沟通信息的来源和最终用户。

①项目沟通的内容

项目沟通的内容就是项目沟通中项目利益相关者所需信息的内容，主要包括：有关项目团队组织、项目团队的上级组织以及其他项目利益相关者方面的组织信息，具体涉及这些组织及组织结构之间的相互关系、组织的主要责任与权力、组织的主要管理规章制度、组织的主要人力资源情况等方面的信息；有关项目团队内部管理各个方面的信息，具体涉及项目团队内部的各种职能管理、各种资源的管理（如人员、物资、信息等资源的管理）、各种工作过程的管理（如技术开发过程、生产实施过程）等方面的信息；有关项目技术工作及其产品方面的信息，具体涉及整个项目产出物的技术信息（如设计说明书）、项目工作的技术信息（如工艺技术）等；有关项目实施方面的信息，具体涉及整个项目的工期进度计划和完成情况方面的信息、整个项目实际生产的产出物质量和工作质量方面的信息、整个项目的资金与预算控制方面的信息等；项目组织所需的各种公众信息（如当地社区的风俗文化方面的信息）以及社会公众需要了解的项目信息（如项目给社区带来的好处等）。

项目沟通内容可通过对项目利益相关者的信息需求的调查来获得。为了保证项目沟通管理计划能满足项目组织各个方面的信息需求，项目沟通内容的调查收集要注意全面，不能有所遗漏。

②项目沟通的方式、方法和渠道

项目沟通的内容需要通过一定的方式、方法和渠道来传递，因此，在收集项目沟通内容的同时，还要注意收集各种沟通内容所需要的沟通方式、方法和渠道方面的信息，例如，哪些沟通内容需要采用口头的或书面的沟通方式，哪些内容需要采用个人面谈的、会议的或电子媒介的方式等。

③项目沟通的时间和频率

确定项目沟通需求还需要收集项目沟通的时间和频率。项目沟通的时间是指一次沟通需要持续的时间长短，例如，一次会议需要开多长时间。项目沟通的频率则是指同一种沟通间隔多长时间进行一次，例如，某种报表是一个季度一次，一个月一次，还是一周一次。

④项目沟通信息的来源和最终用户

项目沟通信息的来源是指项目沟通中所交流信息的生成者和发送者（生成者和发送者可能是同一主体，也可能不是同一主体），项目沟通信息的最终用户就是项目沟通中所交流信息的接收者。谁是信息的生成者，谁是信息的发送者，谁是信息的接收者，这些信息需要全面收集,否则将不能正确地确定项目的沟通需求。

(2)确定沟通需求所需信息的加工处理工作

所收集到的信息如果不进行加工处理,往往不能直接用于确定项目的沟通需求和编制项目沟通计划。对所收集的信息进行的加工处理工作通常包括归纳、整理、汇总和其他必要工作。另外,在信息的加工处理中,如果发现所收集信息不全或信息之间有矛盾,则需要做进一步的信息调查和收集工作。

2. 确定项目沟通需求

项目沟通需求的确定是在信息收集的基础上,对项目组织的信息需求做出的全面决策。项目沟通需求的全面决策指项目各方面所需信息的内容、格式、类型、传递方式、更新频率、信息来源等方面的决策。例如,对项目经理信息需求的决策涉及项目经理需要哪些信息,这些信息需用什么形式(如报表或报告等)提供,这些信息通过什么方式(如面谈或会议等)传递,这些信息多长时间传递一次,这些信息由谁提供(如项目财务主管或项目技术主管等)等。其内容包括:

(1)项目组织管理方面的信息需求;

(2)项目内部管理方面的信息需求;

(3)项目技术方面的信息需求;

(4)项目实施方面的信息需求;

(5)项目与公众关系的信息需求。

3. 确定沟通方式和方法

在项目沟通中,不同信息的沟通需要采取不同的沟通方式和方法,因此在编制项目沟通计划过程中还必须明确各种信息需求的沟通方式和方法。常用的沟通方式有口头、会议和书面沟通等。

(1)口头沟通:借助于口头语言实现的信息交流,它是日常生活中最常采用的沟通形式,主要包括口头汇报、会谈、讨论、会谈、演讲、电话联系等。

(2)会议沟通:一种成本较高的沟通方式,沟通的时间一般比较长,常用于解决较重大、较复杂的问题。

(3)书面沟通:以文字为媒体的信息传递形式,主要包括文件、报告、信件、书面合同等。书面沟通是一种比较经济的沟通方式,沟通的时间一般不长,沟通成本也比较低。这种沟通方式一般不受场地的限制,因此被我们广泛采用。

影响项目选择沟通方式和方法的因素主要有沟通需求的紧迫程度、沟通方式方法的有效性、项目相关人员的能力和习惯、项目本身的规模。

4. 编制项目沟通计划

项目沟通计划的编制是要根据收集的信息,先确定出项目沟通要实现的目标,然后根据项目沟通目标和确定的项目沟通需求分解得到项目沟通的任务,进一步根据项目沟通的时间要求去安排这些项目沟通任务,并确定出保障项目沟通计划实施的资源和预算。

项目沟通计划的内容除了前面给出的目标、任务、时间要求、具体责任、预算与资源保障以外,一般还应该包括下列特殊内容:

(1)信息的收集和归档格式要求;

(2)信息发布格式与权限的要求;

（3）对所发布信息的描述；

（4）更新和修订项目沟通管理计划的方法；

（5）约束条件与假设前提。

5. 列出项目沟通管理计划表

项目沟通管理计划表如表 8-1 所示。

表 8-1 项目沟通管理计划表

项目名称：									
项目干系人	沟通需求			信息搜集		信息归档		信息发布	
	需求信息	需求时间	需求方式	搜集方式	搜集人	归档格式	负责人	发布方式	发布人
制订人：			项目经理：				批准日期：		

8.2.5 工程项目沟通计划的结果

工程项目沟通计划的结果包括对项目利益相关者的分析结果和沟通管理计划。

任何一个项目都会存在形形色色的利益相关者，这些利益相关者来自不同的利益集团，他们的需求是互不相同的，且常常是相互矛盾的。如果项目经理在项目实施过程中不能识别项目利益相关者的需求，满足他们的需求或者对其需求施加影响，则利益相关者必然会对项目的完成造成不利影响，有些可能是致命的。由此可见，弄清项目的利益相关者是谁，充分识别其需求，在此基础上对其需求进行有效的管理，处理好与项目利益相关者的关系对于项目的顺利完成，达到项目目标，乃至于项目型企业的长期发展均具有非常重大的意义。

好的沟通计划具有可行性，考虑问题的影响因素是否全面和解决问题的方法是否可行决定了计划的可行性和可操作性，制订沟通管理计划应尽量选择经验丰富的团队。沟通计划需经过各部门经理的认可，方可公布。

8.3 工程项目中几种重要的沟通

在工程项目中，沟通不可忽视，项目经理最重要的工作之一就是沟通，通常花在这方面的时间应该占到全部工作的 75%～90%。通过良好的交流才能获取足够的信息，发现潜在的问题，控制好项目的各个方面。工程项目管理中，项目经理部应该着重做好各项沟通与协调工作。

1. 内部人际关系的沟通

项目经理部是项目组织的领导核心。通常，项目经理不直接控制资源和具体工作，而是由项目经理部中的职能人员具体实施控制，这就使得项目经理和职能人员之间以及各职能人员之间存在界限和协调。

在项目中，技术专家往往对基层的具体实施了解较少，只注意技术方案的优化，注重数字,对技术的可行性过于乐观,而不注重社会和心理方面的影响。项目经理应积极引导,发挥技术人员的作用,同时注重全局、综合和方案实施的可行性。

项目经理应建立完善、实用的项目管理系统,明确各部门的工作职责,设计比较完备的工作流程,明确规定项目沟通方式、渠道和时间,使大家按程序、按规则办事。

由于项目的特点,项目经理更应注意从心理学、行为科学的角度激励各个成员的积极性,建立项目激励机制。例如:采用民主的工作作风,不独断专行;改进工作关系,关心各个成员,礼貌待人;公开、公平、公正地处理事务;在向上级和职能部门提交的报告中,应包括对项目组织成员的评价和鉴定意见,项目结束时应对成绩显著的成员进行表彰等。

以项目作为经营对象的企业,应形成比较稳定的项目管理队伍,这样尽管项目是一次性的、常新的,但项目小组却相对稳定,各成员之间相互熟悉,彼此了解,可大大减小组合摩擦。

项目经理应建立公平、公正的考评工作业绩的方法、标准,并定期客观、慎重地对成员进行业绩考评,在其中排除偶然、不可控制和不可预见等的因素。

2. 项目经理部与企业管理层关系的沟通

项目经理部受企业相关职能部门的指导,两者既是上下级行政关系,又是服务与服从、监督与执行的关系。企业要对项目管理全过程进行必要的监督调控,项目经理部要与企业签订责任状、尽职尽责、全力以赴地抓好项目的具体实施。

3. 项目经理部与发包人之间的沟通

发包人代表项目的所有者,对项目具有特殊的权力,要取得项目的成功,必须获得发包人的支持。

项目经理首先要理解总目标和发包人的意图,反复阅读合同或项目任务文件。未能参加项目决策过程的项目经理,必须了解项目构思的基础、起因、出发点,了解目标设计和决策背景,否则可能对目标及完成的任务有不完整的甚至无效的理解,会给工作造成很大的困难。如果项目管理和实施状况与最高管理层或发包人的预期要求不同,发包人将会干预,改变这种状态。所以,项目经理必须花很大力气来研究发包人的意图,研究项目目标。

项目经理有时会遇到发包人所属的其他部门或合资者各方同时来指导项目的情况,这是非常棘手的。项目经理应很好地倾听这些人的意见,对他们做耐心的解释说明,但不应当让他们直接指导实施和指挥相关组织成员,否则会有严重损害整个工程实施效果的危险。项目经理部协调与发包人之间关系的有效方法是执行合同。

4. 项目经理部与监理机构之间的沟通

项目经理部应及时向监理机构提供生产计划、统计资料、工程事故报告等,应按《建设工程监理规范》的规定和施工合同的要求,接受监理单位的监督管理,搞好协作配合。项目经理部应充分了解监理工作的性质、原则,尊重监理人员,对其工作积极配合,始终坚持双方目标一致的原则,并积极主动地工作。在合作过程中,项目经理部应注意现场签证工作,遇到设计变更、材料改变或特殊工艺以及隐蔽工程等应及时得到监理人员的认可,并形成书面材料,尽量减少与监理人员的摩擦。项目经理部应严格地组织施工,避免在施工中出现敏感问题。与监理人员意见不一致时,双方应以进一步合作为前提,在相互理解、相互配合的原则下进行协商,项目经理部应尊重监理人员或监理机构的最后决定。

5. 项目经理部与设计单位之间的沟通

项目经理部应在设计交底、图纸会审、设计洽商与变更、地基处理、隐蔽工程验收和交工验收等环节与设计单位密切配合,项目经理部应注重与设计单位的沟通,对设计中存在的问题应主动与设计单位磋商,积极支持设计单位的工作,项目经理部在设计交底和图纸会审工作中应与设计单位进行深层次交流,准确把握设计,对设计与施工不吻合的情况或设计中的隐含问题应及时予以澄清和落实;对于一些争议性问题,应巧妙地利用发包人与监理工程师的职能,避免正面冲突。

6. 项目经理部与材料供应人之间的沟通

项目经理部与材料供应人应该依据供应合同,充分利用价格招标、竞争机制和供求机制搞好协作配合。项目经理部应在项目管理实施规划的指导下,认真做好材料需求计划,并认真调查市场,在确保材料质量和供应的前提下选择供应人。为了减少资源采购风险,提高资源利用效率,供应合同应就数量、规格、质量、时间和配套服务等事项进行明确。

7. 项目经理部与分包人之间的沟通

项目经理部与分包人关系的协调应按分包合同执行,正确处理技术关系、经济关系,正确处理项目进度控制、质量控制、安全控制、成本控制、生产要素管理和现场管理中的协调关系。项目经理部应加强与分包人的沟通,及时了解分包人的情况,发现问题及时处理,并以平等的合同双方的关系支持承包人的活动,同时加强监管力度,避免问题的复杂化和扩大化。

8. 项目经理部与政府部门及其他单位之间的沟通

项目经理部应积极主动地与当地公安、城管、交通、环保、市政、消防、档案等部门取得联系,向相关部门汇报相应的工程实施情况,听取其相关意见,并了解相应部门的最新管理信息,按照其要求办理相关手续,制定相应的管理制度,尽力使施工行为符合管理部门的管理规定,以便于取得其行政许可、审批及相关部门的信任、支持;做好施工现场周围环境的调查研究,以便于增强工作的预见性和针对性,尽力减少诸多不利因素对施工造成的影响。

如项目出现重大质量事故,在工程部及相关部门采取急救、补救措施的同时,项目经理部应立即向政府有关部门报告情况,接受检查和处理。

项目经理部与其他公共部门有关单位的协调应通过发包人或监理工程师进行。

项目经理部与远外层关系的协调应在严格守法、遵守公共道德的前提下,充分利用中介组织和社会管理机构的力量。远外层关系的协调应以公共原则为主,在确保自己工作合法性的基础上,公平、公正地处理工作关系,提高工作效率,促进社会和谐。

综上所述,工程项目管理中,协调工作涉及面广且琐碎,突出了各专业协调对项目顺利实施的重要性,项目经理要加强这方面的管理,同时做好每一部分工作,才有可能把问题隐患消灭在萌芽状态,保证圆满完成工程项目目标。

8.4　沟通问题产生的原因及预防和解决策略

在项目管理过程中,我们可能都曾遇到类似这样的问题,在进行项目阶段性成果检查时,发现客户的实际要求和开发的功能不相吻合,或者客户所要求的某种属性并没有得到体现,或在设计过程中,开发人员开发出的内容与设计要求大相径庭等。究其原因,都是没有做好充分、有效的沟通。项目需要充分的沟通,以达到明确的项目目标、清晰的工作职责、明晰的项目需求等。沟通障碍可能会造成项目返工,影响项目进度和成本,甚至会导致项目的失败。

1. 沟通问题产生的原因

在实际工作中,沟通问题产生的原因主要有以下几种:

(1)不正确的沟通态度

第一种,项目经理和项目组成员都是"高科技人员",就导致"我以为"的错误,太过自信,没有认真确认和沟通;第二种是不敢沟通,不敢和客户沟通,不敢和上级领导沟通尤其是跨部门的沟通,害怕被拒绝,害怕沟通中遇到的阻力;第三种是懒得沟通,认为这么简单的东西不用沟通,凭自己的理解就可以完成等,导致出现偏差。

(2)人的惰性

因为人的惰性,有些用户可能并不会认真确认用户需求文档,只有到系统完全做出来了,才会提出有些内容是需求理解错误;有些开发人员也不会认真看设计文档,而是直接就去开发;项目相关的文档不能及时地根据变化进行修改和更新等。

(3)缺乏正确的沟通技巧

没有选择正确有效的沟通方法会导致和客户沟通失败,没有畅通的沟通机制导致设计与开发产生偏差。所以,项目经理应具备一定的敏感度和懂得依据具体的需要使用不同的沟通技巧知识。

(4)项目的时间约束

一方面,项目的开发时间是有限制的,项目经理往往为了追求项目的进度而忽视或者是压缩沟通时间;而另一方面,客户的时间也是有约束的,通常客户没有专职人员能去参与项目,双方无法进行充分的沟通导致项目推后。

2. 预防和解决沟通问题的策略

项目中难免会有冲突发生,冲突解决得好不好,对于项目冲突影响非常大。过多的冲突会破坏项目组织的功能,过少的冲突会使项目组织僵化,对冲突实施科学、有效的管理是项目综合管理的一项重要内容。为了预防和解决项目沟通中产生的冲突,我们需要采取以下策略:

(1)沟通是人的沟通

不管客户还是项目成员,他们在项目中都会有自己的利益关注点。有效的沟通机制,能够帮助项目组与客户建立良好的关系,为项目的顺利实施,以及后期项目的开发奠定好的基础。同时,有效的沟通机制也会对项目团队的建设起到积极的作用。每个成员参与项目都会有自己的目的:有的人是为了挣钱,有的人是为了学更多的知识,有的人是为了积攒成功案例和工作经历。项目经理要了解每个成员的想法,并对他们的想法进行分析。在项目实施中,项目经理要对人员进行合理搭配,在满足项目需求的同时,还要尽可能地满足每个项目成员的个人需求。

(2)情感沟通是有效的手段

在项目中,项目经理要与自己的成员保持经常性沟通,交流工作中的体会。不要以为聚会或者送小礼物是多余的,其实,有时候,一个简单的眼神或表情都代表了一种工作状态。项目经理需要经常和员工聊天或谈心,了解他们在工作中的问题和难处,积极为他们想办法。项目经理也要和客户保持良好的私人关系,通过聊天可以了解到客户新的需求。当然,有时在与客户沟通时,为了达到目的,项目经理还要与项目成员密切配合,一个唱"红脸",一个唱"白脸"。

(3)项目经理要善于聆听

项目经理的日常工作在很大程度上是听取各种意见。在各种会议和交流活动中,善于听取所需的信息和知识是项目经理必需的能力。项目经理对所有员工的抱怨要全部接受,这也是项目经理的能力之一。比如在图纸设计的过程中,很可能某部分的设计工作很难进行,项目经理虽然不能帮上忙,但要耐心聆听建筑师的抱怨,使他们工作中的不快得以很快发泄出来,这也是对项目进程的一种推动。

8.5　跨文化沟通

当今世界多极化、经济全球化、社会信息化、文化多元化深入发展,和平发展、合作共赢成为不可逆转的时代潮流。随着我国"一带一路"倡议的推进,跨文化管理成为我国企业面临的难点问题之一。因为企业在国际市场上的角逐,表面上是资本、技术、商品和劳务间的竞争,其背后则是不同文化价值观的碰撞、协调和融合。跨文化沟通作为跨文化管理的一个重要组成部分,越来越受到国内外管理界的重视。

跨文化沟通(cross cultural communication)通常是指不同文化背景的人之间发生的沟通行为。地域不同、种族不同等因素导致文化差异,因此,跨文化沟通可能发生在不同的国家之间,也能发生在不同的文化群体之间。

8.5.1　跨文化沟通的特征

荷兰跨文化研究学者霍夫斯泰德认为,文化是一种"共同的心理程序",即文化不是一种个体特征,而是具有相同的教育和生活经历的许多人所共有的心理程序。正是此程序才将不同的群体、区域或国家的人类群体得以相互区分开来,而这个共同心理程序的核心就是共有的价值观。跨文化沟通的特征主要有以下几个方面:

1. 群体性

文化不是一种个体行为或个体特征,而是生活在该群体中的人们所共有的行为和特征。

2. 习得性

群体文化不是其每个成员生来就有的,而是其成员不断向群体其他成员学习和适应环境的结果。

3. 差异性和同一性

文化的差异性是指人类历史演化中的条件和过程存在差异,决定了不同的文化有不同的特点。文化的同一性则反映了人类一般的生理特征和他们适应自然和社会环境的一般需要。

4. 层次性

文化的各个方面对其成员的重要程度是不同的,有些方面是其文化的核心,有些方面则是较次要的。

5. 稳定性

文化的稳定性是指文化是由数千年的经验和知识积累而成的,它保持着相对的稳定不变性。

8.5.2　跨文化沟通的主要障碍

1. 双方文化共享性差

共享性是指人们具有共同的文化特征,在沟通中是指人们对同一客体给予和享有的共同编码。在同文化的沟通过程中,信息的发送者和接收者使用的是同一种编码本,人们谈论的事物和话题在各自的文化中都有相应的对应物,因而沟通起来就相对容易。但在跨文化沟通过程中,由于双方长期生活在相对独立的地理区域和文化中,个人的经历都不一样,双方的价值观、语言、非语言系统及对事物的感知都大不相同,共同感兴趣的话题和事物、活动较少,一方文化中的东西在另一方文化中可能没有相应的文化对应物,这就造成了沟通的困难。历史人物和事件、典故、成语等都可能造成跨文化沟通的困难。

文化共享性差对沟通造成障碍的另一种表现是沟通一方虚幻地假设另一方的文化因素与自己相同,从而造成误解和沟通无效。如中国是礼仪之邦,这种价值观在经营过程中的表现就是中国商人非常好客,许多生意要在饭桌上谈定,因而他们想当然地假设其他国家的情况也是如此。在改革开放初期,许多中国人在同美国、德国、英国、澳大利亚、加拿大等国家的人做生意时,总是非常热情地请他们吃饭、喝酒、娱乐、免费旅游等,但这种做法往往沟通效果并不佳,有时甚至适得其反。

2. 民族优越感

当人们容易相信本国的各项条件最优之时,轻松适应其他文化的另一个潜在障碍就出现了,这种倾向被称为自我参照标准或民族优越感、种族主义等。民族优越感之所以对跨文化人际沟通造成障碍,主要是因为:

(1)对自己文化的民族优越感信念会形成一种狭隘和防御性的社会认同感。

(2)人们会以一种定型观念来感知其他文化。

(3)民族优越感会使沟通者将自己的文化与其他文化对比时,总认为自己的文化是正常的、自然的,而其他文化是不正常的,其结果总是吹捧自己的文化而贬低别的文化。民族优越感会使人们不愿了解别的文化,拒绝承认其他文化也具有丰富的内涵,排斥不同的观点和技术,因而是跨文化沟通的障碍。

3. 定型观念和偏见

定型观念也叫定势思维或心理定式等,是一种知觉上的错误,指人们在头脑中把形成的对某类知觉对象的形象固定下来,并对以后有关该类对象的知觉产生强烈影响的效应。定型观念的最大害处就是过分简化和归类,根据某一群体的共同特征而将其分门别类,并作为认知固定下来。诚然,在这个复杂而多变的世界里,简化和归类有助于我们对事物的总体认识,但在跨文化沟通中,定型观念往往会造成"以偏概全""坐井观天""一叶障目,不见森林"等认识错误,并会直接导致沟通中的误解和障碍。

4. 沟通风格的差异

虽然全世界人们的沟通过程基本是相同的,但不同文化的人们的沟通风格却具有很大的差异。所谓沟通风格,就是人们在沟通过程中将自己展现给对方的方式。它包括自己喜欢谈论的话题、喜欢的交往方式,还包括双方对同一沟通渠道的依赖程度(即靠口头语言、书面语言还是身体语言),以及对相同意思的理解主要是靠信息的实际内容还是靠情感的内容等。跨文化沟通是一个双向的、互动的过程,如果相互之间的沟通风格不同,就可能给沟通带来问题。如在对强烈情绪的表露方面,美国人喜欢通过交谈、辩论来发泄心中的积愤和澄清事实;地中海地区许多国家的人倾向于使用身体语言来表达强烈的情绪;日本人则不喜欢向别人表露自己的情绪。

5. 文化冲击

文化冲击是指当人们接触异文化时,新奇的环境所导致的混乱、不安和焦虑的感觉。美国人类学家奥博格认为,文化冲击是人们对突然失去社交中所有熟悉的符号和暗示而感到焦虑不安,这些指导我们日常生活的无数符号和暗示包括:如何下指令、如何购物、什么时候应该做出反应和什么时候不应做出反应等。这些我们在成长过程中所获得的符号和暗示可能是词语、姿势、手势、面部表情、风俗习惯、社会规范等,它们就像是我们所使用的语言和所树立的信仰一样,已经成为我们文化的一部分。我们依靠这些数以千计的符号和暗示来保持心态平和与提高效率,但我们往往并未意识到绝大多数符号和暗示。当跨国企业的员工到异文化的国家较长时间从事管理或经营时,通常要遭遇文化冲击。文化冲击的常见表现有思乡、烦躁、易怒、对东道国的恐惧等。

文化冲击对跨文化经营管理的沟通效果的影响也是显而易见的,当遭遇文化冲击时,经营管理者会陷入一片混乱,盲目不知所措,根本不愿或没有精力和机会从事商务沟通,或者即使沟通活动勉强得以进行,也可能由于文化冲击的影响,效果极差。

8.5.3　实现有效跨文化沟通、消除跨文化沟通障碍的技巧

无论在何种环境下,我们始终会面对跨文化沟通的问题,就算在一国的不同地区,文化也可能存在较大差异,了解跨文化沟通的技巧会使个人和企业组织在激烈复杂的竞争中获益匪浅。

1. 培养跨文化意识

培养跨文化意识,具体来说就是导入要进行跨文化沟通对象的文化要素,树立文化差异的意识。在有了这个意识的基础上,要主动地学习对方的语言、句式、文化,练习听说能力,以便更好地与对方进行沟通。有了语言的基础后,就可以有针对性地比较沟通对象的文化与自己母文化的差异,提高对异文化差异的察觉。

2. 确立有效沟通的原则

为了达到有效沟通,我们必须遵循一定的原则,作为在沟通过程中的指南。一些权威的沟通专家一致认为,要实现跨文化经营管理的有效沟通,必须坚持以下几条原则:

(1)完整性。完整性包括三个方面的要求:一是向对方提供他所需的所有信息,以便对方能彻底、准确地理解该信息;二是要回答对方提出的所有问题;三是要向对方提供他所需要的额外信息。

(2)简洁性。简洁性或简明性是指在不损害信息的其他方面的前提下,用尽可能少的词汇来传递信息,即信息既要完整又没有多余的修饰成分。

(3)关心性。关心性指在沟通过程中始终要把对方放在心中,设身处地地与对方交谈,不能发脾气,不能谩骂,不能无端地指责对方。

(4)具体性。具体性指双方传递的信息不能是模糊的、一般性的,而应是明确的、确定的和生动的。

(5)明晰性。明晰性指要求将你头脑中的信息精确地传送到对方的头脑中。由于词汇

的使用受到个人的经历、知识水平、价值观等的影响,因此一方要精确地将信息传送给另一方并不容易。

(6)礼貌性。礼貌性是指在沟通过程中要关心对方、尊重对方。

(7)正确性。从一般意义上说,语言的正确性包括在语法、标点、拼写、发音等方面的要求。

3. 制定有效的沟通战略

跨文化沟通较同文化背景下的人们之间的沟通来说有更大的复杂性和艰巨性,因此在沟通之前有必要制定一个战略,以便使沟通按预定的计划进行。

(1)认识沟通的客体,即将和谁进行沟通。

(2)确定沟通的目的,即经营管理人员为什么需要沟通。

(3)了解沟通的情境,所谓情境就是指沟通的地点和场合。

(4)充分了解对方的文化背景,找出文化差异,选择合理、适当的沟通方式。

(5)把握沟通的时效性,即什么时候可以进行沟通、什么时候不能进行沟通、什么时候沟通的效果最佳以及沟通所需的时间多少等。

4. 正确对待文化差异

正确对待文化差异,承认文化差异的存在,保持积极的沟通心态,这是进行有效跨文化沟通的基本要求。只有端正态度,尽量使不同文化相融合,才能促进双方的沟通与协作,减少文化冲突所带来的组织关系的失谐。这其中包含两个认知的层次:第一个层次是正确地认识到文化差异的存在;第二个层次是正确对待文化差异,积极地学习、适应、包容它。在该过程中要注意保持不卑不亢的态度,既不能有霸权文化意识,也不可以有自卑意识。文化与国家或者地区经济的强弱并没有必要的联系。

5. 熟悉掌握沟通的技巧

在语言沟通中,要注意口语交流和书面沟通的不同层面的不同作用。在与对方进行语言沟通的时候,要给足够停顿的时间给对方和自己进行语言交换。此外还要注意在沟通时,不能先假设对方已经理解,反而应该先假设对方不能理解你的意思,通过不断检查来估计对方对你的话语的理解能力。

有"说"就有"听",积极倾听对沟通效果至关重要。一项研究发现,经理人员一天用于沟通的时间约占70%。其中,倾听在人际沟通中占有重要地位,它用去了人们用于沟通的时间的将近一半。积极倾听有利于我们接收信息和扩大信息量,它能使我们了解对方的想法和建议,减少沟通中的误会。同时,积极倾听也是对对方尊重的表示,有利于改善双方人际关系和解决冲突。

6. 正确使用语言和非语言的沟通方式

语言技能不仅能使跨文化管理者与当地人成功地进行沟通,还能使当地人将跨文化管理者当"自己人"看待,与依靠翻译才能与他们沟通的国际经营管理者相比,这本身就是一种竞争优势。

非语言沟通在整个沟通活动中占90%,是跨文化沟通能否有效进行的一个重要因素。我们可以借助观察对方的手势、面部表情等身体语言来了解他的意图;另外我们也要熟悉地使用身体语言,一方面可以运用身体语言更好地表达我们的意思以弥补语言沟通的障碍,另一方面可以避免有歧义的身体语言的出现造成不必要的误会。使用非语言沟通需要注意的有：

（1）同样的非语言沟通方式在两种不同的文化中可能有不同的含义；

（2）某种非语言因素在一种文化中可能毫无意义，在另一种文化中却有意义；

（3）某种非语言沟通方式在两种文化中可能有基本相同的含义，这使沟通能顺利进行而不产生误解；

（4）非语言沟通方式没有好坏优劣之分，只是存在于不同文化背景中而已。

8.6　案例分析

【例 8-1】　一个中国谈判小组赴中东某国进行一项工程的承包谈判。在闲聊中，中方负责商务条款的成员无意中评论了中东盛行的伊斯兰教，引起对方成员的不悦。当谈及实质性问题时，对方较为激进的商务谈判人员丝毫不让步，并一再流露撤出谈判的意图。

（1）案例中沟通出现的障碍主要表现在什么方面？

（2）这种障碍导致谈判出现了什么局面？

（3）应采取哪些措施克服这一障碍？

（4）从这一案例中，中方谈判人员要吸取什么教训？

【解】

（1）案例中沟通出现的主要障碍表现在文化方面，中方负责商务条款的成员无意中评论了中东盛行的伊斯兰教。

（2）这种障碍导致对方成员的不悦，不愿意与中方合作，谈判出现僵局。

（3）应采取的措施有：①更换谈判人员；②请代理人谈判；③邀请高级别领导人；④中途停止谈判，为此事向对方成员道歉，修复文化差异障碍。

（4）中方谈判人员在谈判前应该了解他国的文化背景，包括宗教信仰、禁忌等，避免类似情况再次发生。

本章习题

一、单项选择题

1. 在项目团队中，沟通（　　　　）。

A. 越多越好

B. 只能针对那些有利于项目成功的信息

C. 应该在所有的项目团队成员之间进行

D. 应该把所有信息发送给所有团队成员

2. 信息发送者对下列哪一项负责？（　　　）

A. 确保信息被正确接收和理解

B. 促使信息接收者赞同信息的内容

C. 尽量减少沟通中的噪声

D. 确保信息清晰和完整以便被正确理解

3. 以下所有信息都对项目的沟通需求有直接影响，除了（　　　）。

A. 项目持续时间长短

B. 组织机构图

C. 参与项目工作的人数

D. 项目的跨学科、跨专业程度

4. 沟通管理计划通常不包括（　　　）。

A. 项目干系人的沟通要求

B. 项目主要里程碑和目标日期

C. 接收信息的人或组织

D. 信息分发的时间框架和频率

5. 以下都是沟通管理计划的内容,除了（　　　）。

A. 谁可以接收什么信息

B. 谁可以直接与项目经理沟通

C. 分配给沟通活动的时间和资金

D. 问题升级流程

6. 进行项目沟通需求分析,旨在确定（　　　）。

A. 能用于沟通的时间和资金多少

B. 所需信息的类型和格式,以及信息对干系人的价值

C. 可使用的沟通技术

D. 沟通渠道的多少

7. 在沟通管理中,强调向正确的人提供正确的信息,也强调只提供所需要的信息。前者和后者分别是指（　　　）。

A. 及时的沟通,充分的沟通

B. 有效率的沟通,有效果的沟通

C. 充分的沟通,及时的沟通

D. 有效果的沟通,有效率的沟通

8. 项目经理要花很多时间与项目干系人进行沟通交流,下列哪项方法或技术对项目经理最有用,以便项目团队齐心协力使项目成功。（　　　）

A. 定期分析工作以决定排除什么事项

B. 明确优先事项

C. 在精力高峰期,安排最有趣的活动

D. 当出现问题时,责备其他项目干系人

9. 项目经理和项目团队应如何选择沟通技术,以便在项目利害相关者之间交流信息?（　　　）

A. 他们分析团队成员的经验和专长

B. 他们决定项目的关键路线

C. 他们不分析所预料到的项目环境

D. 使用挣值分析法,他们判断进展是否顺利

10. A项目经理发送给电子工程师一个电子邮件信息,要求她准备一份详细的技术报告,并在电子邮件中附注了某些说明。一周后,电子工程师所在部门的经理拜访项目经理时

抱怨道：该电子工程师已经花费了 45h 做出 80 页的报告。项目经理认为报告只需要 4 页长。这里的问题是（　　　）。

　　A. 缺乏反馈　　　　B. 指令太多　　　　C. 沟通太多　　　　D. 缺乏信任

11. 有效的沟通要求在发送者和接收者之间进行信息交换。可以通过下列哪些基本要素来促进这种交换？（　　　）

　　A. 阅读、写和听

　　B. 展示良好的说话和倾听习惯

　　C. 沟通者、编码、信息、传输媒介、解码、接收者的反馈

　　D. 包括书面的和口述方式的正式的沟通计划

12. 项目状态报告是下列哪种沟通形式的例子？（　　　）

　　A. 正式的书面沟通　　　　　　　　B. 正式的口头沟通

　　C. 非正式的书面沟通　　　　　　　D. 非正式的口头沟通

13. 你管理一个虚拟项目小组。你的小组成员所处的地理位置不同，只能见面开会一到两次。项目已经进行几个月，你强烈地感到你的小组成员没有将自己看作团队的一员。为了改变这个局面，你应该（　　　）。

　　A. 确保每位成员把电子邮件作为通信手段

　　B. 指令小组成员执行组织安排的任务

　　C. 创造出强化分散小组成员间团结性的标志事物和结构

　　D. 向小组成员提供最先进的通信技术和工具并指导使用

14. 在谈判中通常出现的沟通问题是（　　　）。

　　A. 谈判的一方误解另一方的表述

　　B. 谈判的一方放弃谈判

　　C. 谈判的一方企图使另一方迷惑

　　D. 谈判的一方在听到另一方的陈述后忙于思考接着该说什么

15. 以下哪一个因素对于项目小组成员之间的沟通意义最为重大？（　　　）

　　A. 来自外部的意见反馈

　　B. 执行情况评估

　　C. 项目经理解决项目小组成员之间的矛盾与冲突

　　D. 小组成员集中办公

16. （　　　）是指认识论和知识体系，包括世界观、价值观、感知、思维方式、信仰、宗教等。

　　A. 物质产品　　　　　　　　　　　B. 社会关系和社会组织

　　C. 文化的认知体系　　　　　　　　D. 文化的规范体系

二、简答题

1. 工程项目沟通的重要作用体现在哪几个方面？

2. 工程项目中常用的沟通方法是什么？

3. 在实际的工作中，沟通出现问题的原因主要有哪些？

4. 跨文化沟通的主要障碍是什么？如何进行跨文化沟通？

第9章 工程项目风险管理

学习要点和学习指导

本章主要叙述了工程项目风险管理的概念、工程项目风险的分类及风险管理的必要性；分析了工程项目风险识别的依据、流程及方法；介绍了工程项目风险评价的过程和工程项目风险控制的方法。

通过本章的学习，学生应理解工程项目风险管理的基本概念；了解工程项目风险的分类；熟悉工程项目风险的识别依据；掌握工程项目风险的评价方法和控制方法；初步具备工程项目风险识别的基本能力，能对工程项目风险评价的各项数据进行分析和处理，并能依据评价结果对工程项目风险进行控制，提出合理应对风险的对策及决策。

随着我国国民经济的高速增长和现代化建设的日益加快，尤其是习近平总书记提出"一带一路"倡议以来，各行各业与国际规则全面接轨，工程项目的竞争日益激烈，竞争对手也由单纯的国内企业向拥有先进技术、规范管理、丰富资本的国际企业转变。同时，科技的发展和项目内外部环境的变化，以及瞬息万变的社会环境也给工程项目带来了更多的不确定因素，由此产生的项目风险与日俱增，风险损失也越来越严重。因此，工程项目的风险管理与成本控制成为有效加强工程项目管理亟待研究探讨的重要课题之一。

近几年，随着管理思想、方法和计算机技术的发展，我国工程项目的风险管理水平有了很大的进步，但同国外相比尚存在一定差距，这就要求我国的项目经理们提出一系列直接针对现实项目风险问题的对策，经济管理科学工作者们提出一整套有利于理解、解决现实问题，适合中国国情的项目风险管理理论。

9.1 概　述

所谓风险管理，就是人们对潜在的意外损失进行辨识、评估，并根据具体情况采取相应的措施进行处理，即在主观上尽可能有备无患或在无法避免时亦能寻求切实可行的补偿措施，从而减少意外损失。

工程项目风险管理可以降低工程项目中风险发生的可能性，减轻或消除风险的影响，用最低成本取得对工程项目保障的满意结果。

9.1.1　工程项目风险的概念

1. 风险

风险是指由于可能发生的事件,实际结果与主观预测之间的差异,并且这种结果可能伴随着某种损失的产生。

2. 工程项目风险

工程项目风险是指在工程项目决策和实施过程中,实际结果与预期目标的差异性及其发生的概率。项目风险的差异性包括损失的不确定性和收益的不确定性。

9.1.2　工程项目风险的分类

1. 技术与环境风险

(1)地质地基条件。工程发包人一般应提供相应的地质资料和地基技术要求,但这些资料有时与实际出入很大,处理异常地质情况或遇到其他障碍物都会增加工作量和延长工期。

(2)水文气象条件。台风、暴风雨、雪、洪水、泥石流、坍方等不可抗力和其他影响施工的自然条件,都会造成工期的拖延和财产的损失。

(3)施工准备。业主提供的施工现场存在周边环境等方面自然与人为的障碍或"三通一平"等准备工作不足,导致建筑企业不能做好施工前期的准备工作,给工程施工正常运行带来困难。

(4)设计变更或图纸供应不及时。设计变更会影响施工安排,从而带来一系列问题;设计图纸供应不及时,会导致施工进度延误,造成承包人工期推延和经济损失。

(5)技术规范。由于发包人没有明确采用的标准、规范,在工序过程中又没有较好地进行协调和统一,影响以后工程的验收和结算。

(6)施工技术协调。工程施工过程中出现与自身技术专业能力不相适应的工程技术问题,各专业间又存在不能及时协调的困难等;由于发包人管理工程的技术水平差,发包人对承包人提出的的需要解决的技术问题没有做出及时答复。

2. 经济风险

(1)招标文件。这是招标的主要依据,特别是投标者须知、设计图纸、工程质量要求、合同条款以及工程量清单等都存在潜在的经济风险,必须仔细分析研究。

(2)要素市场价格。要素市场包括劳动力市场、材料市场、设备市场等,这些市场价格的变化,特别是价格的上涨,直接影响工程承包价格。

(3)金融市场因素。金融市场因素包括存贷款利率变动、货币贬值等,也影响着工程项目的经济效益。

(4)资金、材料、设备供应。这主要表现为发包人供应的资金、材料或设备质量不合格或供应不及时。

(5)国家政策调整。国家对工资、税种和税率等进行宏观调控,都会给建筑企业带来一定风险。

3. 合同签订与履行风险

(1)存在缺陷、显失公平的合同。合同条款不全面、不完善,文字不细致、不严密,致使合同存在漏洞。合同存在不完善或没有转移风险的担保、索赔、保险等相应条款,缺少第三方影响造成工期延误或经济损失的条款,存在单方面的约束性、过于苛刻的条件等不平衡条款。

(2)发包人资信因素。发包人经济状况恶化,导致履约能力差,无力支付工程款;发包人信誉差,不诚信,不按合同约定进行工程结算,有意拖欠工程款。

(3)分包方面。选择分包商不当,遇到分包商违约,不能按质按量按期完成分包工程,从而影响整个工程的进度或发生经济损失。

(4)履约方面。合同履行过程中,发包人派驻工地代表或监理工程师的工作效率低,不能及时解决遇到的问题,甚至发出错误指令等。

9.1.3　工程项目风险管理的性质

1. 风险存在客观性和普遍性

作为损失发生的不确定性,风险是不以人的意志为转移并超越人们主观意识的客观存在,而且在项目的全寿命周期内,风险是无处不在、无时不有的。这说明为什么人类虽然一直希望认识和控制风险,但直到现在也只能在有限的空间和时间内改变风险存在和发生的条件,降低其发生的频率,减少损失程度,而不能也不可能完全消除风险。

2. 某一具体风险发生的偶然性和大量风险发生的必然性

任何一种具体风险的发生都是诸多风险因素和其他因素共同作用的结果,是一种随机现象。个别风险事故的发生是偶然的、杂乱无章的,但对大量风险事故资料的观察和统计分析表明其呈现出明显的运动规律,这就使人们有可能用概率统计方法及其他现代风险分析方法去计算风险发生的概率和损失程度,同时也促进了风险管理的迅猛发展。

3. 风险的可变性

风险的可变性是指在项目的整个过程中,各种风险在质和量上的变化。随着项目的进行,有些风险会得到控制,有些风险会发生并得到处理,同时在项目的每一阶段都可能产生新的风险。

4. 风险的多样性和多层次性

建筑工程项目周期长、规模大、涉及范围广、风险因素数量多且种类繁杂,致使其在全寿命周期内面临的风险多种多样。而且大量风险因素之间的内在关系错综复杂,各风险因素之间交叉影响又使风险显示出多层次性,风险在工程项目建设中产生的同时会给整个项目带来连锁反应,工程项目在实施过程中某个步骤发生了局部风险很可能影响项目全局。

9.1.4　工程项目风险管理的必要性

从工程项目本身具有的特性角度而言,工程项目投资巨大、工期长,从其筹划、设计、建造到竣工后投入使用,整个过程都存在各种各样的风险,并且由此产生的风险损失金额巨大,后果严重。因此,将工程项目视为一个完整的系统,实施全局的、综合的全面风险管理是工程项目管理内在特性所决定的。

从工程项目涉及的相关利益主体而言,无论是工程项目投资方、承包方、监理方,还是建筑设计方、供应商等,都面临着不可回避的风险。各种利益主体都趋向于自身利益的最大化和风险的最小化,因此一项工程项目的实施就必须从整体的角度来考虑利益与风险的分配与衡量的问题。全面风险管理能够达到工程项目总体风险的最小化,实现不同利益主体风险分配的均衡状态,保障工程项目的顺利实施。

我国的建筑市场还不成熟,行为不规范的问题比较严重。全面风险管理有利于对工程项目实施过程中各个环节加以监控,保证工程项目中资金流、信息流与物流的顺畅流转。

近年来,我国工程项目管理虽然有所增强,但尚无法与世界上发达国家相抗衡。特别是中国加入 WTO 后,国内企业与拥有资金、技术和管理各方面优势的国际企业相竞争显得力量薄弱。如果国内企业仍不改变落后的风险管理状况,终将被淘汰。而全面风险管理作为一种先进的工程项目风险管理思想与方法,得到广泛的承认与应用,其在国内工程项目中的合理实施将缩小国内企业与国际企业在竞争中的差距,增强竞争力。

9.2　工程项目风险识别

风险识别是风险管理的第一步,也是风险管理的基础。风险识别就是对存在于项目中的各种风险根源或是不确定性因素按其产生的背景原因、表现特点和预期后果进行定义、识别,对所有的风险因素进行科学的分类。只有通过感知风险,才能进一步在此基础上进行分析,寻找导致风险事故发生的条件因素,为拟订风险处理方案,进行风险管理决策服务。

风险识别是一项复杂的工作,任何一个工程项目,不论其大小,存在的风险是多种多样的,既有静态的也有动态的,有已经存在的也有潜在的,有损失大的也有损失小的。一般风险识别流程主要包括收集资料、分析不确定性、确定风险事件、编制风险识别清单。做好风险识别工作需要根据具体的对象,采取具有针对性的识别方法和手段。

9.2.1　工程项目风险识别的依据

要准确地识别工程项目中的风险,首先要具备全面真实的工程相关资料,并认真、细致地对这些资料进行分析研究。一般来说,工程项目风险识别的依据包括以下几方面内容:

1. 工程项目风险管理计划

工程项目风险管理计划是探讨如何进行工程项目风险管理的规划和设计,是整个风险管理过程项目中的指导文件。该计划确定了整个工程项目风险管理的组织和成员、风险管理的行动方案和方式,确定了适当的风险管理方法,是工程项目管理单位进行风险识别的重要依据,是风险管理的基准。

2. 工程项目的前提、假设

工程项目的建议书、可行性研究报告、设计文件等一般都是基于一定的前提和假设做出的。而在项目的实施过程中,由于所处环境的不确定性,以及项目自身各种不确定因素的干扰,这些前提和假设可能会与实际情况不符,这就导致工程项目存在大量风险。因此在风险识别时,工程项目的前提、假设等也应该作为参考的依据。

3. 工程概况和相关管理计划

进行风险识别时应该了解工程概况和项目的有关管理计划(包括工程目标、任务、范围、进度计划、费用计划、资源计划、质量计划和采购计划等),以保证风险识别工作在现有资源条件下顺利开展。

4. 工程风险分类

从不同的角度看,工程风险可以分为不同的类别。例如,从产生的原因及性质角度,工程风险分为政治风险、经济风险、自然风险、技术风险、商务风险、社会风险、组织风险、行为风险等；从工程参与者角度，工程风险分为业主风险、承包商风险、勘察设计和监理单位风险，每个参与者各自又面临着不同种类的风险。明确合理的风险分类可以避免在风险识别时误判和遗漏，并有利于发现对项目目标实现有重要影响的风险。因此，工程风险分类也是识别风险时很重要的参考依据。

5. 工程风险管理的历史资料

以往类似工程的历史资料是风险识别重要的依据之一，而一般历史资料可通过以下几种途径获取：

首先，项目管理单位可以收集过去完工的类似工程档案，这些档案可能是工程风险因素清单、风险评估资料、风险应对计划，也可能是经验教训总结、对遇到问题的解决办法等。以往类似工程的风险管理档案对指导本项目的风险识别工作有很大的帮助。

其次，可以查阅公开的统计数据及出版资料，如商业数据库、学术研究成果、行业标准以及报刊等。这些资料提供了很多对工程风险识别极为有用的信息，因此也应作为风险识别的重要依据。

最后，工程风险管理人员的知识和经验也是进行风险识别的重要依据。通过向以往工程的主要参与人员了解情况，可以继承以往风险管理者的经验，这有助于全面认识本工程实施过程中可能存在的各种风险，少走弯路，保证工程风险识别工作的顺利开展。

9.2.2 工程项目风险识别的流程

1. 搜集、整理相关信息资料

一般认为风险是数据或信息的不完备引起的，因此，收集与工程风险事件直接相关的信息可能是困难的，但是风险事件并不总是孤立的，可能会存在一些与其相关的信息，或与其有间接联系的信息，或是与本工程可以类比的信息。工程项目风险识别应注重下列几方面数据信息的收集：

（1）工程环境相关信息资料

工程项目的实施和建成后的运行离不开与其相关的自然和社会环境。自然环境方面的气象、水文、地质等对工程项目的实施有较大的影响，社会环境方面的政治、经济、文化等对工程建设也有重要的影响。例如，某地区气候异常寒冷会影响混凝土的正常养护，进而就会影响施工的进度和工程的质量；贷款利率提高时，业主的投资贷款利息支出增加，可能会导致工程造价的提高。诸如此类的环境变化，均会对工程目标的实现造成影响。因此，在风险识别时有必要搜集和分析工程建设环境的相关信息资料。

（2）类似工程相关信息资料

已经建成的类似工程的信息资料是风险识别时很好的参考。类似工程风险管理的经验、教训对于识别在建工程项目存在的风险极为有用，它可以使工程风险管理者准确把握工程存在的一般风险，避免遗漏，少走弯路。同时，类似工程过去建设过程中的各种文档，包括档案记录、工程总结、工程验收资料、工程质量与安全事故处理文件，以及工程变更和施工索赔资料也是应搜集的信息。这些数据资料记载着工程质量与安全事故、施工索赔等处理的来龙去脉，对工程风险的识别很有帮助。

（3）工程的勘察设计、施工等文件资料

工程的勘察设计文件记载了工程的地质情况、地基承载力,整个工程的结构布置、形式、尺寸,以及采用的建筑材料、规程规范和质量标准等。同时,工程的施工文件明确了工程施工的方案、质量控制要求和工程竣工验收的标准等。在工程施工中经常会碰到设计施工方案变更、优化的问题,这些内容的改变就有可能会带来风险,因此勘察设计、施工等文件资料都应在风险识别时加以参考。

2. 分析不确定性,建立初步风险清单

信息资料搜集整理完毕后,风险管理人员应该对工程中存在的不确定性进行多角度的分析,从而确定可能存在的风险,并建立初步的风险清单。风险清单中应列出客观存在的和潜在的各种风险,使人对工程存在的风险产生直观的印象,建立初步风险清单标志着工程风险识别进入实质性阶段。而通常来说,对工程各种不确定性的分析主要应从工程建设全过程角度、工程项目目标角度、工作分解结构角度、工程建设环境角度进行。

3. 确定风险事件,并将风险归纳、分类

在工程不确定性分析的基础上,根据工程中存在的各类风险因素确定其可能引发的风险事件,然后对这些风险进行归纳、分类。风险分类的方法有很多种,可按工程项目内、外部进行分类,按技术和非技术进行分类,按工程项目目标进行分类,还可按工程项目的各个主体进行分类。

4. 编制工程风险识别清单

在对工程风险分类的基础上,应编制出正式的工程风险识别清单。该清单是风险识别最主要的成果,是进行风险评估和处置的重要基础。工程风险识别清单主要应包括已识别出的风险和潜在的风险。

9.2.3　工程项目风险识别的方法

工程项目风险识别的方法目前经学者研究有很多,但比较成熟和使用较多的主要有以下几种:

1. 检查表法

检查表是管理中用来记录和整理数据的常用工具。用它进行风险识别时,将工程项目可能发生的许多潜在风险列于一个表上,供识别人员进行检查核对,用来判别某项目是否存在表中所涉及的风险。检查表中所列都是历史上类似工程曾经发生过的风险,是工程项目管理经验的结晶,一个成熟的工程项目公司或项目组织要掌握丰富的风险识别检查表工具。检查表可以包含多种内容,其中主要包括工程项目成功或失败的原因,其他方面规划的结果(范围、融资、成本、质量、进度、采购与合同、人力资源与沟通等计划成果),工程可用的资源等。

2. 项目工作分解结构法

风险识别要减少项目的结构不确定性,就要弄清项目的各个组成部分的性质和它们之间的关系、项目环境之间的关系等。项目工作分解结构是完成这项任务的有力工具。项目管理的其他方面,例如范围、进度和成本管理,也要使用项目工作分解结构。因此,在风险识别中利用这个已有的工具并不会给项目班子增加额外的工作量。这种工具的使用原则是化大系统为小系统,将复杂事物分解为较简单、易被认识的事物。具体步骤为:先将施工项目按类别和层次分解为若干个子项目,找出它们各自存在的风险因素;然后进一步分解子项目,层层分解,直到能基本确定全部风险因素为止;最后进行综合,绘出分解图。

3. 常识、经验和判断法

以往项目积累起来的资料、数据、经验和教训,项目班子成员个人的常识、经验和判断在风险识别时非常有用。对于那些采用新技术、无先例可循的项目,更是如此。另外,把项目有关各方找来,同他们就风险识别进行面对面的讨论,也有可能触及一般规范活动中未曾或不能发现的风险。

4. 实验或试验结果法

利用实验或试验结果对风险识别是一种较理性的方法,它能很准确地识别风险,识别风险的程度比较高。

5. 敏感性分析

敏感性分析研究在项目寿命期内,当项目变数(例如产量、价格、变动成本等)以及项目的各种前提假设发生变动时,项目的性能(例如现金流的净现值、内部收益率等)会出现怎样的变化以及变化范围如何。敏感性分析能够回答哪些项目变数或假设的变化对项目的性能影响最大,这样,项目管理人员就能识别出风险隐藏在哪些项目变数或假设下。

6. 专家经验法

专家经验法主要包括专家个人判断法、头脑风暴法和德尔菲法等十余种方法。其中头脑风暴法和德尔菲法是用途较广、具有代表性的两种。专家经验是基于专家对风险的认识水平高于一般人,它不仅用于风险识别,而且用于风险评价。

7. 流程图法

流程图法是根据施工项目的施工生产活动,建立一系列流程图,通过对流程图的分析,解释施工项目管理全过程的"瓶颈"分布位置及其影响,从而识别可能存在的风险。

以上风险识别的方法,在使用中应针对实际问题不同的特点进行选择,这些风险识别方法实际上是有关知识、推断和搜索的理论应用于风险因素的分析研究。风险辨识从某种角度来说是一种分类过程,在辨识的过程中,实际上对各种风险因素按概率大小和后果严重程度进行了分类。从风险辨识要用到概率这一角度来看,风险辨识又是信息、搜索、探测和报警理论的一部分。

9.3　工程项目风险评价

风险评价是对项目风险进行综合分析,并依据风险对项目目标的影响程度进行项目风险分级排序的过程。它是在项目风险规划、识别和分析的基础上,通过建立项目风险的系统评价模型,对项目风险因素影响进行综合分析,并估算出各种风险发生的概率及其可能导致的损失大小,从而找到该项目的关键风险,确定项目的整体水平,为如何处置这些风险提供科学的依据,以保障项目的顺利进行。

9.3.1　工程项目风险评价的依据

工程项目风险评价的依据主要有:

1．工程项目风险管理计划

制定风险识别、风险分析、风险缓解策略，确定风险管理的职责，为项目的风险管理提供完整的行动纲领。

2．工程项目风险识别的成果

已识别的工程风险及风险对工程的潜在影响需进行评估。

3．工程进展状况

风险的不确定性常常与工程项目所处的生命周期阶段有关。在工程初期，项目风险特征往往表现得不明显，随着工程的实施，发现风险的可能性会增加。

4．工程项目类型

一般来说，普通项目或重复率较高项目的风险程度低，技术含量高或复杂性强的项目风险程度比较高。

5．数据的准确性和可靠性

用于风险识别的数据的准确性和可靠性需进行评估。

6．概率和影响程度

这是用于评估风险的两个关键方面。

9.3.2　工程项目风险评价的过程

工程项目风险评价的过程是依据项目目标和评价标准，将识别和估计的结果进行系统分析，明确项目风险之间的因果关系，确定项目风险整体水平和风险等级等。工程项目风险评价的过程主要包括以下内容：

1．确定风险评价基准

风险评价基准是项目主体针对每一种风险后果的可接受水平。单个风险和整体风险都要确定评价基准，评价基准选自工程项目目标。实践表明，在开始阶段一般风险可接受水平较高，随后会逐渐减小。风险分析和管理有必要随着时间的推移而不断进行。

2．综合所有个别风险，确定整体风险水平

确定单个风险之间的关系、相互作用及转化因素的影响，风险的可预见性、发生概率和后果有多种组合方式，因而工程整体风险评价十分复杂。在一般情况下，工程项目风险后果的严重性和发生频率符合帕累托原理，即 20% 的风险对工程构成了 80% 的严重威胁。后果严重的风险出现机会少，可预见性低；后果不严重的风险出现机会多，可预见性高。虽然只有一小部分项目风险对项目威胁最大，但两个或更多风险发生耦合作用时，损害后果会相当严重。如果一种风险可预见性很高而损害后果十分严重，就要考虑是否存在风险的耦合作用。

3．对比单个风险与单个评价基准、整体风险与整体评价基准

当项目整体风险小于或等于整体评价基准时，风险可以接受，项目可继续按计划进行；如果单个风险大于单个评价基准，要进行成本效益分析，寻找风险小的其他替代方案。项目整体风险比整体评价基准大得不多时，可以考虑拟订新的项目整体方案；项目整体风险比整体评价基准大很多时，风险不能接受，考虑是否放弃项目。

9.3.3　工程项目风险评价的方法

1. 层次分析法

层次分析法(analytic hierarchy process,AHP)是 20 世纪 70 年代美国学者 T. L. Saaty 提出的,是一种在经济学、管理学中广泛应用的方法。层次分析法可以将无法量化的风险按照大小排出顺序,把它们区分开来。

2. 模糊综合评价法

随着我国由计划经济体制向市场经济体制的逐步过渡,工程项目所面临的风险越来越大,加强对工程项目风险分析的理论研究和实际应用就显得非常重要。目前在国际上流行一种工程项目风险分析的方法,即将工程项目中的所有风险一一列出,然后设计风险调查表,请知名专家利用丰富的工程经验对各因素进行模糊评价,并求出平均数,再综合成整个项目进行风险分析,这种方法被称为模糊综合评价法。模糊综合评价法是模糊数学在实际工作中的一种应用方式。采用模糊综合评价法进行风险评价的基本思路是:综合考虑所有风险因素的影响程度,并设置权重区别各因素的重要性,通过构建数学模型,推算出风险的各种可能性程度,其中可能性程度高者为风险水平的最终确定值。

3. 主观概率评分法

主观概率评分法是利用专家的经验等隐性知识,直观判断项目每个风险并赋予相应的权重,如 0 和 10 之间的一个数。0 代表没有风险,10 代表风险最大,然后把各个风险的权重加起来,再与风险评价基准进行分析比较。

4. 蒙托卡罗模拟法

蒙托卡罗模拟法是随机地从每个不确定因素中抽取样本,进行一次整个项目计算,重复进行成百上千次,模拟各式各样的不确定性组合,获得各种组合下的成百上千个结果。通过统计和处理这些结果数据,找出项目变化的规律。例如,把这些结果值从大到小排列,统计各个值出现的次数,用这些数值形成频数分布曲线,就能够知道每种结果出现的可能性。然后,根据统计学原理,对这些结果数据进行分析,确定最大值、最小值、平均值、标准差、方差、偏度等,通过这些信息就可以更深入地定量分析项目,为决策提供依据。

工程项目中常用蒙托卡罗模拟法来模拟仿真工程项目的日程,这种技术往往用于全局管理,通过对项目的多次"预演",得出项目进度日程的统计结果。蒙托卡罗模拟法也常被用来估算项目成本可能的变化范围及项目启动后天数。

5. 外推法

外推法是进行项目风险评价的一种十分有效的方法,可分为前推、后推和旁推三种类型。前推就是根据历史的经验和数据推断出未来事件发生的概率及其后果。如果历史数据具有明显的周期性,就可据此直接对风险做出周期性的评价,如果从历史记录中看不出明显的周期性,就可用曲线或分布函数来拟合这些数据再进行外推,此外还要注意历史数据的不完整性和主观性。后推是在手头没有历史数据可供使用时所采用的一种方法,由于工程项目的一次性和不可重复性,所以在项目评价时常用后推法。后推是把未知的、想象的事件及其后果与已知事件及其后果联系起来,把未来风险事件归结到有数据可查的造成这一风险事件的初始事件上,从而对风险做出评价。旁推就是利用类似项目的数据进行外推,用某一项目的历史记录对新的类似项目可能遇到的风险进行评价。

6. 故障树分析法

故障树分析法是在 1961—1962 年，美国贝尔电话实验室的 H. A. Watson 在分析和预测民兵式导弹发射控制系统安全性时首先提出并采用的。此后，许多部门和人都对该方法产生兴趣，并展开了卓有成效的研究和应用。目前，国际上已公认故障树分析法是可靠性分析和故障诊断的一种简单、有效的方法。故障树分析法是一种演绎的逻辑分析方法，它在工程项目风险分析中的应用主要是遵循从结果找原因的原则，将工程项目风险形成的原因由总体到部分按树枝形状逐级细化，分析工程项目风险及其产生原因之间的因果关系，即在前期预测和识别各种潜在风险因素的基础上，运用逻辑推理的方法，沿着风险产生的路径，求出风险发生的概率，并能提供各种控制风险因素的方案。我国 1976 年开始这方面的研究，现在它已在许多项目中得到应用。

故障树分析法是一种具有广阔应用范围和发展前途的工程项目风险分析方法，尤其对较复杂的工程项目风险分析非常有效。它具有应用广、逻辑性强、形象化等特点，其分析结果具有系统性、准确性和预测性。同时，它具有固定的分析流程，可以用计算机来辅助建树和分析，大大提高了工程项目风险管理的效率。

以上介绍了六种主要的工程项目风险评价方法，每种方法都有其适用范围，工程项目风险管理者可以根据工程项目风险的特点及所处阶段，采取不同的风险评价方法，确保更准确地对工程项目风险进行评价，为工程管理者的准确决策提供依据。

9.4　工程项目风险控制

随着国民经济的发展，工程建设也愈来愈多，市场风险也愈来愈大，对工程项目建设进行风险分析和控制管理，使技术与经济相结合，更有效地控制工程项目投资、工期和质量，确保工程项目投资决策的正确性与科学性，对合理利用有限的人力、物力和财力，降低工程成本、提高工程效益具有十分重要的理论意义和现实意义。

近几年来，加强风险管理已受到国内各界人士的广泛关注，我国不少学者对工程项目风险进行了研究，在引进和推广工程项目风险管理方面做了大量的工作，为工程项目风险管理的进一步理论研究与实践打下了坚实的基础。前面主要论述了工程项目风险的一些基本问题，而重点是要寻求预防和减少工程项目风险的途径，从而提高工程项目效益，实现项目目标。具体而言，工程项目风险控制应当从以下几个方面展开：

1. 缓解风险

缓解风险，顾名思义，是通过缓和或预知等手段来降低风险发生的可能性或减缓风险带来的不利后果，以达到控制风险的作用。在实施缓解风险策略时，最好将工程项目每一阶段的风险都降低到可接受的水平，这样整个项目的风险就会降低。在工程项目生命周期早些阶段实施有效的风险管理会更为有效。缓解风险是一种主动的风险防范策略，通常采取有形手段和无形手段。

（1）有形手段

有形手段主要为工程法，该法利用工程技术，消除物质性风险威胁。工程法缓解风险有多种措施，其中主要有三种。第一，防止风险因素的出现。在项目活动开始之前就采取一定措施，减少风险因素，防止风险因素的发生。例如，在山地、海岛或岸边建设，为了减少滑坡危险,可在建筑物周围大范围植树栽草,同排水渠网、挡土墙和护坡等措施结合起来,防止雨水破坏主体稳定。第二,减少已存在的风险因素。若在施工现场发现各种用电机械和设备日益增多,则及时果断地换用大容量变压器以减少其烧毁的风险。若在施工现场已经发现了某些电器设备有漏电现象,则一方面找漏电的原因,并有针对性地立即采取措施;另一方面做好电器设备的接地,这样就可有效地防止伤亡安全风险的发生。第三,将风险因素同人、财、物在时间和空间上隔离,以达到减少损失和伤亡的目的。工程项目在实施过程中需要很大的投入,决策时需要进行成本效益分析,而且任何工程设施都需要有人参加,人的素质起了决定性作用,因此工程法要同其他措施结合起来使用。

(2)无形手段

无形手段主要包括教育法和程序法。

①教育法

工程项目管理人员和其他有关方的不当行为可构成工程的风险因素。要使工程项目风险管理达到高水准,工程项目具有竞争力,必须调动人这个主体资源,使他们发挥出内在潜力,主动服务于项目实施要求。因此,就必须对项目经理及有关人员进行风险管理教育。教育内容应该包括资源、城市规划、安全以及其他方面的法规、标准和操作规程、风险认识等。风险管理教育的目的,是要让所有相关人员有风险意识,使他们意识到任何疏漏或错误行为都可能对工程造成巨大的损失,全员参与风险管理,以工程项目整体利益为重,自觉能动地控制风险。

②程序法

工程法和教育法处理的是物质和人的因素,但是,项目活动客观规律性被破坏也会给工程造成损失。程序法是指以制度化的方式从事某项活动,减少不必要的损失。项目管理组织者制定的各种管理方针和监督检查制度一般都能反映项目活动的客观规律性,因此,项目管理人员一定要认真执行。我国长期坚持的基本建设程序反映了固定资产投资活动的基本规律。实践表明,不按此程序办事,就会犯错误,就会造成浪费和损失。所以,要从战略上减轻工程项目的风险,就必须遵循基本建设程序。

2. 转移风险

转移风险是将风险转移至参与该项目的其他人或其他组织,其目的不是降低风险发生的概率和减轻不利后果,而是借用合同或协议,在风险事故发生时将一部分损失转移给有能力承受或控制工程项目风险的个人或组织。

(1)工程项目担保

工程项目担保是指保证人在实现评估被担保人业绩和信用的基础上向债权人保证被担保人能够按照合同规定条款完成工程或及时支付有关款项的信用工具。其类型主要有投标担保、履约担保、付款担保、业主支付担保四种。

投标担保可采用银行保函或担保公司担保书、投标保证金的方式,其作用是可以有效地排除不合格的承包商参加投标。当中标承包商因故不能与业主签约时,保证机构须向业主支付投标保证金或由业主直接扣除投标保证金。

履约担保是指承包商无法履行义务时(非业主原因),担保机构应承担担保责任:一是向该承包商提供资金、设备、技术援助,使其能继续履行合同义务;二是直接接管该工程或另觅经业主同意的其他承包商,负责完成合同的剩余部分,业主只按原合同支付工程款;三是按合同约定,对业主蒙受的损失进行补偿,履约担保除采用银行保函或担保公司担保书、履约保证金方式外,还可由实力强、信誉好的承包商为其他承包商提供同业担保。由于业主的最终目的是按期保质地完成工程项目,而采用同业担保的方式能为工程的顺利完成提供更好的保证,对业主来说最为有利。

付款担保是指若承包商没有根据工程进度按时支付工人工资以及分包商和设备材料供应商的相关费用,经调查核实后由保证机构代付。付款担保避免了业主不必要的法律纠纷和管理负担,但承包商不支付分包商、材料设备供应商和工人工资,业主可以要求担保人支付,从而保证工程项目顺利进行。

业主支付担保实质上是业主的履约担保,主要是对工程款支付的承诺。目前我国业主拖欠承包商工程款的现象十分严重,实行业主支付担保,可以有效地防止业主故意拖欠工程款,或是资金还没到位就开工建设,从而保障承包商的利益,逐渐根治拖欠工程款这一顽疾。

（2）工程项目保险

工程项目保险是指项目公司向保险公司交纳一定数额的保险费,通过签订保险合约来对冲风险,以投保的形式将风险转移到其他人身上。不但业主要为建设项目施工中的风险向保险公司投保,承包商也要向保险公司投保。一旦风险事件发生,给工程造成了经济损失,则由保险公司负责赔偿业主的损失,这样做的结果是减少了业主在风险管理方面的工作压力,便于其集中精力抓好其他方面的管理工作,而且风险事件发生后,能及时得到资金上的补给,有利于风险事件的善后处理,尽快恢复正常工作,有利于项目目标的圆满实现。

目前在我国建筑业推广较为普遍的险种有三种:建筑工程一切险、安装工程一切险、第三者责任险。

建筑工程一切险是对施工期间工程本身、施工机具或工具设备所遭受的损失予以赔偿,并对施工对第三者造成的物资损失或人员伤亡承担赔偿责任的一种工程险。

安装工程一切险承保以新建、扩建或改造的工矿企业的机器设备或钢结构建筑物在安装、调试期间,保险责任范围内的风险造成的保险财产的物质损失和列明费用的损失。

第三者责任险承保标的是工程合同双方以外的第三者,承保的责任范围为:在保险期限内,投保的工程项目发生意外事故,造成工地及邻近地区的第三者人身伤亡、疾病或财产损失。

（3）发包

发包就是通过从项目执行组织外部获取货物、工程或服务而把风险转移出去,发包时可以在各种合同形式中选择。例如,建设项目的施工合同按计价形式划分为总价合同、成本加酬金合同和单价合同。总价合同适用于设计文件详细完备,因而工程量易于准确计算或计算简单,工程量不大,而且工程结构在施工过程中不可能做较大变化的项目。采取总价合同,实际上已将可能出现的风险转移给了承包人,承包单位要承担很大风险,而业主单位的风险相对而言要小得多。成本加酬金合同适用于设计文件不完备但又急于发包、施工条件不好或由于技术复杂需要边设计边施工的一些项目。采用这种合同形式,业主单位要承担很大的费用风险。采用单价合同时,承包单位和业主单位承担的风险彼此差不多,因而一般的建设项目采用单价合同。

（4）分包

承包人在履行合同的过程中,常会遇到一些特殊的施工,如水下施工作业,其有较大的安全风险。针对这种情况,承包人一般将其分包,把这种安全风险转移给分包人。在一些工程的承包中,当承包人发现本身的施工力量不足,难以按期完工,或某些施工内容本身缺乏施工设备,或施工技术不过硬,或施工经验不足等问题,面临着施工工期、施工成本或施工质量风险时,承包人向业主提出申请,将对他来说有各种各样风险的施工内容分包给其他承包人,以转移风险。

无论是上面讨论的哪一种风险转移方式,其特点都是相同的,就是使自身免受种种风险损失,使用任何一种方式,都要遵循两个原则:第一,必须让承担风险者得到相应的回报;第二,对于各种具体风险,谁最有能力管理就让谁承担。

3. 风险自留

风险自留指风险发生后,在不能找到其他合适的风险应对策略时,采取积极行动自行承担工程事故后果的方式。此时,风险自留的管理费用可视为项目的成本。风险自留适用于三种情况:一是已知风险,但可获利益大于风险损失;二是已知风险,但如采取风险防范措施,其费用支出大于自己承担风险的损失;三是出现"频率高、损失小"的风险。风险自留可分为主动的风险自留和被动的风险自留。

主动的风险自留就是指风险管理人员经过合理的分析和评价,制订应急计划,当此种风险发生时,即可及时实施事先制订的计划。主动的风险自留有意识地不断转移有关的潜在损失,对可能发生的风险有足够的承担能力。

被动的风险自留就是风险管理人员没有意识到项目风险的存在,一旦风险事件发生,只能被动承担不利后果。这一类型的风险自留在工程建设中表现为以下几个方面:一是建设资金的来源与业主利益无关,这是目前国内一些由政府提供建设资金的工程项目,不自觉地采用被动风险自留的一个原因。二是风险识别过程的失误使得风险管理人员未能意识到项目风险的存在,认为项目风险的评价结果可以忽略,而事实并非如此。三是风险管理决策与实施的时间差。即使风险管理人员成功地识别了项目风险,但决策的延误或者决策与实施的时间差,使得一旦风险实际发生成为事实上的被动的风险自留。

4. 回避风险

回避风险是指当项目风险潜在威胁发生可能性太大,不利后果也太严重,又无其他策略可用时,主动放弃项目或改变项目目标与行动方案,从而规避风险的一种策略。回避风险主要是中断风险源,使其不致发生或遏制其发展,是一种彻底的风险处置技术。它在风险事件发生之前将风险因素完全消除,从而避免了这些风险可能造成的各种损失,而其他风险处置技术只能减少风险发生的概率和损失的严重程度。

回避风险包括主动预防风险和完全放弃两种。主动预防风险是指从风险源入手,将风险的来源彻底消除。例如,在修建公路时,在一些交通事故易发地段,为了彻底消除交通事故风险,可采取扩建路面、改建人行天桥或禁止行人通行等措施。完全放弃可以彻底地回避风险,但是彻底放弃项目也会带来其他问题,如为了避免损失而放弃项目将失去各种机会,或是扼杀了项目有关各方的创造力。

在采取回避风险策略之前,必须对风险有充分的认识,对风险出现的可能性和后果的严重性有足够的把握。采取回避策略最好在项目活动尚未实施时进行。

5. 风险监控

风险监控是一个连续的过程,它的任务是根据整个项目风险管理过程规定的衡量标准,全面跟踪并评价风险处理活动的执行情况。其基本目的是以某种方式驾驭风险,保证可靠、高效地完成项目目标。由于工程项目风险具有复杂性、变动性、突发性、超前性等特点,风险监控应该围绕工程项目风险的基本问题,制定科学的风险监控标准,采用系统的管理方法,建立有效的风险预警系统,做好应急计划,实施高效的项目风险监控。

(1)采用系统的项目监控方法

建立一套管理指标系统,使之能以明确易懂的形式提供准确、及时而关系密切的项目风险信息,这是进行风险监控的关键所在。这种系统的工程项目管理方法有诸多的好处:一是它为工程项目管理提供了标准的方法,标准化管理为工程项目管理人员交流提供了一个共同的基础,减少了识别风险及处置风险时发生错误的可能性;二是伴随标准化而来的是交流沟通的改进,保障了信息共享;三是由于工程项目风险的变动性和复杂性,这种系统的项目管理方法为项目经理对不断变化的情况做出敏捷的反应提供了必要的指导和支持;四是这套方法使得每一个项目管理人员能对风险后果做出合理的预期,同时使用标准化的项目风险管理程序也使风险管理具有连续性;五是这套方法提高了生产率。

(2)建立风险预警系统

风险预警管理是指对于工程项目管理过程中可能出现的风险,采取超前或预先防范的管理方式,一旦在监控过程中发现有发生风险的征兆,及时采取纠正行动并发出预警信号,以最大限度地防止不利后果的发生。因此,工程项目风险管理的良好开端是建立一个有效的监控或预警系统,及时觉察计划的偏离,以高效地实施项目风险管理过程。当计划与现实之间发生偏差时,项目可能正面临着不可控制的风险,这种偏差可能是积极的,也可能是消极的。例如,计划之中的项目进度拖延与实际完成日期的区别显示了计划的提前或延误,前者通常是积极的,后者通常是消极的。风险监控的关键在于培养敏锐的风险意识,建立科学的风险预警系统,从“救火式”风险监控向“消防式”风险监控发展,从注重风险防范向风险事前控制发展。

(3)制订应对风险的应急计划

风险监控的价值体现在保持工程项目管理在预定的轨道上进行,不至于发生大的偏差,造成难以弥补的重大损失,但风险的特殊性也使监控活动面临着严峻的挑战。为了保持项目建设高效率地进行,必须对项目实施过程中各种风险进行系统管理,并对项目风险可能发生的各种意外情况进行有效管理。因此,制订应对各种风险的应急计划是工程项目风险监控的一个重要工作,也是实施工程项目风险监控的重要途径。应急计划是为控制项目实施过程中有可能出现或发生的特定情况做好准备,应急计划包括风险的描述、完成计划的假设、风险发生的可能性、风险影响以及适当的反应等。

本章介绍了一些工程项目风险防范的方法。项目风险管理者通过对工程项目风险的识别、分析和评价,对存在的种种风险和潜在损失等方面已经有了一定的把握,在上述这些应对策略中,应选择行之有效的对策,寻求既符合实际又会有明显效果的应对风险的具体措施,力图使风险所造成的负面效应降低到最低限度或使风险转化为机会,并最大限度地利用机会。

9.5 案例分析

【风险管理：苹果公司的危机公关】

苹果电脑公司于 1976 年，由斯蒂夫·乔布斯（Steve Jobs）和斯蒂夫·沃兹尼亚克（Steve Wozniak，简称沃兹）创立。2007 年 1 月 9 日，苹果电脑公司正式推出 iPhone 手机，并正式更名为苹果公司。

1. "信号门"事件

2010 年 6 月 24 日对全球果粉来说无疑是一个值得记住的日子。在这一天，iPhone 4 正式在美、英、法、德和日本市场上市销售，火爆程度更远超 2009 年的 iPhone 3GS。但很快一些用户发现了 iPhone 4 存在的问题：当用左手持握 iPhone，将手机左下角置于手掌包围当中时，屏幕上显示的信号格数会立即下降，甚至出现通话中断或找不到网络的状况。由此，这场一波三折、震动全球的苹果"信号门"事件拉开帷幕。

该问题主要有两种情况：一是虽然显示没有信号，但并不真正影响应用；二是用手握住 iPhone 4，当信号削弱后，打电话会出现掉线情况。不过很明显，无论哪种情况都表明，手握机身的情况确实会对手机的信号接收产生影响。

有用户随即写 E-mail 给苹果公司 CEO 乔布斯，询问这究竟属于软件还是硬件问题。最初，乔布斯如往常一样给出了简短的答复："这不是问题。只是不要那样拿它就行了。"

随后，乔布斯又回信给出了较详细的解释："手持任何手机都会对天线性能造成一定的影响，而基于天线安装的位置，特定部位的问题会比其他地方严重。这是任何一款无线电话都要面对的问题。如果你在 iPhone 4 上遇到了这样的问题，尝试在持握手机时，避免覆盖左下角部分，尤其是避免同时覆盖金属边框黑色分界线的两侧。或者非常简单的，你可以选择市面上的任何一款手机套。"

显然，苹果 iPhone 4 的信号问题并没有获得实质解决。由此"信号门"事件进一步升级。苹果公司遭受了各大媒体和全球消费者的口诛笔伐。

风险管理措施：

2010 年 7 月 17 日凌晨，苹果公司召开新闻发布会。发布会以自黑歌曲《iPhone 4 天线之歌》开场："我们并不完美，你我都知道，其实手机也不是完美的——但我们要让所有用户高兴……"乔布斯表明苹果公司的观点和态度之后，引用了两个有力的数据：iPhone 4 上市三周销量 300 万台；iPhone 4 被多家媒体评为智能手机第一名。

同时，乔布斯给出解决 iPhone 4 信号问题的三个方案：①iOS 4.0.1，修复了信号格显示问题。②所有 2010 年 9 月 30 日前购买 iPhone 4 的人都可以获得一个免费手机套。如果已经买了手机套，可以获得返款。③如果对以上两个方案不满意，只要所购 iPhone 4 没有损伤，购机日起三十天内可以退货。

综述：

相应的三个方案与其说是"解决"，不如说是以售后保障的形式安抚用户，乔布斯通过举行新闻发布会，提出了所谓"正确的错误"（correct inaccuracies）这一概念，接着又拿出了自己的解决方案，免费向用户提供手机保护壳。从那时起，他就已经将苹果带出了舆论风暴的中心。

2. "弯曲门"事件

自从 2014 年 9 月 iPhone 6 Plus 上市后,网上陆续出现一些用户反映此款手机在长时间放入衣服口袋时,容易弯曲变形的毛病。网上更有人发布视频,只用手就可以把 iPhone 6 Plus 掰弯,并且在反方向掰回的时候手机屏幕出现碎裂。

iPhone 6"弯曲门"可以说是众说纷纭,各执一词,总体来说分为两派:一派说徒手可以折弯;另一派通过科学测试表示并不容易弯。苹果"弯曲门"事件持续发酵,各种 iPhone 6 Plus 被掰弯的恶搞图片和视频在网络上疯狂流传,苹果公司忍无可忍,终于出面就"弯曲门"事件做出了回应。

针对"弯曲门"事件,苹果公司方面表示,自从 2014 年 9 月 9 日发布大屏智能手机以来,该公司仅收到 9 件涉及 iPhone 6 Plus 存在弯曲问题的投诉。苹果公司对专家们所称的"弯曲门"事件做出了强硬回应,与此形成对照的是,苹果公司迅速对周三发布的存在问题的 iPhone 软件更新所导致的"巨大不便"表示了道歉。

风险管理措施:

针对"弯曲门"事件,苹果技术支持部门指出,iPhone 6 以及 iPhone 6 Plus 在正常使用的情况下,若是机身弯曲,苹果将会提供以下的保修更换政策:故障手机会经由 Apple Store 的 Genius 人员检视,若是能通过机械外观检测,确认故障属于苹果公司维修指导政策的范围,则可以算是保固内维修,不然就得付费维修。

苹果公司在正视问题所在,主动承担责任的前提下,及时进行相应的官方声明和媒体沟通,以把握媒体报道与舆论导向的主动性,使得这起意外事件朝着有利于自己的方向发展。

综述:

在危机事件发生后,苹果公司的第一个风险应对策略就应该是积极应对,但需要在此指出的是,因为这次"弯曲门"危机目前尚没有问题的权威界定,所以苹果公司采取"明修栈道,暗度陈仓"的战术:一方面积极寻找有利的证据,以解决大家的质疑;另一方面,在没有找到绝对有利证据之前,先保持对外表面的沉默。

第二个风险应对策略就是苹果公司有两手准备:要努力寻找 iPhone 是否真正有"弯曲门"的缺陷;如果有这样的问题怎样解决,像之前"信号门"一样找到强而有效的措施才是硬道理。如果苹果公司在较短的时间内找到了有利的证据,那么在进行权威证明之后,借助于媒体的力量进行问题的澄清,这次"弯曲门"质疑即可不攻自破。

本章习题

一、单项选择题

1. 既能带来机会,获得利益,又隐含威胁,造成损失的风险叫(　　　)。

　A. 纯粹风险　　　　B. 投机风险　　　　C. 自然风险　　　　D. 政治风险

2. 在风险管理的(　　　)过程,我们会用风险的分类作为输入。

　A. 风险识别　　　　B. 风险定性分析　　C. 风险定量分析　　D. 风险应对规划

3. 风险(　　　)。

　A. 随危害降低,随防卫程度降低

　B. 随危害升高,随防卫程度降低

C. 随危害升高,随防卫程度升高

D. 随危害降低,随防卫程度升高

E. 不是危害和防卫程度的函数

4. 水利工程施工中洪水或地震造成的工程损害、材料和器材损失,属于( )。

A. 自然风险   B. 人为风险   C. 经济风险   D. 组织风险

5. 获得可以降低风险量的项目信息的最准确的方法是( )。

A. 采用头脑风暴技术识别风险

B. 利用以前类似项目的历史数据

C. 灵敏度分析

D. Delphi 技术

6. 下列有关风险的陈述不正确的有( )。

A. 风险是指某种损失发生的可能性

B. 风险的存在与客观环境及一定的时空条件有关

C. 风险是风险因素、风险事故与损失的统一体

D. 风险是不可以转移的

7. 由于项目各方参与项目的动机和目标不一致,在项目进行过程中常常出现一些不愉快的事情,影响合作者之间的关系、项目进展和项目目标的实现。类似的风险属于( )。

A. 行为风险   B. 政治风险   C. 经济风险   D. 组织风险

8. 对企业、家庭或个人面临的和潜在的风险加以判断、归类并对风险性质进行鉴定的行为过程属于( )。

A. 风险识别   B. 风险估测   C. 风险评价   D. 风险感知

9. 为确定风险事件概率及其发生后果进行分析的过程是( )。

A. 风险识别   B. 风险反应

C. 总结教训和风险控制   D. 风险量化

10. 项目风险通常有三个要素,它们是( )。

A. 风险事件、风险概率和风险结果

B. 影响严重性、影响持续时间和影响造成的成本

C. 质量、时间和范围

D. 质量、频率和成本

二、简答题

1. 项目风险管理的含义是什么?

2. 简述风险的基本特征。

3. 项目风险规划过程主要包括哪些内容?

4. 项目风险评价的依据有哪些?

5. 简述工程中预防风险的主要措施。

第 10 章　工程项目信息管理

学习要点和学习指导

本章主要介绍了信息及信息管理的相关概念、信息的表现形式，工程项目中信息流的主要信息交换过程以及流动形式，工程项目管理信息系统的概念、组成、功能以及信息流通模式，工程项目文档管理。

通过本章的学习，学生应掌握土木工程项目中信息的表现形式以及信息流的流动形式，工程项目管理信息系统的组成、各子系统的基本功能，工程项目管理信息系统中项目参与者之间、项目管理职能之间及项目实施过程的信息流通模式；了解信息及信息管理的相关概念、文档管理的要素。

10.1　概　述

10.1.1　信息及信息管理

信息是指用口头、书面或电子的方式传输（传达、传递）的知识、新闻，以及可靠的或不可靠的情报。在管理学领域，信息通常被认为是一种已被加工或处理成特定形式的对组织的管理决策和管理目标有参考价值的数据。

信息的表现形式多种多样，主要可归纳为四种：一是书面材料，包括信件及其复印件、谈话记录、工作条例、进展情况报告等；二是个别谈话，包括给工作人员分析任务、检验工作、向个人提出建议和帮助等；三是集体口头形式，包括会议、工作人员集体讨论、培训班等；四是技术形式，包括录音、电话、广播等。

信息管理是人类为了有效地开发和利用信息资源，以现代信息技术为手段，对信息资源进行计划、组织、领导和控制的社会活动，简而言之，信息管理就是人对信息资源和信息活动的管理。信息管理是指在整个管理过程中，人们收集、加工、输入、输出信息的总称。信息管理的过程包括信息收集、信息传输、信息加工和信息储存。

10.1.2　工程项目中的信息流

1. 项目实施过程中的流动过程

在工程项目的实施过程中产生了四种主要流动过程：工作流、物流、资金流和信息流。这四种流动过程之间相互联系、相互依赖又相互影响，共同构成了项目实施和管理的总过程。

(1)工作流

由项目的结构分解得到项目的所有工作,任务书(委托书或合同)则确定了这些工作的实施者,再通过项目计划具体安排它们的实施方法、实施顺序、实施时间以及实施过程中的协调。这些工作在一定时间和空间上实施,便形成项目的工作流。工作流即构成项目的实施过程和管理过程,主体是劳动力和管理者。

(2)物流

工作的实施需要各种材料、设备、能源,它们由外界输入,经过处理转换成工程实体,最终得到项目产品,再由工作流引起物流。物流表现出项目的物资生产过程。

(3)资金流

资金流是工程过程中价值的运动形态。例如从资金变为库存的材料和设备,支付工资和工程款,再转变为已完工程,投入运营后作为固定资产,通过项目的运营取得收益。

(4)信息流

工程项目的实施过程中不断产生大量信息。这些信息伴随着上述几种流动过程按一定的规律产生、转换、变化和被使用,并被传送到相关部门(单位),形成项目实施过程中的信息流。项目管理者设置目标,进行决策,制订各种计划,组织资源供应,领导、激励、协调各项目参加者的工作,靠信息了解项目实施情况,发布各种指令,计划并协调各方面的工作。

2. 信息流的主要信息交换过程以及流动形式

信息流对项目管理有特别重要的意义。信息流将项目的工作流、物流、资金流,将各个管理职能、项目组织,将项目与环境结合在一起。它不仅反映而且控制和指挥着工作流、物流和资金流。例如,在项目实施过程中,各种工程文件、报告、报表反映了工程项目的实施情况,反映了工程实物进度、费用、工期状况,各种指令、计划、协调方案,又控制和指挥着项目的实施,所以信息流是项目的神经系统。只有信息流通畅、有效率,才会有顺利的、有效率的项目实施过程。

项目中的信息流包括两个主要的信息交换过程。

(1)项目与外界的信息交换

项目作为一个开放系统,与外界有大量的信息交换,主要包括:

①由外界输入的信息,例如环境信息、物价变动的信息、市场状况信息,以及外部系统(如企业、政府机关)给项目的指令、对项目的干预等。

②项目向外界输出的信息,如项目状况的报告、请示、要求等。

(2)项目内部的信息交换

项目内部的信息交换即项目实施过程中项目组织者因进行沟通而产生的大量信息,主要包括:

①正式的信息渠道,它属于正式的沟通,信息通常在组织机构内按组织程序流通。流动形式主要有三种。

a. 自上而下的信息流。通常决策、指令、通知、计划是由上向下传递,但这个传递过程并不是一般的翻印,而是进行逐渐细化、具体化,直到成为可执行的操作指令。

b. 由下而上的信息流。通常各种实际工程的情况信息,由下逐渐向上传递,这个传递不是一般的叠合,而是经过归纳整理形成的逐渐浓缩的报告。而项目管理者需要做这个浓缩工作,以保证信息浓缩而不失真。通常信息太详细会造成处理量大、没有重点,且容易遗漏重要说明,而太浓缩又会造成对信息曲解的问题。

在实际工程项目中常有这种情况,上级管理人员如业主、项目经理,一方面抱怨信息太多,桌子上一大堆报告没有时间看,另一方面对情况不了解,在决策时又缺乏应有的可用信息。这就是信息浓缩存在的问题。

c. 横向或网络状信息流。按照项目管理工作流程的设计,各职能部门之间存在大量的信息交换,例如技术部门与成本部门、成本部门与计划部门、财务部门与计划部门、计划部门与合同部门等之间存在的信息流。在矩阵式组织中以及在现代高科技状态下,人们已越来越多地通过横向和网络状的沟通渠道获得信息。

②非正式的信息渠道,如闲谈、小道消息、非组织渠道地了解情况等,属于非正式的沟通。

10.1.3　项目信息管理的任务

项目管理者承担着项目信息管理的任务,负责收集各种信息,进行各种信息处理,并向上级、向外界提供各种信息。项目信息管理的任务主要包括:

(1)组织项目基本情况的信息,并系统化,编制项目手册。项目管理的任务之一是按照项目的任务和实施要求,设计项目实施和项目管理中的信息和信息流,确定它们的基本要求和特征,并保证在实施过程中信息通畅。

(2)项目报告及各种资料的规定,例如资料的格式、内容、数据结构要求。

(3)按照项目实施、项目组织、项目管理工作过程建立项目管理信息系统流程,在实际工作中保证这个系统正常运行,并控制信息流。

(4)文档管理工作。

10.2　工程项目管理信息系统

10.2.1　工程项目管理信息系统的概念

工程项目管理信息系统是一个由几个功能子系统合成的一体化的信息系统,包括信息流通和信息处理各方面的内容。监理管理信息系统,并使它顺利地运行,是项目管理者的责任,也是他完成项目管理任务的前提。

工程项目管理信息系统的特点是:提供统一格式的信息,简化各种项目数据的统计和收集工作,使信息成本降低;及时全面地提供不同需要、不同浓缩度的项目信息,从而可以迅速做出分析解释,及时产生正确的控制;系统地保存大量的项目信息,能方便快速地查询和综合,为项目管理决策提供信息支持;利用模型方法处理信息,预测未来,科学地进行决策。

10.2.2　工程项目管理信息系统的组成

工程项目管理信息系统由以下几部分组成:

1. 操作系统软件平台

操作系统软件平台是硬件之上的最底层系统软件,其性能直接影响系统的运行效率、安全和开放性。

2. 支撑软件层

该层是操作系统应用软件的支撑工具,需要两部分软件的支持。

(1)用于对现场产生的实时数据及设计施工的技术经济数据(包括建筑物、设计标准、规范、质量控制因素等)进行加工整理的数据库管理系统。

(2)为项目管理层提供的图形处理系统(如土石方工程、混凝土工程等),需要通过网上的图形工作站来实现。

3. 项目管理层

该层直接面向施工主体项目,一般分为设备管理子系统、材料管理子系统、机电安装管理子系统、进度调度管理子系统、文档管理子系统等。

4. 高层项目管理

该层是整个系统的最高层。主要功能是综合处理项目管理层的基层信息,协调项目管理层中各模块间的管理调度功能,对施工现场的总体进度、工程质量、造价成本、投资四个重要因素实施管理、控制及调度。

10.2.3 项目管理信息系统的功能

项目管理信息系统(PMIS)是一个由人、计算机等组成的能处理工程项目信息的集成化系统,它通过收集、存储及分析项目实施过程中的有关数据,辅助项目管理人员和决策者进行规划、决策和检查,其核心是辅助项目管理人员进行项目目标控制。

根据工程项目管理的主要内容,项目管理信息系统通常分为投资控制、进度控制、质量控制、合同管理子系统。

1. 投资控制子系统的基本功能

(1)进行投资分配分析;

(2)编制项目概算和预算;

(3)投资分配与项目概算的对比分析;

(4)项目概算与预算的对比分析;

(5)合同价与投资分配、概算、预算的对比分析;

(6)实际投资与概算、预算、合同价的对比分析;

(7)项目投资变化趋势预测;

(8)项目结算与预算、合同价的对比分析;

(9)项目投资的各类数据查询;

(10)提供多种项目投资报表。

2. 进度控制子系统的基本功能

(1)编制工程项目进度计划,绘制网络图和横道图;

(2)工程实际进度的统计分析;

(3)实际进度与计划进度的动态比较;

(4)工程进度变化趋势预测;

(5)计划进度的定期调整;

(6)工程进度各类数据的查询;

（7）提供不同管理平面的工程进度报表。

3．质量控制子系统的基本功能

（1）制定项目建设的质量要求和质量标准；

（2）分项工程、分部工程和单位工程的验收记录和统计分析；

（3）工程施工质量管理（包括机电设备的设计质量、监造质量、开箱检验情况、资料质量、安装调试质量、试运行质量、验收及索赔情况）；

（4）工程设计质量的鉴定记录；

（5）安全事故的处理记录；

（6）提供多种工程质量报表。

4．合同管理子系统的基本功能

（1）合同文件的编制，包括提供和选择标准的合同文本；

（2）合同文件、资料的管理；

（3）合同变更及索赔管理；

（4）涉外合同的外汇折算；

（5）相关法律法规的查询；

（6）提供各种合同管理报表。

10.2.4　项目管理信息系统的信息流通模式

1．项目参与者之间的信息流通

信息系统中，每个项目参与者作为系统网络中的一个节点，负责具体信息的收集（输入）、处理和传递（输出）等工作。项目管理者负责具体设计这些信息的内容、结构、传递时间、精确程度和其他要求。

例如，在土木工程项目实施过程中，业主需要的信息包括：项目具体实施情况报告，包括工程进度、成本、质量等方面；项目成本和支出报表；供审批用的各种设计方案、计划、施工方案、施工图纸、建筑模型等；决策所需的信息和建议等；各种法律、法规、规范，以及其他与项目实施有关的资料。

业主输出的信息包括：各种指令，如：变更工程、设计变更、变更施工顺序、选择分包商等；审批各种计划、设计方案、施工方案等；向上级主管提交工程项目实施情况报告。

项目经理通常需要的信息包括：各项目管理职能人员的工作情况报表、汇报、报告、工程问题请示；业主的各种书面和口头指令，各种批准文件；项目环境的各种信息；工程各承包商、监理人员的各种工程情况报告、汇报、工程问题的请示。

项目经理输出的信息包括：向业主提交各种工程报表、报告；向业主提出决策用的信息和建议；向其他部门提交工程文件，通常是按法律要求必须提供的，或是审批用的；向项目管理职能人员和专业承包商下达各种指令，答复各种请示，落实项目计划，协调各方面工作等。

2．项目管理职能之间的信息流通

项目管理信息系统是由质量管理信息系统、成本管理信息系统、进度管理信息系统等许多子系统共同构成的，这些子系统是为专门的职能工作服务的，用来解决专门信息的流通问题，共同构成项目管理信息系统。项目管理职能的工作不仅有工作顺序，还要有一定的信息流通过程，例如成本计划信息流程可以用图 10-1 表示。

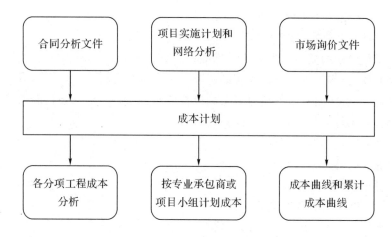

图 10-1　成本计划信息流程

3. 项目实施过程的信息流通

项目实施过程的信息流通应包括各工作阶段的信息输入、输出和处理过程及信息的内容、结构、要求、负责人等，例如，按照项目实施程序可分为可行性研究信息子系统、计划管理信息子系统、工程控制管理信息子系统等。

10.3　工程项目文档管理

10.3.1　工程项目文档管理的概述

文档管理指对文件、档案等资料的管理的统称，包括文件收发、文件管理、档案管理等。

工程项目文档管理是指在一个工程项目运行过程中将提交的各类文档进行收集管理控制的过程。首先，要建立项目文档管理服务器以保存所有的项目文档。其次，项目保存的文档要涵盖项目可行性研究、总体设计、基础设计、详细设计、材料采购、施工到竣工验收等整个项目周期，文档管理的工作就是将这些杂乱、无序、繁多的文件管控起来，其中包括项目系统管理、文档版本控制、文档质量管理等管理内容，即对项目文件从产生到最终成为档案全过程的控制，以保证项目文件在项目执行过程中能够得到有效控制并在项目结束时完整归档。

如果只重视文档的保存，而忽视文档的管理，就会导致项目小组成员或项目经理对自己需要的其他文档的保存地点、文档名称等信息缺乏了解，无法及时获取重要文档，项目经理就无法从项目文档角度去把握项目进展情况。因此，文档管理对于一个项目的顺利进行有着至关重要的作用，其关键性不容忽视。

10.3.2　工程项目文档管理的要素

1. 文档模板的管理

工程项目中的文档纷繁杂乱，如果文档模板无法统一，不同的部门应用不同的模板，甚至于每个人都应用不同风格的模板，就会对项目文档管理工作造成毁灭性的打击，文档可读性和美观性都会受到非常不好的影响，所以在项目文档管理与控制过程中可以建立相应的文档模板库,从而规定模板的内容、格式,从文档产生时期即对文档的质量和内容进行相应的控制。

通过项目管理经验发现,在建立文档模板时,需要将一些基本的要素固化到文档模板中,确保文档需要的内容能够在文档中合适体现,例如文档的页眉、页脚、变更历史、目录方式、字体、字号、页码格式等,这些基本要素和要求来源于国家、行业和企业的各种标准。

2. 文档的目录管理

在现代大型工程项目工作环境中,文档的利用是项目文档控制与管理的重点工作,同时也是提升项目管理水平的直接方式。为了能够在纷繁复杂的文档中找到需要的文档,需要在进行文档管理时建立一套完整的文档目录,主要包括文档的分类管理和索引管理。

在进行文档管理前,需要对不同的文档建立一个分类,便于快速查找文档,也可以针对不同的分类制定不同的管理要求。一个好的文档分类可以让使用者方便地进行文档的归类和查找,文档的分类在一些管理过程中还需要注意归档管理的需求。同时,灵活、多维度的文档分类能够帮助文档的创造者和使用者完成对文档多维度的快速搜索,第一时间找到所需要的内容。

另外,项目文档目录管理体系中还需要建立一套索引系统。在日常的文档使用中会发现很多类似的文档,或者类似的内容说明,由于不同的撰写者会对一些基本的概念或者原则的说明存在一些认知差异,这个时候就需要能够有一个索引来帮助后来的使用者进行判断,这一点在项目管理过程中特别重要。因为项目组织是临时和变化的,后来的使用者对某个问题的多个说法无法判断正确与否,项目环境的变化也会造成对同一问题的不同解答,所以需要有一个索引来明确解决问题的方法。

3. 文档的命名规范

项目文档的命名一般按照简明扼要、易于识别类型的原则进行。值得一提的是,随着信息技术的发展,电子文档命名可以达到 255 个字符(最长可以到 126 个汉字),因此必要时电子文档名称可以根据文档内容清楚地表达出来。

对于一些不同版本的文档,可以要求分不同的版本进行管理,文件名称中注明版本号,对于终稿等一些标志性的内容可以加一些特殊的表示,这样可以明确其重要性和权威性。文件的名称一般应该与文件题目密切相关,也可以增加一些日期或者修改者的标识来进行传递,这样可以很清楚地找到指定文件,减少互相沟通的障碍。

4. 文档的变更管理

文档在使用过程中发生变更是很常见的现象,对于发生变更的文档,需要通过手段加以约束,最常用的方法就是版本的管理,及时保存更新版本的文档。

文档发生变更时,需要做到两点:第一,文档有清晰的变更记录,主要是针对变化的部分;第二,文档的最终版本要能方便地阅览,如果出现只能看变更历史才知道最终版本的话情况将大大提高使用成本。

在文档发生变更时,需要通过必要的途径通知相关人,例如,通过邮件通知或者公告通知的方式,避免新的文档产生后还有大量的使用者使用旧的文档。

5. 文档的审核制度

项目文档作为一种指导性文件或法律认可文件,需要有一定的严肃性和权威性,因而针对项目文档的特点要建立必要的审核和审批制度。

　　项目文档的审核审批时机一般为文档建立发布时和文档发生变更时,对于文档使用范围的变更也应该进行必要的审核审批。通过文档的审核审批,可以检查是否存在错误的陈述或者一些不合理的要求。审核审批者和撰写者所处的岗位不同、知识结构不同、权限不同,对于一个文档撰写的角度和看法也会不同,因此在后续的审核过程中,审核审批者能够从更广的角度进行文档校正,确保其准确性。同时,文档的审核审批机制也可以明确各自岗位的责任和义务。

本章习题

一、名词解释

信息　信息管理　工程项目管理信息系统　文档管理

二、单项选择题

1. 基于互联网的工程项目管理信息系统的用户是(　　)。

A. 施工单位　　　　　　　　　　B. 一个参与项目建设单位

C. 建设单位　　　　　　　　　　D. 所有参与项目建设单位

2. 当今时代进行信息管理的核心手段是(　　)。

A. 基于网络的信息处理平台　　　B. 委托咨询公司

C. 设立信息管理部门　　　　　　D. 信息的分类

3. 项目的信息管理是通过对各个系统、各项工作和各种数据的管理,使项目的(　　)能方便和有效地获取、存储、存档、处理和交流。

A. 情况　　　　B. 资料　　　　C. 信息　　　　D. 数据

4. 下面不属于进度控制子系统功能的是(　　)

A. 计划进度的调整　　　　　　　B. 开箱检验质量

C. 工程实际进度的统计分析　　　D. 编制项目进度计划

5. 项目管理信息系统的主要作用是(　　)。

A. 用于企业的人、财、物的管理

B. 用于项目的目标控制

C. 为项目参与各方提供一个信息处理的平台

D. 实现工程管理信息化

6. 项目管理信息系统中成本控制的功能不包括(　　)。

A. 计划施工成本　　　　　　　　B. 计算实际成本

C. 投标估算的数据计算和分析　　D. 编制资源需求量计划

三、简答题

1. 项目管理信息系统的信息流通模式是什么?

2. 工程项目管理信息系统由哪几部分组成?

3. 工程项目管理信息系统各子系统的具体功能是什么?

4. 工程项目文档管理的作用是什么?

第 11 章　交通工程项目管理

学习要点和学习指导

本章主要介绍了交通工程项目的特点、交通工程的内容,以及交通工程项目管理的主要内容。

通过本章的学习,学生应重点掌握交通工程项目在规划方面、设计方面、施工方面、养护和运营方面的主要内容,交通工程项目试验路段铺设的重要性,施工过程中防洪排水的方式,交通工程常见的质量问题以及质量控制方式,施工成本的控制方式;了解交通工程项目的特点及相关概念。

11.1　概　述

交通工程是国民经济发展的重要基础设施,随着我国社会经济的飞速发展,交通建设也得到了极大的发展,不论是总里程数还是交通建设的整体规格,都上了一个新的台阶。

交通工程项目管理是工程项目管理的一个分支,就是运用一定的方法和理论对工程周期内的可行性研究、设计、采购、施工以及后期评价等采取计划、组织、协调和控制的整个过程,目的在于从造价、质量和进度等方面控制工程的核心任务,在实现其功能的同时也满足使用者的需求。从这样的概念中可以看出,造价、质量和进度组成一个相互关联的整体,在进行项目管理时,一定要统筹兼顾,防止因对单一目标的追求而影响其他目标。

11.1.1　交通工程项目的特点

交通工程项目除具有一般工程项目的特性外,其固有的技术经济特点主要如下:

(1)交通工程项目一般属于线性工程,一个道路项目建设路段少则几千米,多则数十千米、数百千米,路线跨越广大山川河谷,路线所经路段难以完全避免不良地质地段,如滑坡、软基、冻土、高填、深挖等路段,难以避免地形复杂路段,大桥、特大桥、长隧道、高大挡土墙等结构物也不可避免。这使得道路工程建设看似简单,实际却比一般工程项目复杂得多,道路线路所经路段地质环境的多变性使得道路路基施工复杂、多变性凸现,受外界因素影响较大,地质条件的不确定性经常导致结构物施工设计变更、工期延长,进度控制、质量控制、投资控制难度加大。

(2)交通工程项目构成复杂。交通工程项目的单位工程包括路基土石方工程、路面工程、桥梁工程、隧道工程、互通立交工程、沿线设施及交通工程、绿化工程等。各单位工程的内容差异很大,如桥梁工程随不同桥型施工技术差异很大。这决定了道路工程项目管理的技术复杂性和管理的综合性。

(3)交通工程项目形体庞大,施工过程多,工作面有限,决定了其工期长。高速公路的施工工期通常在2~5年。工期长意味着在工程建设中建设各方面临着较多的不确定性,承担的风险较大。

(4)交通工程项目建设投资大。高速公路每千米造价一般为数百万至一两千万元甚至更高,一条高速铁路每公里的造价在上亿元。巨大的资金投入对于投资活动的成功关系重大;同样,工程建设巨大的资金及时到位是保障工程按期完工的前提。为保证其建设的实现,更要求高质量的工程管理,以确保项目的工期、投资/成本、质量目标的实现。

11.1.2 交通工程的内容

交通工程是土木工程的一个分支,其内容是为道路交通运输系统提供快速、安全、舒适、经济的道路设施。交通工程包括道路的规划、设计、施工、养护和运营管理等方面的内容。

1. 规划方面

道路的规划应该调查现有的道路网和道路设施状况,分析现有道路网和道路设施存在的问题和不足,并且要对所在地区的经济和社会发展进行预测分析,制定道路网和道路设施适应未来交通需求的发展或改善目标,提出相关的规划方案。

2. 设计方面

(1)路线设计

对道路的路线设计主要是按照设计速度、交通量和服务水平要求以及驾驶特点和车辆运行特性设计出安全、舒适、经济的道路。主要内容包括:确定路线平面、纵断面、横断面的各项几何要素,进行道路平面设计和立面设计;选择路线的走向、控制点、大桥桥位、隧道位置等。

(2)路基设计

对路基的设计要求为整体稳定性好,永久变形小。主要内容包括:确定路基填挖高度和顶面宽度;设计路基的横断面形状和边坡坡度;分析路基的整体稳定性,稳定性不足时,设计支挡结构;对于软土地基要进行路堤稳定性和沉降分析,选择合理的加固措施。

(3)路面设计

对路面的基本设计要求是要有足够的承载能力,平整、抗滑和低噪声。路面设计的任务是以最低寿命周期费用提供在设计使用期内满足使用性能要求的路面结构,主要内容包括:提出路面结构类型和层次;进行各结构层的混合料组成设计;确定满足环境条件、设计使用年限的结构层厚度。

(4)排水设计

排水设计的主要任务是迅速排除道路界内的地表水,将道路上侧方的地表水和地下水排泄到道路的下侧方,防止道路路基和路面结构遭受地表水和地下水的侵蚀、冲刷等破坏。

3. 施工方面

(1)开工前进行组织、技术、物资和现场方面的准备工作,包括落实施工队伍、会审和现场核对设计图样、恢复定线、进行施工测量、编制施工组织设计和工程预算、准备材料和机具设备、准备供水供电和运输便道等。

（2）路基土石方作业（开挖、运输、填筑、压实和修整），进行地基加固处理，修筑排水构筑物、支挡构筑物、坡面防护等。

（3）铺筑垫层、底基层、基层和面层（混合料的拌和、运输、摊铺、碾压、修整和养护等）。

（4）按施工规程和进度要求进行施工管理，并对施工质量进行控制、监督、检查和验收。

4．养护和运营管理方面

道路设施在使用过程中受到汽车荷载和自然因素的不断作用，会逐渐出现损坏的现象。为保持道路设施的使用性能经常处于符合使用要求的状态，需要对可能或已经出现损坏或不满足使用要求的道路设施，按养护计划和养护规范进行维护、修复或改建，以延缓设施损坏的速率，恢复或提高其使用性能。

11.2　交通工程项目管理的主要内容

11.2.1　认真做好试验路段

开工后，施工单位对自然条件、施工工艺、质量控制都有一个适应的过程。通过试验路段施工，施工单位可以初步掌握工程的质量控制要点、主要技术参数、施工进度、机械组合以及施工过程中的协调情况，故试验路段是施工现场管理的一个重要环节。

一个具有代表性、准确性和真实性的试验路段是一条道路的缩影，试验路段施工之前要编制施工计划，明确施工方法、技术要求、试验检测内容以及达到的质量标准。通过试验段施工，施工单位获得与施工有关的技术成果和施工管理数据，在施工中发现问题应及时调整，做好记录、分析、总结，利用试验路段成果指导和控制全线施工，为大面积施工提供理论和实践依据。

11.2.2　适时调整机械组合

机械化施工能有效地降低成本、提高质量、保证进度，是当前公路建设发展的主流。在施工过程中，要保持机械组合的相对稳定。由于受进度、天气等方面的影响，机械的使用数量发生变化时，现场管理者必须适时改变机械组合。组织机械施工应注意：

（1）根据进度计划、质量要求和机械的生产能力选择主导机械，并留有适当的余量。

（2）全套机械的生产能力是由其中生产能力最小的机械决定的，因此，应加强机械的统一调配，始终保持机械的最佳组合，提高机械的使用率。

（3）要组织维护、抢修小组，备有关键配件，定期维护，随时随地排除故障，提高机械的完好率，确保工程正常进行。

11.2.3　切实做好防洪排水

交通工程施工为露天作业，施工受自然因素影响较大，应针对性地采取预防和应急措施，否则工程进度、质量、效益就无法得到保证。在自然灾害中尤其以水害最为严重，其是影响工程质量和进度的主要因素。施工中若防洪排水工作不力，将造成工期拖延，费用增加，故应注意以下问题：

（1）施工前，要结合施工方案和施工图中的排水设计，制订防洪排水方案，做到永久性排水设施与临时性排水设施相结合。

（2）路基路面施工要选择合适的位置和方式，始终保持纵横坡度和碾压的平整度，使雨水能迅速排走，防止边坡坍塌堵塞水沟。对排水困难或地质不良地段，应尽量避开雨季施工。

（3）合理安排桥梁施工次序，主河槽基础应尽量在枯水季节施工，桥梁预制场应建在洪水位以上，汛期施工时，机械、材料、设备用过后尽快撤离现场，减少灾害损失。

（4）下雨期间要经常上路巡查，及时疏通水沟，减少路基积水。要了解天气变化情况，采取应对措施，减小雨水对施工的不利影响。

11.2.4　重点治理质量通病

在施工过程中导致施工质量不符合设计要求、道路使用质量差的现象是普遍存在的，这严重地影响了社会经济效益。道路工程中的质量通病有桥头涵顶跳车、路基不均匀沉降、路面平整度差等。

1. 交通工程施工过程中出现质量问题的主要原因

（1）质量保证体系监督不到位。从形式上看，施工企业都设有质检部门，事实上有的并没有起到检查监督作用，主要是责任心不强，质量意识不高，技术不过硬，施工过程中质量监控工作没做好，职责不分，导致工程实体得不到有效的控制，施工环节失控，质量保证体系难以正常运转和实施。

（2）交通工程施工中路基和基层修筑方面有问题。由于含水量大，经过冬季出现冻胀情况使路面冻裂和拱起；基础压得不实，密实度达不到标准，基础不稳定；基层平整度不好，路修好后从表面看来不错，但支承会发生恶化，通车后便发生路面破坏、路板断裂、路面沉陷现象。基层不平，路面层就会厚薄不均，在车轮的荷载作用下和冬季的胀缩力的作用下，都会出现程度不同的质量问题。

（3）材料方面看管要求不严，标准没控制好。特别是水泥混凝土路，水泥如果达不到质量标准，路面板的质量无法保证；石料水洗不彻底，含泥量大对面板质量也会有影响；另外，砂的含泥量大，也同样对路面会有害无益；还有种种材料的配合比例，如水灰比和含砂量的大小，对路面的质量都有一定影响。在操作方法上，如拌和得不均匀，对路面的质量也起一定的作用。

（4）路面的平整度达不到标准，会加剧车轮的振动，增加车轮对路面的冲击力，这必然加速对道路的破坏，特别是对沥青混凝土路面的破坏力会更大。在铺沥青混凝土前，对基层表面和边接处，不进行处理就进行施工也会影响路面质量，摊铺不及时，碾压不适时，也会出现质量问题。

2. 强化工程质量检测手段

开工前，依据《招标文件》和《修订规范》操作细则，明确各施工工序、各项技术指标的允许误差、检测频率和方法。加强现场质量管理，要以治理质量通病为突破口，重点抓好以下工作：

（1）土方路基工程。一是施工放样与断面测量；二是路基原地面处理，按施工技术合同或规范规定要求处理，并认真压实，必须采用设计和规范规定的适用材料，保证原材料合格，正确地确定土的最大干密度和最佳含水量；三是每层的松铺厚度、横坡；四是分层压实，控制填土的含水量,确保压实度达到设计要求。

(2)路面基层(底基层)。一是基层施工所采用设备组合;二是所用结合料剂量;三是所用材料和含水量、拌和均匀性、配合比;四是压实度、弯沉值、平整度及横坡等;五是如采用级配碎(砾)石还需要注意集料的级配和石料的压碎值。

(3)沥青混凝土路面。一是基层强度、平整度、高程的检查与控制;二是沥青材料的检查与试验;三是集料的级配、沥青混凝土配合比设计和试验;四是路面施工机械设备配置与组合;五是沥青混凝土的运输及摊铺温度控制;六是摊铺厚度的控制;七是碾压与接缝施工。

(4)水泥混凝土路面。一是基层强度、平整度、高程的检查与控制;二是混凝土材料的检查与试验;三是混凝土配合比设计和试件的试验;四是混凝土的摊铺、振动、成型及避免离析;五是锯缝时间和养护的掌握。

11.2.5　加强进度控制

进度计划是控制工程进度的依据,施工组织中的月、旬作业计划以及材料、机械使用计划都要服从进度计划的要求。进度计划反映工程从准备到竣工的全过程,反映施工中各分部、分项工程及工序之间生产活动的情况。能够按照计划实施,既体现施工单位的合同意识,也体现施工单位的组织协调能力和管理水平。当工程进度受到自然和人为因素的影响而与计划偏差较大时,现场管理者要结合实际,对进度计划进行调整,并做到:

(1)根据网络计划或进度管理曲线,查找实际进度与计划进度的差距,分析影响进度的原因。

(2)调整滞后项目的施工方案,适当增加资源投入,科学安排施工顺序,采用多作业面的平行流水作业或立体交叉平等流水作业,加快施工进度。

(3)合理压缩关键线路上的作业时间,尽量保证总工期实现,必要时倒排工期。

11.2.6　做好施工现场保通

只有做好施工现场保通,施工才能正常进行。无论是新建还是改建工程,如果便道、便桥、边施工边通车的路段不能通行,机械、材料、人员就无法进场开展工作,同时还会打乱施工秩序,造成经济损失和质量问题。施工现场保通要注意:

(1)便道、便桥的通行能力和承载标准要与施工规模及机械通过量匹配。要加强养护,使便道、便桥始终处于完好状态。

(2)地方道路作为便道时,主要与道路所有者签订使用维护协议,对承载能力低的桥涵进行加固。

(3)边施工边通车的路段要设立安全标志,且由路政管理人员指挥交通,避免交通事故,减少堵车现象。

本章习题

一、单项选择题

1. 关于石灰稳定土冬季施工,下列说法正确的是(　　　)。

A. 完工后,稳定土层上应覆土5cm以上防护过冬

B. 进入低温季节施工,应自灰堆顶部取用消石灰或用生石灰粉

C. 在低温季节如发现混合料中有冻块应停止继续施工

D. 降雪后应待积雪融化后再施工

2. 公路改性沥青路面施工中,改性沥青摊铺温度不低于(　　　)。

A. 160℃　　　　B. 120℃　　　　C. 150℃　　　　D. 90℃

3. 路基用土中,最好的填料为(　　　)。

A. 砂　　　　　　　　　　　B. 石质土和砂性土

C. 粉性土　　　　　　　　　D. 黏性土

4. 反映路面能够承受自然因素多次重复作用的指标是(　　　)。

A. 强度　　　　B. 刚度　　　　C. 稳定性　　　　D. 耐久性

5. 路基设计师汇集了路线(　　　)设计成果。

A. 平面　　　　B. 纵断面　　　　C. 横断面　　　　D. 平面、纵断面、横断面

二、简答题

1. 交通工程中出现质量问题的原因是什么?

2. 试述交通工程施工过程中采取的防洪排水措施。

3. 如何加强交通工程项目质量管理?

4. 交通工程项目的特点是什么?

第 12 章　国际工程项目管理

学习要点和学习指导

本章主要介绍了国际工程项目管理的相关概念、国际工程项目管理的主要模式及各模式的优缺点、国际工程项目的环境，以及国际工程项目中常见的一些索赔形式。

通过本章的学习，学生应了解国际工程的特点、国际工程项目管理的概念；掌握国际工程项目各管理模式的使用范围，影响国际工程项目的环境因素，国际工程项目索赔的原因、分类和证据；能识别及规避风险。

12.1　概　述

12.1.1　国际工程的概念

国际工程是指一个工程项目从咨询、投资、招投标、承包（包括分包）、设备采购、培训、监理到施工各个阶段的参与者来自不止一个国家，并且按照国际工程项目管理模式进行管理的工程。它涉及资金、技术、生产资料、劳务、管理、信息等各个生产要素的国际流动和配置，涵盖国际货物贸易、技术贸易和服务贸易等诸多领域。

从我国的角度来看，国际工程包括我国去国外投资的工程，我国的咨询和施工单位去国外参与咨询、监理和承包的工程，以及由国外参与投资、咨询、投标、承包（包括分包）、监理的我国国内的工程。习惯上讲的"涉外工程"就是指国内的国际工程。

12.1.2　国际工程的特点

(1)跨国性的经济活动。国际工程涉及不止一个国家的参与单位的经济利益，因而合同中各方不容易互相理解，容易产生矛盾与纠纷。

(2)严格的合同管理。由于多个国家参与，就不可能完全靠行政管理，而是采取国际上已经形成多年的、行之有效的一整套合同管理的办法，行政指令不能凌驾在合同之上，使用这套办法从工程准备到招标，虽然花费时间较多，但是为以后订好合同，从而在实施阶段严格按照合同进行项目管理打好基础。

(3)风险与利润并存。国际工程项目管理的各个环节易受国际社会环境和自然环境因素的影响，风险很高。一个公司要在国际工程市场中竞争与生存，就需要提高公司本身的素质。

(4)发达资本主义国家凭借雄厚的资本、先进的技术与管理水平以及多年的经验,占有绝大部分国际工程市场,因而发展中国家要打入国际工程市场要付出加倍的努力。

12.1.3　国际工程项目的范围

国际工程项目的范围主要包括工程咨询和工程承包两个领域。国际工程咨询主要包括项目可行性研究,项目评估、分析、勘测、设计、招标及文件编制,工程监理,项目管理等工作内容。国际工程承包主要包括工程项目施工、设备和材料的采购、工程分包、工程劳务等工作内容。对上述工作内容,业主或总承包商可以是单向发包,也可以是组合或成套发包。例如业主可以将项目的规划、设计单独发包给设计师,将项目的施工单独发包给承包商;也可以将项目的设计和施工组合发包给设计-施工承包商。越来越多的国际工程都采用成套发包的做法,即由承包商承包工程项目的设计、材料的采购、施工、运营等工程建设的全过程工作,以减少变更、控制成本和降低风险。

12.1.4　国际工程项目管理的概念

国际工程项目管理是按客观经济规律对工程项目建设全过程进行有效的计划、组织、控制、协调的系统管理活动。从内容上看,它是工程项目建设全过程的管理,即从项目建议书、可行性研究设计、工程设计、工程施工到竣工投产整个过程的管理活动。任何一个项目的建设都需要这个过程,它是分阶段进行的。从性质上看,它是固定资产投资管理的微观基础,其性质属投资管理范畴。工程项目管理根据管理主体的不同可分为建设方的项目管理、承包商的项目管理、咨询方的项目管理等。

国际工程项目利益相关者(又称干系人)众多,项目利益相关者是参与该项目或其利益可能受该项目实施或完成影响的个人或组织。项目管理团队必须弄清楚谁是本项目的干系人,明确干系人对该项目的需求和期望,对这些需求和期望进行管理并施加影响,确保项目能够成功。

12.2　国际工程项目的环境

国际工程项目不仅是一项经济活动,而且受到多种环境因素的影响,这些环境因素可能提高或限制国际工程项目管理的灵活性,并可能对项目结果产生积极或消极的影响。每一个国家或地区都有自己的环境特征,国际工程项目管理人员必须对工程项目所处的环境有充分的认识。

12.2.1　政治环境

国际政治环境好坏对国际工程项目的成败起着十分重要的作用。首先,政府制定的政策、规章和法律直接影响商务环境。其次,国家的政治稳定和政治情绪影响政府采取的行动,这些行动可能极大地影响承包商和投资者的信心。

政治环境的重要特点之一是其影响一般通过势力集团行动的形式,或是通过政府行动或是国家行动的形式出现,因而带有极大的强制性。在国际工程市场中,要重点分析目标国家和地区相邻国家的外交关系,以及本国同目标国的关系;分析目标国是否存在外来战争的威胁,是否有国际制裁(在遭受国际制裁期间,很多货物和设备都是禁运的)。

12.2.2　经济环境

1. 经济发展水平

一般来说,在经济发展水平较高的国家和地区,业主对工程产品的质量、性能及缺陷责任期内的服务水平要求较高。业主重视的是承包商的品牌、信誉和实力,市场竞争表现为品质竞争多于价格竞争。

在经济发展水平较低的国家和地区,业主则注重产品的性价比,表现为对价格较敏感,因此承包商的报价及所能提供的优惠条件成为市场竞争的主要手段。

需要注意的是,经济周期(business cycle)会对国际工程市场产生重要影响。经济复苏及繁荣通常会促进国际工程市场的发展;经济衰退和萧条则会抑制国际工程市场的发展。在不同的经济时期,业主会有不同的要求,一个有经验的承包商应善于对此加以分析和把握。

2. 通货膨胀和汇率

通货膨胀可能使项目所在国的工资和物价水平大幅度上涨。国际工程承包市场中有很多项目都是由承包商来负责设计和采购,如 EPC 项目。此类项目合同额度较大,一旦工程所在国或主要原材料的供应国发生超乎预期的通货膨胀,其损失将是巨大的。

汇率同样是一个承包商需重点分析和研究的对象。在国际工程中经常遇到的外汇问题有:工程所在国外汇管制严格,限制承包商汇出外币;外汇浮动,当地货币贬值,从而使承包商赚取的当地货币因合同中没有规定采用固定汇率而蒙受损失;合同中规定的外汇贬值等。

12.2.3　社会文化环境

从管理学的角度看,文化是人们的生活方式和认识世界的方式,是约束人们行为和态度的一系列规范和准则,通常由价值观念、信仰、风俗习惯、行业方式、社会群体及其相互关系等内容构成。文化差异影响管理工作的实践和效率,管理人员需要了解不同国家的文化、宗教信仰和风俗习惯,以便将国际工程项目中可能出现的文化冲突和不利影响最小化。

12.3　国际工程常见的索赔问题

索赔指合法的所有者根据自己的权利提出的有关某一资格、财产、金钱等方面的要求,是要求取得应该属于自己的东西,也是要求补偿自己损失的权利。

国际工程索赔是指在国际工程承包合同实施过程中,签订合同的一方,根据合同的有关规定,向另一方提出调整合同价格,调整合同工期,或者其他方面的合理要求,以弥补自己的损失,维护本身的合法权益。在国际工程实践中,通常把承包商向业主提出的、为了取得经济补偿或者工期补偿的要求称为索赔;把业主向承包商提出的、由于承包商违约而导致业主经济损失的补偿要求称为反索赔。

国际工程项目参与方众多且来自不同的国家,文化差异较大,工程受到外界环境(经济环境、法律环境、政治环境等)因素的影响较大,使国际工程法律和合同纠纷越来越多,从而引发多种索赔问题,下面列举几种常见的国际工程索赔问题。

12.3.1　施工现场条件变化引起的索赔

施工现场条件变化的含义是：在施工过程中，承包商"遇到了一个有经验的承包商不可能预见到的不利的自然条件或人为障碍"，导致承包商为完成合同要拖延工期或增加成本。现场条件变化主要指工程现场的地下条件（即地质、地基、地下水及土壤条件）的变化，或者在招标文件中根本没有提到，而造成施工困难。至于水文气象条件，比如特大暴雨、洪水等属于施工过程当中的风险问题，不属于现场条件变化的范畴。

1. 不利的现场条件类型

在国际工程中，不利的现场条件通常可分为两类。

（1）第一类不利的现场条件

第一类不利的现场条件是指在招标文件中描述失实的现场条件，即在招标文件中对施工现场存在的不利条件虽然已经提出，但严重失实。常见的第一类不利的现场条件有：

①在开挖现场挖出的岩石或砾石的位置、高程与招标文件中所述的位置、高程差别很大；

②招标文件钻孔资料注明是坚硬岩石的某一位置或高程上，出现的却是松软材料；

③破碎岩石或地下障碍物的实际数量大大超过招标文件中给出的数量；

④设计指定的取土场或采石场开采出来的土石料不能满足强度或其他技术指标要求，而要更换料场；

⑤实际遇到的地下水在位置、水量、水质等方面与招标文件中的数据相差悬殊；

⑥地表高程与设计图纸不符，导致较大的挖填方量；

⑦需要压实的土壤含水量数值与合同资料中给出的数值差别过大，增加了碾压工程的难度或工作量等。

（2）第二类不利的现场条件

第二类不利的现场条件是指在招标文件中根本没有提到，而且按该项工程的一般施工实践完全是出乎意料出现的不利现场条件。这种意外的不利现场条件是有经验的承包商难以预料的情况，如：

①在开挖基础时发现了古代建筑遗迹、古物和化石；

②遇到了高度腐蚀性地下水或有毒气体，给承包商的施工人员和设备造成意外的损失；

③在隧道开挖过程中遇到强大的地下水流等。

2. 处理原则

上述两种不同类型的不利的现场条件，不论是招标文件中描述的，或是招标文件中根本没有提及的，都是一般施工实际中承包商难以预料的，给承包商的施工带来严重困难，从而引起施工费用大量增加或者工期延长。这不是承包商的责任，因而应给予相应的经济补偿和工期延长。

但是，在国际工程施工索赔实践中，经常见到有的咨询工程师不能正确地对待这一问题，不利的现场条件引起的索赔问题往往成为更难解决的合同争端。他们认为，只要承认了存在不利的施工现场条件，就说明工程项目的勘察和设计存在严重缺点，就会影响本设计咨询公司的业务信誉。在这一思想指导下，咨询工程师一遇到承包商提出的不利现场条件索赔，或拖延不利，或干脆拒绝。这样往往把施工索赔争端导向升级，直至诉诸国际仲裁或法院诉讼。咨询工程师应该相信,办事公正、实事求是也是企业信誉水平的表现。

因此,承包商在提出不利的现场条件导致的索赔时,要附以充分的论证资料,并紧密联系该工程的合同文件。

12.3.2　工程变更引起的索赔

工程变更是合同实施过程中出现了与签订合同时的预计条件不一致的情况,而需要改变原定施工承包范围内的某些工作。

国际工程承包施工的实践经验证明,有一定规模的土建工程的承包施工,其最终工程成本几乎都不是它们中标合同额中的工程成本。在绝大多数情况下最终合同金额会增加,只有极个别的项目结算成本小于其中标合同价。这是因为,在所有的土建工程施工中,难免会出现工程量变更、设计修改、新增(减)工程,以及地基变化等问题,因此导致工程成本相应地发生变化。

1. 新增工程的类型

在工程变更中,新增工程的现象比较普遍。业主在工程变更指令中经常要求承包商完成某种新增工程。如果承包商认为该项工作已超出原合同的工作范围,就可以提出索赔要求,以弥补自己不应承担的损失。

根据新增工程与工程项目之间的关系,新增工程一般可分为附加工程和额外工程两类。

(1)附加工程

附加工程(additional work)属于工程项目合同范围以内的新增工程,是合同项目所必需的工程,缺少了这些工程,合同项目即不能发挥预期的作用。无论这些工作是否列入合同文件,承包商在接到业主的工程变更指令后都必须完成这些工作。

(2)额外工程

额外工程(extra work)是指工程项目合同文件中工程范围未包括的工作,缺少这些工程,原订合同的工程项目仍然可以运行,并发挥效益。所以,额外工程是一个新增的项目工程,而不是原合同项目工程清单中的一个新的工作项目。对于额外工程,承包商虽然可遵照业主的指令予以完成,但理应得到经济补偿及工期延长。

2. 处理原则

国际工程项目的工程变更既包括合同范围以内的附加工程,又包括合同范围以外的额外工程。在工程项目的合同管理和索赔工作中,应该严格区分附加工程和额外工程。

这两种不同性质的工程在是否需要重新发出工程变更指令、是否重新议定单价以及采取什么结算支付方式等方面都存在较大差异,如表 12-1 所示。但对于附加工程,由于其属于合同范围以内的结算和支付问题,并不属于施工索赔的范畴。额外工程即合同工作范围以外的工程,就不能套用原投标文件的施工单价,而要重新议定单价,并按此单价支付额外工程的工程款,这属于施工索赔的范畴。

美国旧金山海湾区高速运输线工程的合同条款中曾有这样的规定:"任何一项合同所含的工作项目,其合同价格相当于(或大于)投标合同总价的 5%。当其工程量的变化(增加或减少)超过 25% 时,应进行价格调整。"这里允许价格调整,是因为已经在数量上超出了附加工程的范围。在国际工程承包界,这种原则被广泛参照采用。

表 12-1　新增工程处理原则

工作性质	按合同工作范围	工程量清单中的工作项目	工程变更指令	单价	结算支付方式
新增工程	附加工程：原合同工作范围以内的工程	列入工程量清单的工作	不必发变更指令	按投标单价	按合同规定的程序按月结算支付
		未列入工程量清单的工作	要补发变更指令	议定单价	按合同规定的程序按月结算支付
	额外工程：超出原合同工作范围的工程	不属于工程量清单中的工作项目	要发变更指令	新定单价	提出索赔，按月支付
			另订合同	新定单价或合同价	提出索赔，或按新合同程序支付

FIDIC 合同条款第四版中规定，在发出整个工程的接收证书时，发现由于全部变更工程的费用以及实测工程量全部调整费用（不包括备用金和计日工的费用，以及第 70 条的调整数）的总和超过"有效合同价"±15% 时，应通过协商，在合同价上增加或减少某一款项。增加或减少某一款项的具体办法则是在工程师和承包商的共同充分协商下达成。

12.3.3　工期延误索赔

工期延误索赔的原因是承包商为了完成合同规定的工程花费了较原来计划更长的时间和更大的开支，而拖延的责任不在承包商方面。

对于并非承包商自身原因所引起的工程延误，承包商有权提出工期索赔，工程师则应在与雇主和承包商协商一致后，决定竣工期延长的时间。

工期延长的原因有：任何形式的额外或附加工程；合同条款所提到的任何延误理由，如延期交图纸、工程暂停、延迟提供现场等；异常恶劣的气候条件；由雇主造成的任何延误、干扰或阻碍；非承包商的原因或责任的其他不可预见事件。

1. 工期延误的分类

在国际工程索赔工作中，工期延误通常可分为两类。

（1）可原谅延误

这种类型的延误不是承包商造成的，而是业主或者客观条件引起的工期延误，承包商是可以得到原谅的，如上述工期延长的原因。对于这种类型的工期延误，承包商有权提出索赔。

（2）不可原谅延误

这种类型的延误是承包商自身造成的，如施工技术落后、材料供应不足等。对于这种类型的延误承包商无权提出索赔。

2. 处理原则

工期延误对合同双方都会造成一定的损失，雇主因工程不能及时交付使用、投入生产，不能按计划实现投资目的，失去盈利的机会；承包商则因工期延误增加管理成本及其他费用支出。

　　如果是可原谅延误,即并非承包商所致,而是业主或者咨询工程师造成的,则承包商可按合同规定和具体情况提出工期索赔,并进行工期延长造成费用损失的索赔。

　　而如果可原谅延误是客观因素造成的,那承包商只能提出工期延长,而得不到经济补偿。

　　如果是不可原谅延误,即是由于承包商的失误,承包商不但得不到工期延长,也得不到经济补偿。承包商必须设法自费赶上工期,或按规定缴纳误期赔偿金并继续完成工程,或按照雇主的安排另行委托第三方完成所延误的工作并承担费用。

　　工期延误的分类及索赔处理原则如表 12-2 所示。

表 12-2　工期延误的分类及索赔处理原则

索赔原因	是否可原谅	延期原因	处理原则	索赔结果
工程进度延误	可原谅延误	(1)修改设计 (2)施工条件变化 (3)业主原因延误 (4)工程师原因延误	可给予工期延长,可补偿经济损失	工期索赔和经济索赔均成功
		(1)反常的天气 (2)工人罢工 (3)战争或内乱	可给予工期延长,不补偿经济损失	工期索赔成功,经济索赔不成功
	不可原谅延误	(1)功效不高 (2)施工组织不好 (3)设备材料不足	不延长工期,不补偿经济损失,承担工程延误损害赔偿费	索赔失败,无权索赔

12.3.4　物价上涨与汇率变化索赔

　　国际工程承包是一项风险事业,经常遇到物价上涨和汇率变化问题,尤其是在一些经济发展不稳定的国家,物价上涨引起人工费、材料费等的大幅度提高,往往使工程成本大幅度增加。汇率变化给也可能给国际工程承包带来巨大的损失。

　　1. 物价上涨索赔

　　在投标价格中,一般结构不太复杂或工期在 12 个月以内的工程,可以采用固定总价合同,考虑一定的风险系数。结构较复杂的工程或大型工程,工期在 12 个月以上的,应采用调整价格。

　　在许多工程的合同中,对物价上涨引起的合同价格调整提出了幅度限制。例如,在合同条件中规定,如果物价上涨幅度小于投标报价书中价格的 5%,不进行价格调整。这样,5%的物价上涨风险由承包商承担;而上涨幅度大于 5%的物价上涨的风险由业主承担。对于限制调整上涨幅度的合同条件,承包商在签订合同时应慎重考虑。

　　2. 汇率变化索赔

　　当一项国际工程中使用一种以上货币支付时,就会存在汇率风险问题。国际工程项目业主向承包商的支付一般采用合同中规定的固定汇率,采用固定汇率一般不存在汇率变化索赔问题,但采用浮动汇率对合同双方都有较大的风险,因此可能带来关于汇率变化的索赔问题。

本章习题

一、名词解释

国际工程项目 附加工程 额外工程 索赔 反索赔

二、单项选择选题

1. "总承包商既负责项目的设计,又负责项目的施工及相关组织工作。"这属于( )。

A. 设计-建造项目管理模式   B. 设计-招标-建造项目管理模式

C. 设计-采购-施工项目管理模式   D. 设计-建造-运营项目管理模式

2. 在国际工程项目的实施过程中,( )是承包商进行项目沟通的主要对象。

A. 业主和供应商   B. 政府和业主

C. 业主和分包商   D. 政府和分包商

3. 索赔是合同管理的重要环节,索赔的主要依据是( )。

A. 合同   B. 图纸   C. 招标文件   D. 投标函

4. 以下不属于国际工程项目特点的是( )。

A. 风险很大   B. 以合同管理为核心

C. 跨国的经济活动   D. 动态性

5. 下列选项中,工程项目进度管理的特点不包括( )。

A. 动态性   B. 系统性

C. 阶段性和不均衡性   D. 复杂性

6. 对于国际承包商而言,在进度拖延而又无法获得业主批准延期时,要向业主支付一笔误期损害赔偿费,限额通常为合同额的( )。

A. 0.5‰   B. 1‰   C. 10%   D. 12%

7. 国际工程项目费用构成中,直接人工费包括( )。

A. 国内派出工人和管理人员工资   B. 国内派出工人和后勤人员工资

C. 管理人员和当地雇佣工人工资   D. 国内派出人员和当地雇佣工人工资

三、简答题

1. 国际工程项目管理的宏观环境是什么?

2. 国际工程项目延误的原因有哪些?

3. 由工程变更引起索赔的处理原则是什么?

参考文献

[1] 成虎,陈群. 工程项目管理[M]. 4版. 北京:中国建筑工业出版社,2015.

[2] 丁士昭. 工程项目管理[M]. 2版. 北京:中国建筑工业出版社,2014.

[3] 闫文周. 工程项目管理[M]. 北京:清华大学出版社,2015.

[4] 苗胜军. 工程项目管理[M]. 北京:清华大学出版社,2015.

[5] 王雪青,杨秋波. 工程项目管理[M]. 北京:高等教育出版社,2011.

[6] 邱国林,宫立鸣. 工程项目管理[M]. 2版. 北京:中国电力出版社,2014.

[7] 蔺石柱,闫文周. 工程项目管理[M]. 北京:机械工业出版社,2015.

[8] 郭峰,等. 土木工程项目管理[M]. 北京:冶金工业出版社,2013.

[9] 冯辉红. 工程项目管理[M]. 北京:中国水利水电出版社,2016.

[10] 贺成龙. 工程项目管理[M]. 北京:中国电力出版社,2012.

[11] 冯宁. 工程项目管理[M]. 2版. 郑州:郑州大学出版社,2017.

[12] 张文斌. 公路工程项目管理[M]. 北京:中国电力出版社,2010.

[13] 朱自强. 城市轨道交通建设项目管理指南[M]. 北京:中国建筑工业出版社,2010.

[14] 吕文学. 国际工程项目管理[M]. 北京:科学出版社,2013.

[15] 全国环境标准化技术委员会. 环境管理体系 要求及使用指南:GB/T 24001—2016[S]. 北京:中国标准出版社,2016.

[16] 中国标准化研究院. 职业健康安全管理体系 要求:GB/T 28001—2011[S]. 北京:中国标准出版社,2011.

[17] 原国家劳动总局. 企业职工伤亡事故分类:GB 6441—1986[S]. 北京:中国标准出版社,1986.

[18] 杨柳青. 跨文化交际中的礼貌与面子研究[J]. 校园英语,2017(32):213.

[19] 陈樱,魏家海. 现代商务礼仪:跨文化意识实例[J]. 英语世界,2017(3):45-47.

[20] 刘沙沙. 论非语言交际行为:以跨文化商务谈判为例[J]. 校园英语,2016(19):218.

[21] 任旭. 工程风险管理[M]. 北京:清华大学出版社,北京交通大学出版社,2010.

[22] 中国建筑业协会工程项目管理委员会. 中国工程项目管理知识体系[M]. 2版. 北京:中国建筑工业出版社,2011.

[23] 朱红章. 国际工程项目管理[M]. 武汉:武汉大学出版社,2010.

[24] 梁鉴,陈勇强. 国际工程施工索赔[M]. 3版. 北京:中国建筑工业出版社,2011.

[25] 王任映. 交通工程项目管理与质量控制[M]. 西安:西安电子科技大学出版社,2015.